行星轴承动力学建模与振动特征仿真

刘 静 师志峰 李鑫斌 著

西北工業大學出版社

西 安

【内容简介】 本书从行星轴承内部制造误差和早期缺陷的非线性动力学问题与数值仿真出发，系统地论述了行星轴承内部制造误差和早期缺陷非线性激励机理及其典型算法、振动非线性特征及其建模方法，揭示了行星轴承振动产生的根本原因及其振动特征演变规律。

本书可作为高等学校“滚动轴承动力学”课程的教材，也可供机械、舰船、航空航天、电机、动力或化工机械等方面的工程技术人员参考。

图书在版编目(CIP)数据

行星轴承动力学建模与振动特征仿真 / 刘静，师志峰，李鑫斌著. — 西安 ：西北工业大学出版社，2024. 7. — ISBN 978-7-5612-9229-7

Ⅰ. TH132.425

中国国家版本馆 CIP 数据核字第 2024Y08G10 号

XINGXING ZHOUCHENG DONGLIXUE JIANMO YU ZHENDONG TEZHENG FANGZHEN

行 星 轴 承 动 力 学 建 模 与 振 动 特 征 仿 真

刘静　师志峰　李鑫斌　著

责任编辑：王玉玲　　**策划编辑**：李阿盟

责任校对：朱晓娟　　**装帧设计**：高永斌　赵　烨

出版发行：西北工业大学出版社

通信地址：西安市友谊西路 127 号　　邮编：710072

电　　话：(029)88491757，88493844

网　　址：www.nwpup.com

印 刷 者：西安五星印刷有限公司

开　　本：787 mm×1 092 mm　　1/16

印　　张：10.75

字　　数：268 千字

版　　次：2024 年 7 月第 1 版　　2024 年 7 月第 1 次印刷

书　　号：ISBN 978-7-5612-9229-7

定　　价：78.00 元

前　言

行星轴承是机械传动系统中极其重要的关键基础部件，广泛应用于航空航天、大型风电设备、武器装备、高速铁路客车、汽车工业、工业设备、精密机床等重要领域。据统计，风力发电设备40%的故障、直升机16%的故障、特种车辆20%的故障出现在行星齿轮箱，其中行星轴承又是行星齿轮箱最薄弱的部件，故障率最高。研究行星轴承的内部激励机理和动力学行为，有助于进一步了解行星轴承的失效机理，从而指导行星轴承的设计、优化、加工、使用，延长行星轴承的使用寿命，降低装备的故障率和维护成本。因此，要解决行星轴承薄弱导致的齿轮箱故障率高的问题，防止行星轴承突发失效引起的重大经济损失和人员伤亡，就需要解决行星轴承内、外非线性激励机理及其振动响应特征这个基础性关键科学问题。

然而，相比于普通轴承，行星轴承具有大承载、强冲击、公-自转耦合的运行特点，工作条件更加复杂。行星轴承公-自转强耦合作用机理，以及行星轴承内部激励与齿轮时变啮合激励耦合的影响机制仍不明晰，柔性齿圈和裂纹保持架作用机制研究尚显不足，双星行星轴承运动学与多元件耦合动力学建模方法尚不完善，这些都制约了行星轴承动力学行为研究的准确性和可靠性。因此，开展行星轴承内部激励机理及建模方法的研究，具有重要的理论意义和实际工程应用价值。

本书针对行星轴承内、外耦合激励机理与动力学建模问题，从行星轴承内部制造误差和早期缺陷的非线性动力学问题与数值仿真出发，系统地论述了行星轴承内部制造误差和早期缺陷的非线性激励机理及其典型算法，以及振动非线性特征及其建模方法，揭示了行星轴承振动产生的根本原因及其振动特征演变规律。全书共分为8章：第1章系统地阐述了行星轴承内部激励及其算法与动力学建模及其振动响应特征的国内外研究现状和发展方向；第2章详细介绍了单行星轴承动力学建模与内部动态载荷计算方法；第3章介绍了行星轴承波纹度激励机理及滚动体-滚道时变刚度算法与动力学建模方法；第4章详细介绍了双星行星轴承啮合刚度计算与动力学建模及数值仿真方法；第5章介绍了行星轴承滚道磨损表征与动力学建模方法；第6章介绍了行星轴承裂纹保持架动力学建模与数值仿真方法；第7章介绍了柔性齿圈激励建模与行星轴承振动数值仿真方法;第8章介绍了双星行星轴承尺寸偏差和行星轮安装轴线误差表征与动力学建模方法。

本书由刘静负责统稿。第1章由刘静撰写,第2、3章由刘静、师志峰撰写,第4、5章由李鑫斌撰写,第6、7章由师志峰撰写,第8章由刘静、李鑫斌撰写。本书可作为“滚动轴承动力学”课程的教材,也可供机械、舰船、航空航天、电机、动力或化工机械等方面的工程技术人员参考。

本书是笔者根据在重庆大学和西北工业大学从事滚动轴承动力学的科学研究和教学经验,并参考国内外有关文献著作而撰写的,对这些文献著作的作者深表谢意,同时感谢笔者的研究生吴昊、许亚军、徐子旦、王林峰、唐昌柯、庞瑞坤、丁士钊等对本书的贡献。

由于水平和经验有限,书中难免有疏漏与不足之处,敬请读者批评指正。

著　者

2023年10月

目　录

第 1 章　绪论 …… 1

1.1　引言 …… 1
1.2　行星轴承内部激励机理与动力学建模研究现状 …… 2
1.3　保持架冲击碰撞模型及破坏失效研究现状 …… 3
1.4　行星轴承与行星轮系动力学建模研究现状 …… 4
1.5　齿圈柔性激励耦合建模方法与振动传递建模研究现状 …… 6
1.6　行星轴承振动特征提取方法研究现状 …… 7
1.7　本章小结 …… 7

第 2 章　单行星轴承动力学建模与数值仿真 …… 9

2.1　引言 …… 9
2.2　行星轴承动力学建模方法 …… 11
2.3　行星轴承内部动态载荷计算方法 …… 15
2.4　行星轴承内部动态载荷分布特征 …… 17
2.5　本章小结 …… 30

第 3 章　行星轴承动力学建模方法与振动特性研究 …… 31

3.1　引言 …… 31
3.2　滚动轴承波纹度缺陷的振动机理 …… 31
3.3　时变位移与时变刚度耦合激励的波纹度动力学建模 …… 32
3.4　滚动体与滚道时变接触刚度系数分析 …… 40
3.5　仿真结果与影响分析 …… 44
3.6　本章小结 …… 53

第 4 章　双星行星轴承动力学建模方法与数值仿真 …… 54

4.1　引言 …… 54
4.2　双星行星轮齿轮啮合刚度及载荷计算方法 …… 54
4.3　行星轴承受力分析 …… 55

4.4 双星行星轴承系统动力学模型…… 60
4.5 模型验证…… 66
4.6 双星行星轴承接触和振动特性分析…… 69
4.7 本章小结…… 75

第5章 行星轴承滚道磨损动力学建模方法 …… 76

5.1 引言…… 76
5.2 行星轴承滚道磨损建模…… 77
5.3 滚道磨损激励的行星轮系动力学建模…… 78
5.4 轴承磨损对双星行星轴承接触和振动特性的影响规律…… 78
5.5 本章小结…… 90

第6章 行星轴承裂纹保持架冲击碰撞载荷与振动特征仿真 …… 92

6.1 引言…… 92
6.2 裂纹保持架等效刚度计算模型…… 92
6.3 行星轴承裂纹保持架动力学建模方法…… 94
6.4 裂纹对保持架结构刚度的影响规律分析…… 96
6.5 裂纹对保持架冲击碰撞载荷与振动特征的影响规律分析…… 98
6.6 本章小结 …… 105

第7章 柔性齿圈激励建模方法及行星系统振动响应特征分析…… 106

7.1 引言 …… 106
7.2 柔性齿圈激励分析与行星轮系动力学建模 …… 106
7.3 柔性齿圈对内齿轮-行星轮啮合刚度的影响规律分析…… 110
7.4 行星轮内外部耦合激励与振动响应特征之间的关系 …… 112
7.5 本章小结 …… 120

第8章 双星行星轴承滚子尺寸偏差和行星轮安装轴线误差动力学建模方法…… 121

8.1 引言 …… 121
8.2 行星轴承滚子尺寸偏差激励的双星行星轴承动力学建模方法 …… 121
8.3 行星轮安装轴线误差激励的双星行星轴承动力学建模方法 …… 122
8.4 行星轴承滚子尺寸偏差对其接触和振动特性的影响规律 …… 123
8.5 行星轴承安装轴线偏心误差对行星轮系振动特性的影响规律 …… 133
8.6 木章小结 …… 152

参考文献…… 154

第1章 绪　论

1.1 引　言

滚动轴承作为一种极其重要的关键基础部件，在航空航天、大型风电设备、武器装备、高速铁路客车、汽车工业、工业设备、精密机床等重要领域中得到了广泛应用，其全球年产值高达约500亿美元[1]。它的运行状态对整个机械系统的精度、可靠性和寿命等性能有着重要影响。随着机械设备朝着智能化、大型化和高速化方向发展[2]，滚动轴承的工作条件更为复杂，出现缺陷的概率更高。滚动轴承出现缺陷时，不仅使整个机械系统产生异常振动，还会严重影响设备的工作性能，甚至导致设备失效而不能正常工作，最终造成巨大的经济损失和人员伤亡[3-4]，例如1991年兰州铁路局货车列车因轴承失效导致的脱轨事故，1992年日本关西电力公司因轴承失效导致的毁机事故，2009年美军在伊拉克Ali空军基地附近的“捕食者”无人机因螺旋桨轴承失效引起的坠毁事件，等等[5]。因此，如何有效地提高滚动轴承早期故障诊断的准确性和可靠性已成为机械系统故障诊断领域的热点问题。

行星轴承作为滚动轴承的一种特殊形式，是行星传动齿轮箱的关键组成部件，用于行星轮与行星架之间的载荷传递，具有承载高、结构紧凑等特点，在工业设备中得到了广泛应用。2018年，我国轴承行业实现进出口总额95.90亿美元和贸易顺差20.20亿美元。随着机械传动装备朝大型化和高速化发展，行星轴承的工作条件更加复杂，出现故障的概率更高。据统计，机械旋转设备63%的故障为齿轮箱故障，而齿轮箱60%的故障为轴承故障[6-8]。行星轴承出现故障时，如果不能及时地进行诊断和预测，将使整个机械设备的振动加剧，严重影响其工作性能，甚至导致机械设备停车。因此，开展行星轴承动力学特性的研究有助于提高机械设备的服役性能和运行可靠性。

《中国制造2025》将提升工业核心基础零部件的质量、可靠性和寿命作为国家战略任务之一[9]，同时指出，在智能研究领域，针对新一代智能制造设备动力学和振动的控制极其困难，以及多源扰动难抑制的问题，需要开展相关的基础性研究。机械学科发展战略指出，当前重大设备检测与诊断的核心问题依然是如何全面获取机械设备在运行过程中的信号，寻找更加有效和直观的振动信息提取方式和表达方式，通过将理论分析与实际运行状态检测诊断经验结合，提高机械设备状态诊断的准确性以及设备运行的可靠性[10]。

行星轴承内部非线性激励机理及其在行星齿轮箱中的振动传递特性，作为机械故障研究领域的基础性关键科学问题之一，已被国内外学者广泛关注和研究[11-17]。然而，行星轴承被安装在行星齿轮孔中，其运动受行星架销轴、太阳轮-行星轮啮合和齿圈-行星轮啮合等因素的影响，具有绕太阳轮公转和绕销轴自转的特点，在高速工况下滚动体受高离心加速度的影响，加剧了轴承内部接触的非线性特征。同时，行星轮与太阳轮和齿圈的动态啮合力会改变行星轴承的内部载荷分布，使得行星轴承处于变速和变载的工况中。当行星轴承受到制造误差和安装误差的影响时，振动通过销轴和齿轮啮合等传递到行星架和齿轮箱其他部位，改变了齿轮箱的整体振动特性。另外，行星轴承滚动体在高离心加速度作用下，会加速冲击保持架横梁，使得保持架横梁出现裂纹和断裂等故障，影响行星轴承的运行性能和齿轮箱的可靠性。目前，行星轴承保持架裂纹萌生和扩展机理尚未探明，制约了齿轮箱系统早期故障诊断的准确性和可靠性。而行星轴承位于齿轮箱内部空间，行星轴承的振动信号通过传感器从齿轮箱外表面或行星架支撑轴承处测得，获得的振动信号为经过行星架销轴-行星架-行星架支撑轴承-轴承座或行星轮-齿圈-齿轮箱壳体等多接触界面传递衰弱和干扰后的信号，与真实的行星轴承振动信号存在差异[18-20]。

综上所述，建立行星轴承多源非线性激励耦合动力学模型，从内部激励机理分析波纹度制造误差引起的行星轴承振动响应特征，揭示波纹度参数与行星轴承内部载荷分布和振动特征之间的映射关系，探究保持架横梁裂纹参数对滚动体-保持架冲击碰撞力的影响规律，不仅能解决行星轴承振动在齿轮箱系统中的传递规律问题和保持裂纹扩展问题，而且能为齿轮箱系统运行可靠性的预测问题提供理论指导，对提高行星轴承早期故障诊断能力具有重要的理论意义和工程参考价值。

1.2 行星轴承内部激励机理与动力学建模研究现状

行星轴承相较于定轴滚动轴承，其运动学机理更加复杂，外部载荷变化大，动力学特征受太阳轮、齿圈、行星轮和行星架的影响，振动信号传递路径复杂，导致其动力学建模困难，必须考虑多源耦合激励的影响。行星轴承内部游隙会影响滚动体与滚道之间的接触刚度和接触变形的变化，导致行星轴承内部载荷分布和振动特征的变化。针对这一问题，Chaari等人[21]、Ambarisha和Parker[22]、Concli等人[23]、Yang等人[24]和Cao等人[25]采用线性弹簧对行星轴承进行了建模。Rogers和Andrews[26]采用赫兹接触理论和矢量网格方法(Vector-Network Method)，计算了有/无润滑工况下的时变轴承刚度。Kahraman和Singh[27]在动力学建模中考虑了行星轴承的非线性接触行为。Guo和Parker[28]考虑了运行状态中的行星轴承径向游隙在周向的分布特征，将非线性行星轴承建模为间隙均匀的、圆周径向分布的径向弹簧，并分析了行星轴承游隙对系统振动特征的影响规律。Jain等人[29-30]采用线性时变弹簧模型建立了行星轴承，并分析了局部故障对系统振动信号的影响规律。Liu等人[31]研究了行星轴承中滚动体与滚道之间的非线性接触行为，计算了多种滚动体型线修形方法对其接触刚度的影响规律，并建立了行星轴承动力学模型，分析了滚动体修形尺寸对其振动加速度的影响规律。Chen等人[32-33]在行星齿轮传动系统中考虑了行星轴承径向游隙的激励行为，建立了行星齿轮箱动力学系统，分析了行星轴承游隙激励下的系统动态响应特征。Shahabi 和 Kazemian[34]、Liang 等人[35]在计算行星轴承支撑力时，采用定值轴承刚度模拟轴承在平动自由度上的支撑行为，并未考虑径向游隙等非线性因素。Zhou 等人[36]、Liu 等人[37]建立了有限元模型和行星轮系动力学模型，将行星轴承中滚动体与滚道之间的接触形式看作赫兹接触，计算了滚动体与滚道之间的动态接触载荷。

综上所述，行星轴承运行环境相较于定轴转动的滚动轴承更加复杂，目前的动力学模型中大多采用线性弹簧以定值刚度的形式模拟行星轴承的支撑行为，也有少数研究者采用有限元(FE)模型和非线性弹簧等方式建立行星轴承动力学模型，并考虑行星轴承径向间隙的非线性激励，对行星齿轮传动系统的动力学行为进行仿真分析。然而，尚未有人对行星轴承滚动体与滚道之间的非线性接触行为，滚动体与保持架之间的冲击碰撞行为，以及径向游隙等耦合激励机理作深入分析，对行星轴承保持架破坏失效等机理也未作深入研究。因此，针对行星轴承复杂工况下的内部多源耦合激励机理，尚需进一步研究。

1.3 保持架冲击碰撞模型及破坏失效研究现状

在滚动轴承中，滚动体与保持架冲击碰撞问题是研究保持架应力分布和破坏失效机理的关键问题之一。文献[38]～文献[46]提出了高刚度弹簧、赫兹接触方法和保持架结构刚度等方法，对滚动体和保持架横梁之间的接触和冲击碰撞形式进行了建模和仿真分析，并有学者采用有限元法对保持架进行了建模分析，获得了保持架上载荷分布和应力分布规律。Gao 等人[47]提出了一种综合动力学模型，用于分析 4 种保持架的稳定性、打滑程度、球-保持架兜孔碰撞、磨损分布和磨损率。使用高速照相技术在自润滑轴承实验台上进行的一系列保持架旋动实验证明了模型的准确性。Ma 等人[48]从滚动体与轴承滚道相对滑动速度的角度分析了滚动体与保持架型腔的相互作用，定义了不同碰撞特征的 4 个区。他们发现，当球靠近加载区域时，多球随机碰撞的概率增加，这导致保持架的不稳定性增加。在载荷区的入口处，峰值冲击力在加速过程中对保持架稳定性的影响最大。与施加在轴承上的径向载荷相比，峰值冲击力对轴承转速变化更敏感。Wang 等人[49]从模拟和实验两个方面研究了保持架断裂的振动特性，建立了轴承不对中和保持架断裂的五自由度非线性轴承力模型，并将轴承恢复力模型引入转子有限元模型，建立了深沟球轴承-转子系统的动力学模型，模拟分析了保持架断裂程度、径向载荷、轴承游隙等关键参数对系统振动特性的影响。另外，张丽民等人[50]用光学显微镜(OM)、扫描电镜(SEM)和透射电镜(TEM)、氨熏实验对失效件轴承保持架的化学成分、断口形貌、基体显微组织及内应力进行表征与分析，从而阐明了保持架开裂的原因。袁倩倩等人[51]建立了滚动体和保持架润滑碰撞模型及精确的保持架动力学模型，分析了轴承预紧力、径向载荷、内圈转速及引导-兜孔间隙比对精密轴承保持架动态特性的影响规律。温保岗等人[52]分析了保持架和钢球表面形貌磨损特征，对比了不同保持架间隙(引导间隙、兜孔间隙)条件下保持架与钢球的磨损程度，获得了保持架间隙对角接触球轴承保持架磨损的影响规律。Li 等人[53]针对圆柱形滚子轴承的铆钉横梁断裂问题，采用形分析、铆钉尺寸复检和金相分析，确定故障原因，并提供了预防措施。Biswas 等人[54]发现鼠笼型保持架横梁是从其末端开始出现裂纹直至断裂，并采用分形学分析确定了横梁的疲劳失效。结果显示，两个前端裂纹开裂处来自横梁的相对角，表明轴承架在反向弯曲疲劳载荷条件下失效，而后端横梁在剪切失效模式下与保持架分离。Rahman 等人[55]发现，滚动体-保持架作用力和保持架-滚道作用载荷过大会导致保持架失效，且实验测试表明，滚动体-保持架接触处的磨损并不是其失效唯一的决定因素，表面润滑油化学反应对保持架的失效也有很大的影响。刘鲁等人[56]采用超高周疲劳理论对高速度因子值(轴承内径与转速的乘积)滚子轴承保持架断裂的故障机理进行了仿真和分析，发现引发高速度因子值滚子轴承保持架断裂的主要应力来自高转速带来的离心应力，而兜孔圆角过小导致应力集中过大是造成轴承保持架断裂的主要原因。

然而，在行星轴承中，滚动体受到高离心加速度的作用，其运动在进入轴承承载区和退出承载区过程中表现出不同的加/减速特点，使得内/外圈滚道上的接触力幅值和动态分布曲线出现差异，从而导致滚动体在承载区和非承载区受到内/外圈滚道的约束不同，滚动体与保持架的冲击碰撞变形和冲击碰撞时间尺度不同。但是，针对高离心加速度作用下的滚动体-保持架冲击碰撞作用关系，目前缺少完整、详细的动力学建模和分析方法。因此，对于行星轴承保持架冲击碰撞关系和失效分析等问题，尚需一步研究。

1.4 行星轴承与行星轮系动力学建模研究现状

行星轴承是行星齿轮传动系统的关键组成部分，其运动学特性与动力学特性受太阳轮、齿圈、行星轮和齿圈等组成部分的影响。要研究行星轴承中载荷分布特征和振动信号传递特征，需要将行星轴承动力学模型集成到行星齿轮传动系统动力学模型中。针对这一问题，Xue 等人[57-58]考虑行星轴承故障耦合效应引起的振动谱中的频率分量相互作用和重叠现象会使诊断结果恶化，建立了具有详细行星轴承模型的 34 自由度(DOF)行星齿轮模型，以获得各种轴承故障对应的动态响应。他们依据动力学模型对 20 个行星轴承故障场景的振幅解调结果进行了研究和分析，将振动频域的相干性估计作为量化不同故障模式对振动冲击贡献的指标，发现外圈滚道故障对由此产生的行星轴承振动谱的贡献最大。Liu 等人[59]建立了 2D 行星齿轮传动系统 FE 模型，分析了滚道局部故障缺陷，以及行星轴承局部故障宽度对滚动体与滚道之间接触力和振动的影响规律。Gui 等人[60]针对行星轴承内/外圈滚道，采用半正弦波建立了局部故障模型，获得了内/外圈滚道缺陷的故障特征频率。结果显示，当内滚道上出现缺陷时，调制频率为行星架的旋转频率，而对于外滚道上的缺陷，调制频率变为行星齿轮与行星架的旋转频率的差值。Guo 和 Parker[28]通过分析行星齿轮的动态响应，研究了非线性楔齿行为及其与行星齿轮承载力的相关性。Chaari 等人[21]建立了 2D 行星齿轮传动系统模型，并对该系统进行了模态分析。Cao 等人[25]考虑齿轮偏心误差等因素，建立了齿轮传动系统动力学模型，计算了齿轮偏心误差影响下的轮齿啮合刚度和动力学响应特征。Gu 和 Velex[61]采用集中参数法建立了行星齿轮传动系统模型，分析了行星齿轮偏心距对系统振动特征的影响规律。Ma 等人[62]、Liang 等人[63]、Chen 等人[64]和 Chaari 等人[65]建立了含有齿轮裂纹的行星传动系统动力学模型，计算了轮齿啮合刚度。Sang等人[66]、Han等人[67]采用断裂力学理论或FE模型，建立了实际裂纹路径模型，并将其集成到行星系统总集中参数模型中，揭示了考虑齿轮裂纹故障的动态载荷分配系数的变化趋势。Luo等人[68-70]建立了故障外齿轮副的刚度模型，并探讨了不同故障尺寸下断齿的端啮合时间段分布；在此基础上，建立了改进的齿轮箱动力学模型，分析了太阳轮局部故障和齿圈故障对动力学响应的影响。Zhang等人[71]将多行星齿轮的相位变化映射到时变传播距离中，从而求解了频率分量的中和现象；在考虑衰减效应和随机齿轮啮合幅度的基础上，提出一种改进模型，为主导频率分量和结构的振动行为提供更合理的表示，仿真和实验研究都证明其具有比传统模型更高的保真度和描述能力。

对于多级行星齿轮传动系统动力学建模，Li等人[72]采用集中参数法，考虑时变啮合刚度和非线性误差激励等因素建立了两个单级2K－H型行星齿轮组串联组成的双级行星齿轮传动系统动力学模型。Xiang等人[73]建立了由一个行星齿轮和两个平行齿轮级组成的考虑时变啮合刚度、综合齿轮误差和多间隙组成的多级齿轮传动系统的非线性扭转模型。Denni等人[74]考虑行星轴承滚动体与保持架之间的润滑情况，建立了考虑行星轴承的行星齿轮传动系统动力学模型。Li等人[75]采用集中质量模型，建立了双平行轴齿轮传动系统的动力学模型和方程式。Inalpolat和Kahraman[76]、Xiang等人[77]、Lu等人[78]对不同结构的行星齿轮传动系统进行了动力学建模，并分析了齿侧间隙及轴承游隙等非线性因素对系统动力学特性的影响规律。其中，Lu等人[78]考虑齿轮和轴承的耦合激励影响，建立了齿轮-轴承耦合动力学模型，并对轴承动态支撑载荷进行了对比、分析、研究。Xiao等人[79]针对一个两级行星齿轮箱，建立了一个考虑时变啮合刚度、摩擦力和级间耦合因子的系统耦合扭转动力学模型，考虑了流体润滑条件下摩擦对齿面表面质量的时变影响，用数值方法求解了参数激励条件下的振动响应。Tan等人[80]采用键合图法，基于变速器的工作原理分析及双行星齿轮系的运动学特性，得到了双行星齿轮箱的动力学模型。Hu等人[81]为了揭示行星齿轮组的非线性特性，通过整合多个非线性因素，建立了行星齿轮组的21自由度平移-扭转模型；分析了故障对固有频率的影响和仿真响应的统计指标，找到故障检测的最优指标；对齿轮系统在故障状态下的非线性动态特性进行调研，利用响应信号的时域波形分析和功率谱分析，指出了裂纹故障症状，阐明了系统故障机理。

综上所述，研究者主要使用有限元模型(FEM)和集中参数法对单排行星齿轮箱和多级行星齿轮传动系统进行动力学建模，对不同内部激励(齿侧间隙、齿圈柔性、局部故障、轴承游隙等)下的传动系统振动响应特征进行了研究。对于行星齿轮传动系统中的行星轴承，研究者将线性弹簧或者滚动轴承动力学模型集成到行星齿轮传动系统动力学模型中，建立了齿轮-轴承耦合动力学模型。然而，现有动力学模型中，对行星轴承的动力学建模不够详细，忽略了行星轴承中滚动体与保持架的冲击碰撞关系，无法揭示行星齿轮箱应用中轴承保持架的冲击载荷动态变化和振动特征演化规律。因此，对于行星齿轮传动系统应用中的行星轴承内部载荷分布和振动响应特征演变规律问题，需要建立完整、详细的齿轮-轴承耦合动力学模型，进行进一步研究。

1.5 齿圈柔性激励耦合建模方法与振动传递建模研究现状

齿圈柔性是行星齿轮传动系统的内部激励之一，会改变齿圈与行星轮之间的啮合特性，导致齿圈-行星轮时变啮合刚度的相位变化和幅值变化[82-84]，从而影响行星轮系内部载荷分配，导致多个行星轴承承载不同和行星轴承内部载荷分布不同。针对这一问题，Liu 等人[59-85]建立了行星轴承的 FEM，将齿圈的弹性变形考虑到行星轴承的运行过程中，分析了齿圈柔性参数对行星轮系和行星轴承振动特征及频域响应的影响规律。Chen 等人[82-83]、Wei 等人[84]、Cao 等人[85]和 Liu 等人[86]采用铁摩辛柯梁理论(Timoshenko beam theory)，将齿圈几何结构简化为光滑的均匀弯曲的铁摩辛柯梁，计算了柔性齿圈激励下的行星轮-齿圈时变啮合刚度，并将其代入行星齿轮传动系统动力学模型中，分析了齿圈柔性对系统振动特征的影响规律。Ge 和 Zhang[87]、Abousleiman 等人[88]、Wang 等人[89]采用 FE 方法，建立了不同齿圈厚度的柔性齿圈有限元模型，分析了齿圈应力和变形的变化规律。Feng 等人[90]提出了一种混合 FEM 和分析模型的齿圈啮合刚度计算法。Wei 等人[84]针对集中参数法保真度差和 FE 方法计算耗时的问题，提出了两种方法耦合求解的策略，建立了多级行星齿轮传动系统动力学模型。Kahraman 和 Vijayakar[91]采用最先进的有限元/半解析非线性接触力学公式来模拟一个典型的汽车自动变速器行星传动单元。Zhang 等人[92]将连续柔性齿圈建模为通过虚拟弹簧相互连接的离散刚性环圈段，提出了行星齿轮系统离散集中参数模型。Hu 等人[93]通过建立精确的参数化有限元模型，得到了新型柔性齿圈齿轮的啮合特性及新型柔性齿圈齿轮与传统齿圈齿轮的动态特性差异。分析表明，新型齿圈在许多方面优于传统齿圈，但也有齿面载荷不平衡的问题。Yan 等人[94]将完整的挠性环离散化，并将边界条件添加到连接点上，开发了柔性变形的计算方法，分析了正齿轮副中挠性齿圈的变形，并提出了用椭圆度指数来描述柔性齿圈的变形程度，讨论了齿圈宽度和剥落缺陷对齿圈柔性变形的影响。Xue 和 Howard[95]在 ANSYS 中，将带支撑的环形齿轮建模为瞬态有限元移动载荷梁问题，以获得振动响应。移动载荷由动态齿轮啮合力表示，该力是从行星齿轮集总参数模型获得的。结果显示：在均匀支撑条件下，该模型可以准确预测行星架支撑臂旋转的调制效果，振动光谱与以前的研究结果匹配良好；在销支撑条件下，来自不同齿圈位置的光谱可导致不同的振动光谱。

综上所述，对于行星齿轮传动系统中的齿圈柔性特征，研究者大多采用有限元方法、铁摩辛柯梁理论、有限元/半解析方法、离散元方法和混合有限元方法等进行建模和计算，研究内容包括齿圈应力应变、齿圈轮齿啮合刚度时变特征和动力学特征等。然而，目前的研究并未考虑齿圈柔性变形对行星轴承内部载荷分布的影响，对齿圈柔性影响下的行星轴承振动信号演变未作深入研究。因此，针对行星齿轮传动系统中柔性齿圈对行星轴承内部载荷变化和振动特征的影响问题，尚需要建立更为详细的动力学模型进行进一步研究。

1.6 行星轴承振动特征提取方法研究现状

行星齿轮传动系统的振动信号在界面传递过程中会出现衰弱和相互干扰的现象，在频域内识别行星轴承故障诱发的脉冲分量是相应故障检测的关键步骤。行星轴承处于行星齿轮箱内部，在行星齿轮箱的背景噪声下检测行星轴承故障时，其振动信号受齿轮啮合频率和转动频率的调制，与齿轮啮合相关的振动也可能影响行星轴承故障引起的共振频带的识别，在时域和频率信号中不易观察，需要一系列的信号处理方法才能检测到。针对这一问题，Feng 等人[96]考虑载荷带通过的调制效应、齿轮对啮合刚度相位差、故障冲击激励，以及时变振动传递路径的影响，建立了行星轴承振动信号模型，推导了每种行星轴承故障情况下傅里叶谱的显式方程，并对振动谱特性进行了总结。Xue 等人[58]和 Gui 等人[60]基于行星齿轮系统的齿轮-轴承耦合动力学局部故障模型，发现了发行星轴承故障频率受到行星轮和行星架的旋转频率的极大调制。Ma 和 Feng[97]建立了一个考虑滚动体中滑移的行星轴承振动信号模型，然后推导了其傅里叶谱，以说明滚动体滑移对傅里叶谱的影响，并且为了提取由局部故障引起的脉冲特征，提出了一种称为多点最优最小熵反褶积调整(Multipoint Optimal Minimum Entropy Deconvolution Adjusted，MOMEDA)的反卷积算法，可针对行星轴承周期性脉冲对信号进行反卷积。Wang 等人[98]针对行星轴承故障冲击信号难识别的问题，提出了一种基于啮合频率调制指数($Index_{MFM}$)的峰度图故障识别方法。Lewicki 等人[99]提出了振动分离技术，用于行星齿轮箱的故障信号识别。Kong 等人[100]提出了一种增强的基于稀疏表示的智能识别(ESRIR)方法，进行了结构化字典设计和智能故障识别。Guo 等人[101]针对行星轴承振动信号噪声和谐波干扰问题，提出了一种基于数据驱动的多尺度字典构造方法。Randall 和 Antoni[102]提出了一种针对滚动轴承信号处理的基准法，对原信号进行离散和分解，以获得可直接观测和分析的滚动轴承特征信号。另外，Han 等人[103]提出了一种增强的卷积神经网络(Enhanced Convolutional Neural Network，ECNN)，Zhang 等人[104]提出了一种多层关联层网络的半监督学习和深度学习方法，Pan 等人[105]提出了一种非线性稀疏模态分解方法(Nonlinear Sparse Mode Decomposition，NSMD)。

综上所述，研究者针对行星轴承信号在传递过程中的调制和干扰问题，提出了反卷积算法、啮合频率调制指数识别法、振动信号分离技术、非线性稀疏模态分解方法、基准法、卷积神经网络法和深度学习法等。针对不同的行星齿轮箱结构，其行星轴承振动信号传递路径和频率特征不尽相同，在单排行星齿轮传动系统和多级行星齿轮传动系统中，可根据动力学模型获得系统振动特征，选择合理的振动信号提取和识别方法。

1.7 本章小结

围绕行星轴承波纹度表征建模、内部激励机理以及振动响应特征等基础性科学问题，国内外学者在行星轴承滚道表面波纹度激励机理、行星轴承动力学建模、滚动体-保持架冲击碰撞动力学建模、局部缺陷激励机理及建模、行星齿轮传动系统耦合动力学建模，以及行星轴承振动信号特征提取与识别方面，开展了相关研究，但是仍存在以下基础性科学问题需要研究：

(1)目前关于行星轴承波纹度动力学建模研究不多，不能准确描述均匀波纹度和非均匀分布波纹度激励诱发的时变位移激励和时变刚度激励机理，难以获得波纹度激励下的行星轴承和行星轮系内部载荷分布规律，需要建立新的行星轴承波纹度动力学模型。

(2)目前行星轴承动力学建模一般假定所有滚动体在周向匀速转动，忽略了滚动体与保持架之间的冲击碰撞行为，不能准确描述行星轴承滚动体与保持架的运动学特性和冲击载荷分布特征。因此，要分析行星轴承保持架在动态环境中的动力学特性，需要在行星轴承动力学模型中考虑保持架。

(3)目前对于行星齿轮传动系统，建模对象主要为单排行星齿轮传动系统，而在实际应用中，多级行星齿轮传动系统的应用更为广泛，其运动学和动力学特征更为复杂多变。行星轴承在多级行星齿轮传动系统中的动力学建模自由度多、内部激励因素多、齿轮-轴承耦合模型复杂，且求解难度高，其振动信号传递路径复杂，信号调制和干扰现象严重，行星轴承信号微弱且采集难度大。因此，需要建立详细的动力学模型进行仿真分析，为振动信号监测和故障信号识别提供有益参考。

(4)目前的行星轮系齿圈柔性研究主要着眼于其对齿圈-行星轮啮合刚度和行星轮系振动特征的影响。事实上，齿圈柔性对于齿圈-行星轮-行星轴承-行星架路径上的载荷传递有很大影响，引起行星轴承的内部载荷分布变化，改变滚动体与保持架之间的冲击碰撞特征，从而导致行星轴承的振动特征发生改变。虽然部分学者研究了柔性齿圈对行星轮系的激励机理，但尚未开展行星轮系齿轮-轴承耦合动力学模型中柔性齿圈对行星轴承的振动特征的影响研究。

(5)目前的滚动轴承滚动体-保持架横梁之间的冲击碰撞建模，主要集中在滚动体与保持架之间的刚度和阻尼研究上，忽略了滚动体与保持架之间的相对冲击碰撞速度的影响，无法准确描述滚动体冲击载荷作用下的保持架应力分布特点，以及保持架冲击速度和冲击载荷之间的映射关系，对此尚需进一步研究。

第2章　单行星轴承动力学建模与数值仿真

2.1 引　　言

行星轴承在行星轮系中随行星轮转动，其自转运动和公转运动均会产生离心力。行星轴承在高速运转状态下，高离心加速度不仅会改变滚动体的受力状态，而且会改变滚动体的运动状态和角位移，导致滚动体在内外滚道间的加速与减速，引起滚动体和滚道之间的接触载荷变化及滚动体与保持架之间冲击碰撞力的改变。另外，行星轴承滚道表面存在由加工误差产生的波纹度形状误差，会引起滚动体与滚道之间接触位移和接触刚度的改变，导致滚动体与滚道之间的接触载荷发生周期性变化，造成行星轴承保持架破坏失效及行星轮系产生异常振动。

行星轴承在高速旋转状态下，滚动体会承受高离心加速度的作用，产生绕行星架坐标系 Ox_cy_c 的离心力 $F_{ce}(F'_{ce})$ 和绕行星轴承坐标系 $O'xy$ 的离心力 $F_c(F'_c)$。滚动体绕 O 点转动，半径 r_i 随滚动体的角位置变化，F_{ce} 为时变离心力，如图 2.1 所示。滚动体在图示不同角位置，离心力对其有加速和减速的作用，导致其与滚道之间的接触载荷及与保持架之间的冲击碰撞状态不同于定轴轴承，如图 2.2 所示。

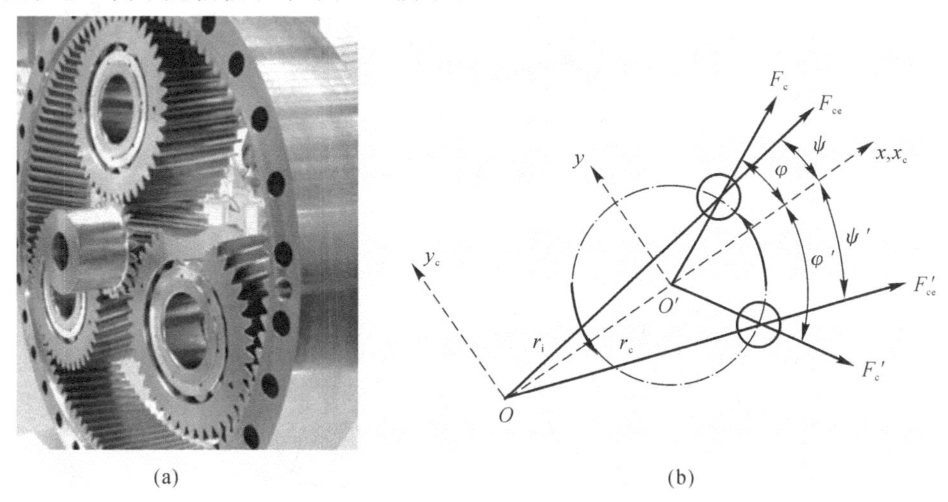

图 2.1　行星轴承滚动体高离心加速度示意图

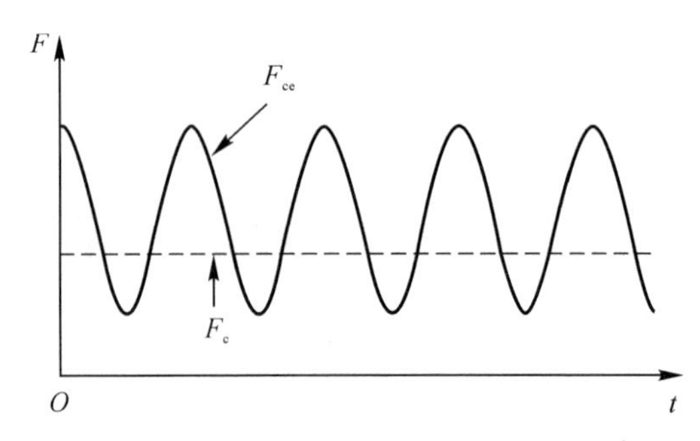

图 2.2　行星轴承滚动体离心力示意图

当不考虑行星轴承的加工误差时，行星轴承元件表面光滑，滚动体与滚道之间的接触刚度为恒定值，如图 2.3 中点画线所示。当行星轴承元件表面出现波纹度时，滚动体与滚道表面曲率发生变化，如图 2.3 中实线所示，引起滚动体与滚道接触状态和行星轴承内部载荷分布区域改变，造成行星轴承异常振动和疲劳失效。

滚动体与滚道之间的波纹度常假设为正弦波[106-107]，且假设滚动体与滚道赫兹接触区域远小于波纹度波长，如图 2.3 所示。单个行星轴承元件表面波纹度可以采用周期性的正弦函数描述，如图 2.4 所示，单个波纹度模型如图中 w_o 和 w_i 所示，分别分布在轴承内外圈滚道上的波纹度，其对径向接触变形和轴承游隙的总影响为 w_m。

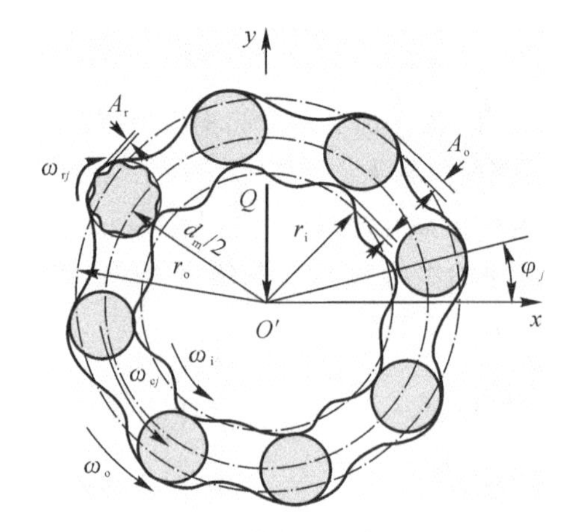

图 2.3　行星轴承元件表面波纹度

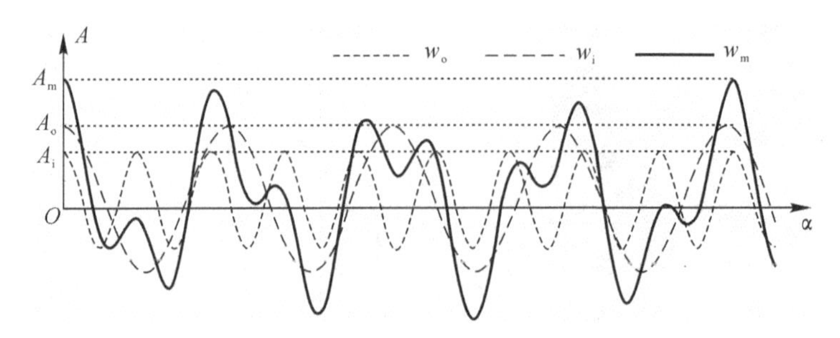

图 2.4　波纹度示意图

2.2　行星轴承动力学建模方法

2.2.1　行星轴承离心力计算方法

如图 2.1 所示，行星轴承滚动体共受两个离心力，其中一个绕太阳轮中心轴，一个绕行星轮中心轴。离心力的表达式为

$$F_{c}=m_{r}\omega^{2}r \tag{2.1}$$

$$F_{ce}=m_{r}\omega_{c}^{2}r_{j} \tag{2.2}$$

式中：m_r 表示滚动体质量；ω 表示滚动体绕行星轴承中心轴的转动速度；ω_c 表示滚动体绕太阳轮中心轴的转动速度；r 表示行星轴承节圆半径；r_j 表示第 j 个滚动体绕太阳轮中心轴的转动半径，其表达式为

$$r_{j}=\sqrt{r^{2}+r_{c}^{2}-2r\cdot r_{c}\cos(\pi-\varphi)} \tag{2.3}$$

式中：r_c 表示行星架半径；φ 表示离心力 F_c 和坐标轴 x 之间的夹角。

为方便计算，在动力学建模中，将上述两个离心力转化到 x 轴和 y 轴方向，则 x 轴方向的总离心力为

$$F_{cx}=F_{c}\cos\varphi+F_{ce}\cos\Psi \tag{2.4}$$

式中：Ψ 表示离心力 F_{ce} 与坐标轴 x 之间的夹角。对于一个给定的滚动体，夹角 Ψ 的表达式为

$$\Psi=\arccos\frac{r_{i}^{2}+r_{c}^{2}-r^{2}}{2r_{i}\cdot r_{c}} \tag{2.5}$$

y 轴方向上的总离心力表达式为

$$F_{cy}=F_{c}\sin\varphi+F_{ce}\sin\Psi \tag{2.6}$$

2.2.2　行星轴承动力学建模

在行星齿轮箱应用中，行星轴承外圈与行星轮固连，内圈与行星架固连，在转动过程中，太阳轮以一定的角速度 ω_s 绕中心轴转动，大齿圈以角速度 ω_r 绕中心轴转动，带动行星架以 ω_c 的转速绕太阳轮中心轴转动，而行星滚针轴承内圈滚道相对行星架静止，外圈滚道相对行星架以 ω_p 的转速绕行星轮中心轴转动，如图 2.5 所示。在进行行星轴承分析时，将轴承内圈滚道固定，外圈滚道给定转速，施加径向载荷，进行动力学特性分析。

在行星轴承中，将滚动体与滚道之间的线接触视为赫兹接触，分别求解滚动体与内外圈滚道之间的接触刚度和阻尼；建立滚动体与保持架之间的冲击碰撞模型，计算各滚动体与保持架之间的冲击碰撞力，组建力学平衡方程，采用集中参数法建立行星轴承动力学模型。行星轴承动力学模型如图 2.6 所示，模型包含行星轴承外圈滚道、内圈滚道、滚动体和保持架。假设滚针轴承各组成部分的质心和几何形心一致，各组成部分在动力学模型中用质量代替，

内、外圈质量用 m_{i} 和 m_{o} 表示，单个滚针的质量用 m_{r} 表示，保持架质量用 m_{c} 表示。该模型考虑滚针轴承在平面上的水平位移和转动，内、外圈滚道只考虑水平位移，滚子和保持架则需要另外考虑转动方向的位移，滚针的转动包括公转和自转，保持架转动自由度只考虑公转方向自由度。该模型共包括 $3(N_{\mathrm{b}}+1)+4$ 个自由度，其中 N_{b} 表示滚针数量。

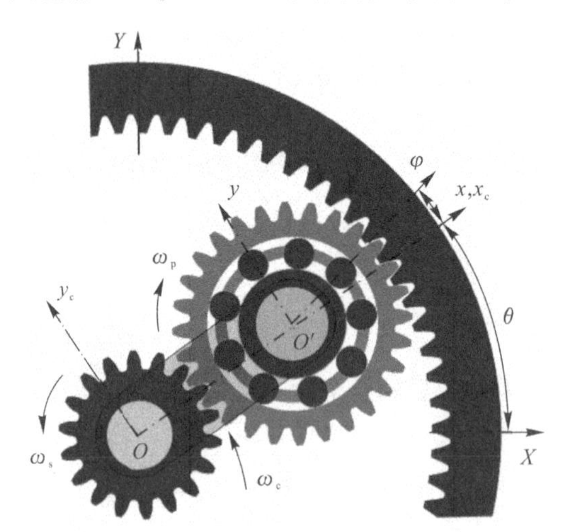

图 2.5 行星轮系中的行星轴承示意图

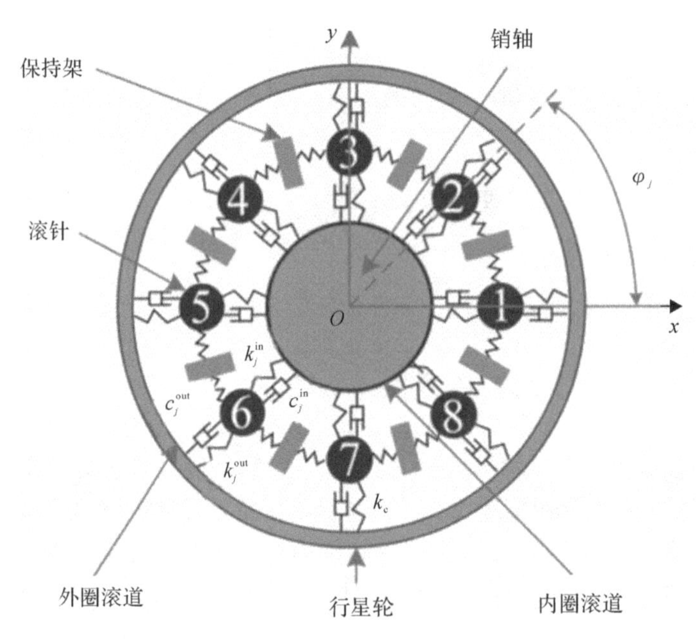

图 2.6 行星轴承动力学模型示意图

行星轴承内圈滚道的动力学方程为

$$m_{\mathrm{i}}\ddot{x}_{\mathrm{i}}+c_{\mathrm{s}}\dot{x}_{\mathrm{i}}+k_{\mathrm{s}}x_{\mathrm{i}}+F_{x}^{\mathrm{in}}+F_{\mathrm{d}x}^{\mathrm{in}}=Q_{x} \tag{2.7}$$

$$m_{\mathrm{i}}\ddot{y}_{\mathrm{i}}+c_{\mathrm{s}}\dot{y}_{\mathrm{i}}+k_{\mathrm{s}}y_{\mathrm{i}}+F_{y}^{\mathrm{in}}+F_{\mathrm{d}y}^{\mathrm{in}}=Q_{y} \tag{2.8}$$

式中：x_i 和 y_i 分别表示轴承内圈在 x 和 y 方向的振动位移；Q_x 和 Q_y 表示转动轴作用在轴承内圈上的力；F_x^{in} 和 F_y^{in} 表示滚动体作用在轴承内圈上的接触力，即

$$\begin{bmatrix} F_x^{in} \\ F_y^{in} \end{bmatrix} = \sum_{j=1}^{N_b} k_j^{in} \beta_j (\delta_j^{in})^n \begin{bmatrix} \cos\theta_j \\ \sin\theta_j \end{bmatrix} \tag{2.9}$$

式中：δ_j^{in} 表示第 j 个滚动体与内圈滚道之间的接触变形，用公式表示为

$$\delta_j^{in}(t) = [x_i(t) - x_j^r(t)]\cos\theta_j(t) + [y_i(t) - y_j^r(t)]\sin\theta_j(t) - (C_r + h_i) \tag{2.10}$$

式中：$x_j^r(t)$ 和 $y_j^r(t)$ 分别表示第 j 个滚动体在 x 和 y 方向的振动位移；C_r 表示轴承径向游隙；h_i 表示油膜厚度。

β_j 表示接触变形系数，用公式表示为

$$\beta_j = \begin{cases} 0, & \delta_j^{in} \leqslant 0 \\ 1, & \delta_j^{in} > 0 \end{cases} \tag{2.11}$$

另外，θ_j 表示第 j 个滚动体的位置角，且有

$$\theta_j(t) = \theta_c(t) + \frac{2\pi(j-1)}{N_b}, \quad j = 1 \sim N_b \tag{2.12}$$

$$\theta_c(t + dt) = \theta_c(t) + \omega_c dt + v(t) \tag{2.13}$$

式中：$v(t)$ 表示滚动体滑动速度；ω_c 用公式表示为

$$\omega_c = \frac{\omega_s}{2}\left(1 - \frac{D_b \cos\alpha}{D_p}\right) \tag{2.14}$$

式中：ω_s 表示轴承内圈的转动速度；D_b 表示滚动体直径；D_p 表示轴承的公称直径；F_{dx}^{in} 和 F_{dy}^{in} 表示轴承内圈上的阻尼力，用公式表示为

$$\begin{bmatrix} F_{dx}^{in} \\ F_{dy}^{in} \end{bmatrix} = \sum_{j=1}^{N_b} c_i \beta_j (\dot{\delta}_j^{in})^n \begin{bmatrix} \cos\theta_j \\ \sin\theta_j \end{bmatrix} \tag{2.15}$$

油膜厚度用弹性流体动力润滑理论计算，用公式表示为

$$h_{i(o)} = 2.65 \frac{\alpha_o{}^{0.54} (\eta_0 u)^{0.7} R_{i(o)}^{0.43}}{E_0^{0.03} q^{0.13}} \tag{2.16}$$

式中：α_o 表示润滑油黏度系数；η_0 表示大气压下的动力黏度；u 表示表面平均速度；E_0 表示等效弹性模量；q 表示作用在单元长度上的载荷。

油膜刚度由载荷和油膜厚度之间的关系计算得到，即

$$k_{oil}^{i(o)} = \frac{q}{h_{i(o)}} \tag{2.17}$$

总的接触刚度为

$$k_j^{in(out)} = \frac{k \cdot k_{oil}^{i(o)}}{k + k_{oil}^{i(o)}} \tag{2.18}$$

式中：k 表示赫兹接触条件下用 Palmgren 方法计算获得的接触刚度，且有

$$k = 8.06 \times 10^4 l^{\frac{8}{9}} \tag{2.19}$$

式中：l 表示滚动体有效接触长度。

行星轴承滚动体动力学方程为

$$m_r\ddot{x}_j^r - c_i(\dot{x}_i - \dot{x}_j^r) + c_o(\dot{x}_j^r - \dot{x}_o) + F_x^{out} - F_x^{in} - F_{cx} - F_{cex} = 0 \tag{2.20}$$

$$m_r\ddot{y}_j^r - c_i(\dot{y}_i - \dot{y}_j^r) + c_o(\dot{y}_j^r - \dot{y}_o) + F_y^{out} - F_y^{in} - F_{cy} - F_{cey} = 0 \tag{2.21}$$

$$I_b\ddot{\varphi}_{bj} = (\mu_b F^{in} - \mu_b F^{out} - \mu_c Q_{cj})\frac{D}{2} \tag{2.22}$$

$$I_c\ddot{\theta}_{bj} = \frac{1}{2}d_m\mu_b F^{out} + \frac{1}{2}d_m\mu_b F^{in} - \frac{1}{2}d_m\mu_c Q_{cj} \tag{2.23}$$

式中：x_o 和 y_o 分别表示轴承外圈在 x 和 y 方向上的振动位移；F_{ce} 和 F_c 表示滚动体离心力；δ_j^{out} 表示滚动体与轴承外圈滚道之间的接触变形，其表达式为

$$\delta_j^{out}(t) = [x_j^r(t) - x_o(t)]\cos\theta_j(t) + [y_j^r(t) - y_o(t)]\sin\theta_j(t) - h_o \tag{2.24}$$

式中：h_o 为滚动体-外流通油膜厚度。

行星轴承外圈滚道动力学方程为

$$m_o\ddot{x}_o + c_h\dot{x}_o + k_h x_o - F_x^{out} - F_{dx}^{out} = 0 \tag{2.25}$$

$$m_o\ddot{y}_o + c_h\dot{y}_o + k_h y_o - F_y^{out} - F_{dy}^{out} = 0 \tag{2.26}$$

式中：F_x^{out} 和 F_y^{out} 表示滚动体作用在外圈滚道上面的接触力；F_{dx}^{out} 和 F_{dy}^{out} 表示滚动体作用在外圈滚道上面的阻尼力。

行星轴承保持架动力学方程为

$$m_c\ddot{x}_c = \sum_{j=1}^{N_b}[-F_{cj}\sin(\theta_j + \alpha) + f_{cj}\cos(\theta_j + \alpha)] + F_{cx} \tag{2.27}$$

$$m_c\ddot{y}_c = \sum_{j=1}^{N_b}[-F_{cj}\cos(\theta_j + \alpha) - f_{cj}\sin(\theta_j + \alpha)] + F_{cy} \tag{2.28}$$

$$I_c\ddot{\theta}_c = \sum_{j=1}^{N_b}\left(-F_{cj} \times \frac{d_m}{2}\right) + M_c \tag{2.29}$$

式中：F_{cj} 和 f_{cj} 分别表示滚动体与保持架之间的碰撞接触力和摩擦力；F_{cx}、F_{cy} 和 M_c 分别表示保持架与引导面之间油膜产生的力和力矩[108]，且有

$$F_{cx}' = -\eta_0 u_1 L_1^3 \varepsilon^2 / [C_1^2(1-\varepsilon^2)^2] \tag{2.30}$$

$$F_{cy}' = \pi\eta_0 u_1 L_1^3 \varepsilon / [4C_1^2(1-\varepsilon^2)^{3/2}] \tag{2.31}$$

$$M_c' = 2\pi\eta_0 V_1 R_1^2 L_1 / (C_1\sqrt{1-\varepsilon^2}) \tag{2.32}$$

式中：$u_1 = R_1(\omega_o + \omega_c)$ 表示润滑油牵引速度，ω_o 表示外圈滚道的角速度；L_1 表示保持架引导面的宽度；R_1 表示保持架引导面半径；$\varepsilon = e/C_g$ 表示保持架相对偏心度，C_g 表示保持架与外圈滚道之间的间隙，$e = ({x_c}^2 + {y_c}^2)^{0.5}$ 表示保持架径向总位移；$V_1 = R_1(\omega_o - \omega_c)$ 表示保持架与引导面之间的相对速度。将上述载荷转化到惯性坐标系中，表示为

$$\begin{bmatrix} M_c \\ F_{cx} \\ F_{cy} \end{bmatrix} = \begin{bmatrix} 1 & 0 & 0 \\ 0 & \cos\varphi_c & -\sin\varphi_c \\ 0 & \sin\varphi_c & \cos\varphi_c \end{bmatrix} \begin{bmatrix} M_c' \\ F_{cx}' \\ F_{cy}' \end{bmatrix} \tag{2.33}$$

式中：$\varphi_c = \arctan(y_c/x_c)$。

2.2.3　行星轴承波纹度动力学建模

轴承滚道圆周上的波瓣数，称为波纹度。波纹度是一种更均匀的形状误差，如图 2.4 所示。位于轴承内圈上面的波纹度误差表达式为

$$w_{ij}=\sum_{s=1}^{n}A_{is}\cos\left[-s(\omega_i-\omega_c)t+\frac{2\pi s(j-1)}{Z}+\alpha_{is}\right] \tag{2.34}$$

式中：s 表示波纹度阶次；A_{is} 表示内圈波纹度幅值；ω_c 表示保持架转速；w_i 表示内圈滚动转速；t 表示时间；α_{is} 表示内圈滚道波纹度的初始接触角。

位于轴承外圈上面的波纹度误差的表达式为

$$w_{oj}=\sum_{s=1}^{n}A_{os}\cos\left[-s(\omega_o-\omega_c)t+\frac{2\pi s(j-1)}{Z}+\alpha_{os}\right] \tag{2.35}$$

式中：A_{os} 表示外圈滚道波纹度的幅值；ω_o 表示外圈滚道的转速；α_{os} 表示外圈滚道波纹度的初始接触角。

滚动体与外滚道接触处的滚动体表面波纹度表达式为

$$w_{rj}=\sum_{s=1}^{n}A_{rs}\left\{\cos\left[s\omega_b\left(t+\frac{\pi}{\omega_b}\right)+\alpha_{rs}\right]\right\} \tag{2.36}$$

滚动体与内滚道接触处的滚动体表面波纹度表达式为

$$w_{rj}=\sum_{s=1}^{n}A_{rs}\left[\cos(s\omega_b t+\alpha_{rs})\right] \tag{2.37}$$

式中：A_{rs} 表示滚动体波纹度的幅值；ω_b 表示滚动体自转速度；α_{rs} 表示滚动体波纹度的初始接触角。

在行星轴承动力学建模中，轴承误差主要为波纹度误差。轴承误差主要分布在内圈滚道、外圈滚道和滚动体上，它会影响滚动体与滚道之间的接触变形，在动力学计算中，会显著影响各组成部分的振动位移、振动速度和振动加速度等。

在动力学建模中，滚动体与内外圈滚道之间的接触变形与误差相关，即

$$\delta_j^{in}(t)=[x_i(t)-x_j^r(t)]\cos\theta_j(t)+[y_i(t)-y_j^r(t)]\sin\theta_j(t)-(C_r+h_i+w_{ij}+w_{rj}) \tag{2.38}$$

$$\delta_j^{out}(t)=[x_j^r(t)-x_o(t)]\cos\theta_j(t)+[y_j^r(t)-y_o(t)]\sin\theta_j(t)-(h_o+w_{oj}+w_{rj}) \tag{2.39}$$

式中：w_{ij} 和 w_{oj} 分别表示内圈滚道和外圈滚道之间的波纹度误差。

2.3　行星轴承内部动态载荷计算方法

仿真在不同径向载荷和输入速度下的单排行星齿轮系上实现。行星轴承上施加的径向载荷为(0.15～0.5)C_r，C_r 为基本额定动载荷。仿真以滚针与保持架组件 SKF K38×46×

32 为研究对象，其 C_r 值为 52.3 kN。行星轴承 SKF K38×46×32 的参数见表 2.1，在仿真中，行星轴承各组成件的初始位移设置为 1×10^{-6} m，初始速度为 0，时间步长为 5×10^{-6} s；行星轴承的内圈滚道支撑刚度取为 7.2 MN/m，外圈滚道的支撑刚度根据齿轮啮合刚度取为 17.7 MN/m，采用定步长 4 阶龙格-库塔方法[109]进行求解。

表 2.1　行星轴承参数列表

参数	数值	参数	数值
内圈滚道直径 (d_i)/mm	38	兜孔间隙 (C_p)/mm	0.05
外圈滚道直径 (d_o)/mm	46	保持架外直径/mm	44.96
节圆直径 (d_m)/mm	42	保持架内直径/mm	38.97
滚动体直径 (D)/mm	4	保持架宽度 (C_w)/mm	32
滚动体接触长度 (l)/mm	28.8	摩擦因数 (μ)	0.02
滚动体数目 (n)	22	中心距 (r_c)/mm	120
径向游隙 (C_r)/μm	30	外圈与行星轮的质量 (m_o)/kg	5
轴承内圈与轴的质量(m_i)/kg	1.2	保持架质量 (m_c)/kg	0.04

此处不考虑齿轮动态啮合过程中的行星轴承外部载荷的动态变化的影响。此外，单列行星齿轮系中行星架的角速度应根据太阳轮输入速度和行星布置计算，其表达式为

$$\omega_c = -(\omega_r \cdot z_r + \omega_s \cdot z_s)/(z_r + z_s) \tag{2.40}$$

式中：ω_s 和 ω_r 分别是太阳轮和齿圈的输入角速度；z_s 和 z_r 分别是太阳轮和齿圈的齿数。在该模型中，z_s 和 z_r 的值分别为 43 和 77。此外，齿轮的模数取 4 mm。

行星轮系中，齿轮之间的载荷通过轮齿啮合的方式传递。行星轮系中齿轮传动的受力分析如图 2.7 和表 2.2 所示，表中 F_z 表示单个行星轮作用在轴上或行星轮轴上的力，$\sum F_z$ 表示各行星轮作用在轴上的总力及转矩。

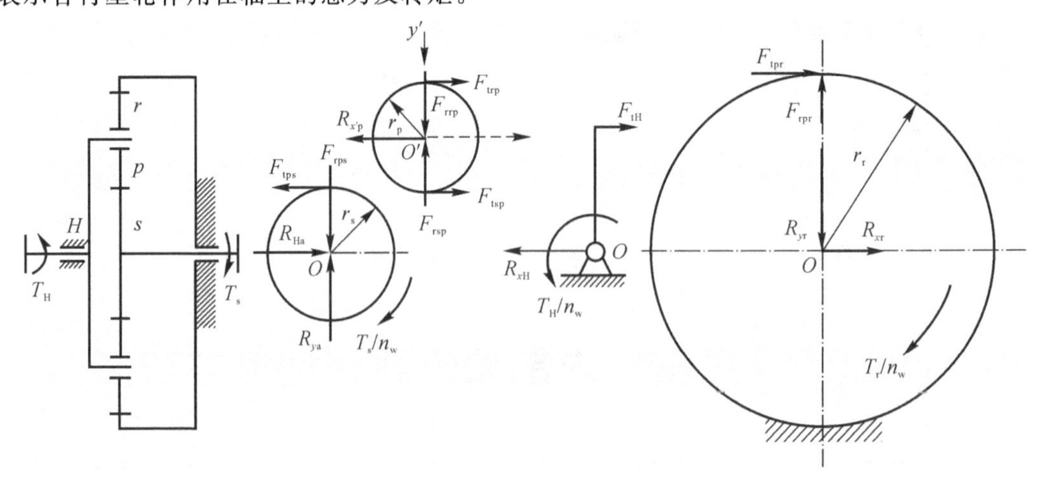

图 2.7　行星轮系元件排列示意图

表 2.2 行星齿轮传动受力分析

项目	太阳轮(s)	行星轮(p)	行星架(H)	齿圈(r)
圆周力	$F_{tps}=\dfrac{1\,000T_s}{n_w r_s}$	$F_{tsp}=F_{tps}\approx F_{trp}$	$F_{tH}=R_{x'p}\approx 2F_{tsp}$	$F_{tpr}=F_{trp}\approx F_{tps}$
径向力	$F_{rps}=F_{tps}\dfrac{\tan\alpha_s}{\cos\beta}$	$F_{rsp}=F_{tsp}\dfrac{\tan\alpha_s}{\cos\beta}\approx F_{rrp}$	$R_{y'p}\approx 0$	$F_{rrp}=F_{rpr}$
F_z	$R_{Ha}=F_{tps}$ $R_{ya}=F_{rps}$	$R_{x'p}\approx 2F_{tsp}$ $R_{y'p}\approx 0$	$R_{xH}=F_{tH}\approx 2F_{tsp}$ $R_{yH}\approx 0$	$R_{xr}=F_{tpr}$ $R_{yr}=F_{rpr}$
$\sum F_z$	$\sum R_{xs}=0$ $\sum R_{ys}=0$ $T_s=\dfrac{F_{tps}r_s n_w}{1\,000}$	$\sum R_{xp}=0$ $\sum R_{yp}=0$ $T_{O'}=0$	$\sum R_{xH}=0$ $\sum R_{yH}=0$ $T_H=-T_s i_{sH}^r$	$\sum R_{xr}=0$ $\sum R_{yr}=0$ $T_r=T_s\dfrac{z_r}{z_s}$

不考虑行星轮在径向力作用下的弹性变形，则单个行星轴承承受来自行星架在其旋转方向的载荷，在行星轴承内部分布在载荷区内的滚动体上，图 2.8 所示为行星轴承外圈上的所有载荷。

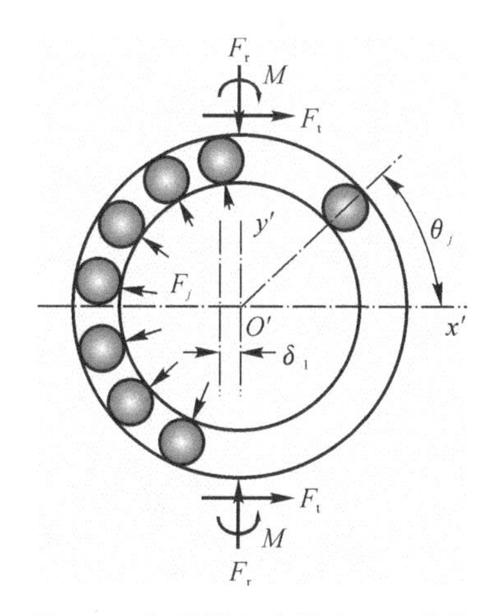

图 2.8 行星轴承外圈上所有载荷

2.4 行星轴承内部动态载荷分布特征

2.4.1 无波纹度行星轴承的内部载荷分布特征

在高离心加速度影响下，行星轴承滚动体靠近外圈滚道转动，图 2.9 所示为行星轴承滚动体与滚道之间的接触载荷分布。其中，行星轴承外部载荷为 4 000 N，太阳轮输入转速为 10 000 r/min，此时行星轴承外圈转速为 1 324.4 rad/s。滚动体与内圈滚道之间的接触载荷(Contact load between Roller and Inner raceway, CRI)分布如图 2.9(a)所示,分为承载区(Loaded Zone, LZ)和非承载区(Unloaded Zone, ULZ)。结果显示,CRI 的幅值为 578.2 N,呈周期分布,且 ULZ 显著大于 LZ,这是由于行星轴承径向游隙较大,导致位于 LZ 的滚动体数目较少。滚动体与外圈滚道之间的接触载荷(Contact load between Roller and Outer raceway, CRO)分布如图 2.9(b)所示,CRO 的幅值为 760.8 N,呈周期分布,且 LZ 大于 ULZ,这是由于在行星轴承中,高离心加速度会使滚动体产生高离心力,其作用在滚动体上,使滚动体在脱离与内圈滚道的接触以后,继续与外圈滚道接触。图 2.9(c)所示为滚动体与内、外圈滚道接触载荷分布的对比,从中可以发现内、外圈滚道之间的接触载荷周期一致,CRO 幅值较 CRI 幅值约大 31.44%,这是由于滚动体旋转产生的高离心力和 CRI 共同作用在外圈滚道上形成 CRO。

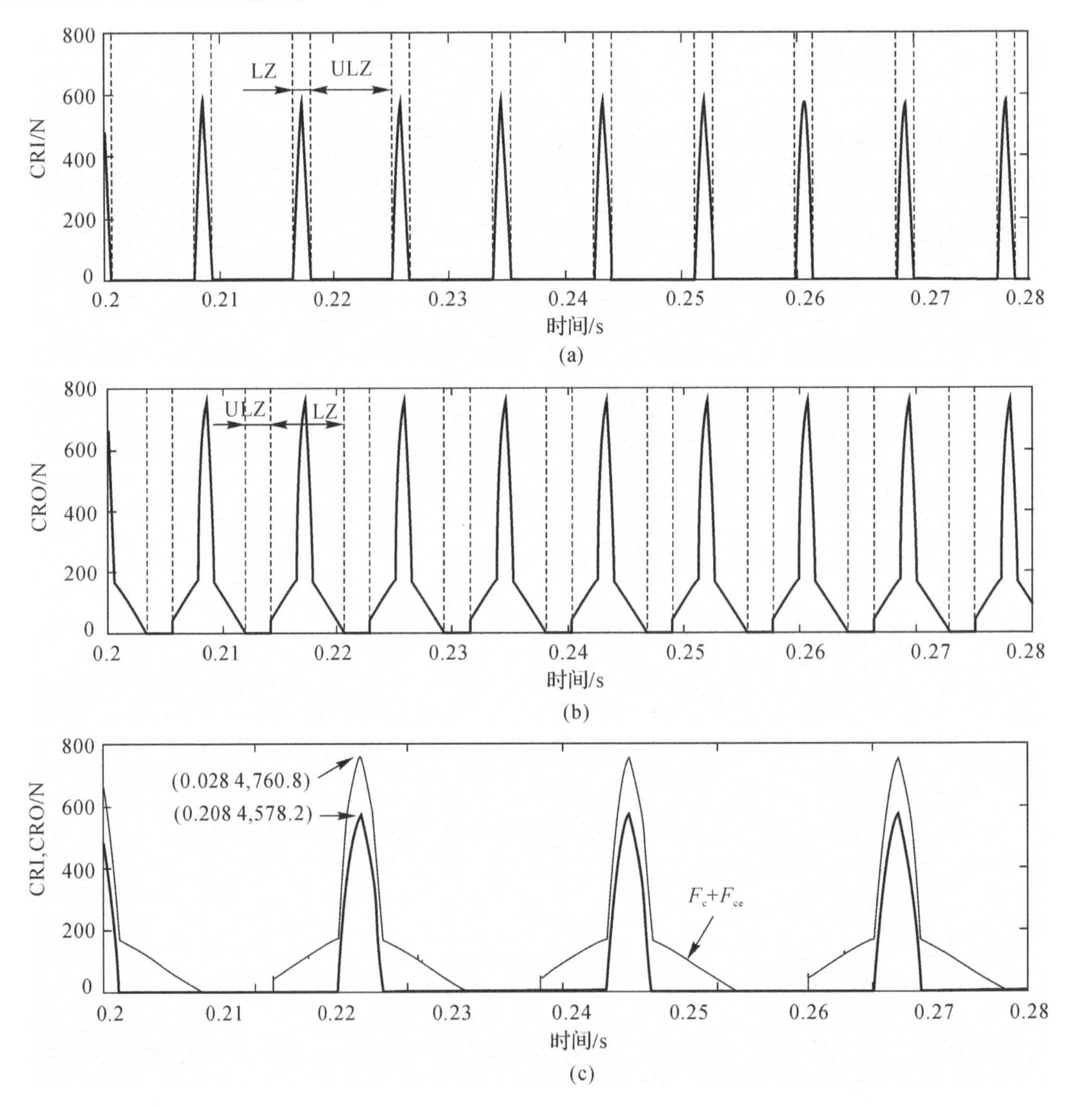

图 2.9 滚动体与滚道之间的载荷分布

(a)滚动体与内圈滚道之间的接触载荷分布;(b)滚动体与外圈滚道之间的接触载荷分布;(c)CRI 与 CRO 载荷分布对比

滚动体上的离心力分布如图 2.10 所示，在该工况下离心力 F_c 的幅值约为 31.54 N，离心力 F_{ce} 的幅值为 56.76 N。上述离心力的数值变化与滚动体在运行过程中的转速动态变化相关，滚动体在转动过程中受到保持架的冲击碰撞，导致离心力 F_c 的幅值突变，而离心力 F_{ce} 的幅值受滚动体转动半径的影响较大，如图 2.1 所示，其转动半径 r_i 的数值随滚动体的角位置变化。

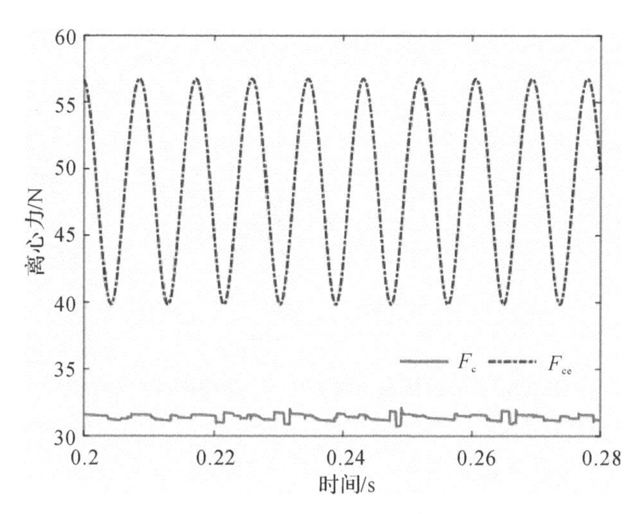

图 2.10　滚动体上的离心力

在高离心加速度影响下，行星轴承滚动体与保持架之间的冲击碰撞力会受到影响，图 2.11 所示为给定转速和载荷工况下，行星轴承的一个滚动体与其相邻保持架横梁的冲击碰撞力随时间的分布。正常轴承在定轴应用中，其滚动体与保持架之间的冲击碰撞力分布具有明显的随机性[110]，而在行星轴承中，滚动体与保持架之间的冲击碰撞力频谱分析显示，该冲击碰撞力具有明显的特征频率，如图 2.12 所示。已知滚动轴承的保持架转动频率表达式为

$$f_c=\frac{f_i\left(1-\frac{D}{d_m}\cos\alpha\right)+f_o\left(1+\frac{D}{d_m}\cos\alpha\right)}{2} \tag{2.41}$$

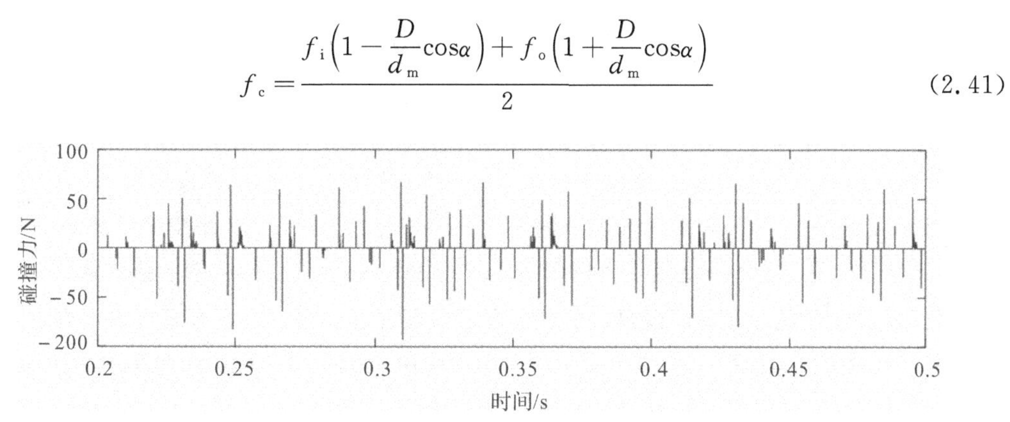

图 2.11　滚动体与保持架之间冲击碰撞力

在该工况中保持架的理论转动频率为 115.43 Hz，与计算获得的冲击碰撞频率 116 Hz 基本一致，同时在冲击碰撞力频谱中还存在保持架冲击碰撞频率的倍频，如 228 Hz、

344.8 Hz 和 460.8 Hz 等。

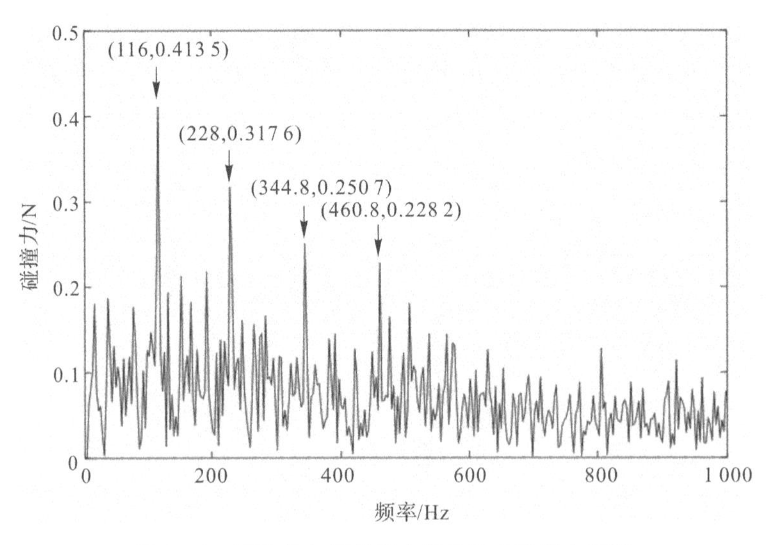

图 2.12　滚动体与保持架之间的冲击碰撞力频谱

2.4.2　波纹度幅值对行星轴承内部载荷分布特征的影响

采用均方根(RMS)值和峰-峰值(PTP)描述波纹度诱发的接触载荷的统计特征，其表达式分别为

$$\mathrm{RMS}=\sqrt{\frac{1}{N_{\mathrm{f}}}\sum_{i=1}^{N_{\mathrm{f}}}x_i^2} \tag{2.42}$$

$$\mathrm{PTP}=\left|\max(x)-\min(x)\right| \tag{2.43}$$

式中：x_i 为第 i 个分析信号数据；N_{f} 为分析信号的数据长度；max(x)表示分析信号 x 的最大值；min(x)表示分析信号 x 的最小值。

1. 内圈滚道波纹度

图 2.13 所示为内圈滚道波纹度影响下的滚动体与滚道之间的载荷分布，其中，行星轴承外部载荷为 8 000 N，太阳轮输入转速为 6 000 r/min，给定内圈波纹度波数为 16，波纹度幅值为 2 μm，此时行星轴承外圈转速为 794.64 rad/s，保持架旋转频率为 69.25 Hz。结果显示，波纹度的出现使滚动体在通过滚道过程中的接触载荷分布曲线不再平滑，出现了剧烈的波动。如图 2.13(c)和图 2.14 所示，由于离心力的作用，外圈滚道接触载荷大于内圈滚道接触载荷。同时，内圈波纹度增大了滚道接触载荷的幅值，如图 2.15 所示，内圈滚道接触载荷幅值从 1 157 N 增大到了 1 638 N，增幅为 41.57%，外圈滚道接触载荷幅值从 1 222 N 增大到了 1 697 N，增幅为 38.87%。另外，滚动体与滚道之间的接触宽度也发生了变化。

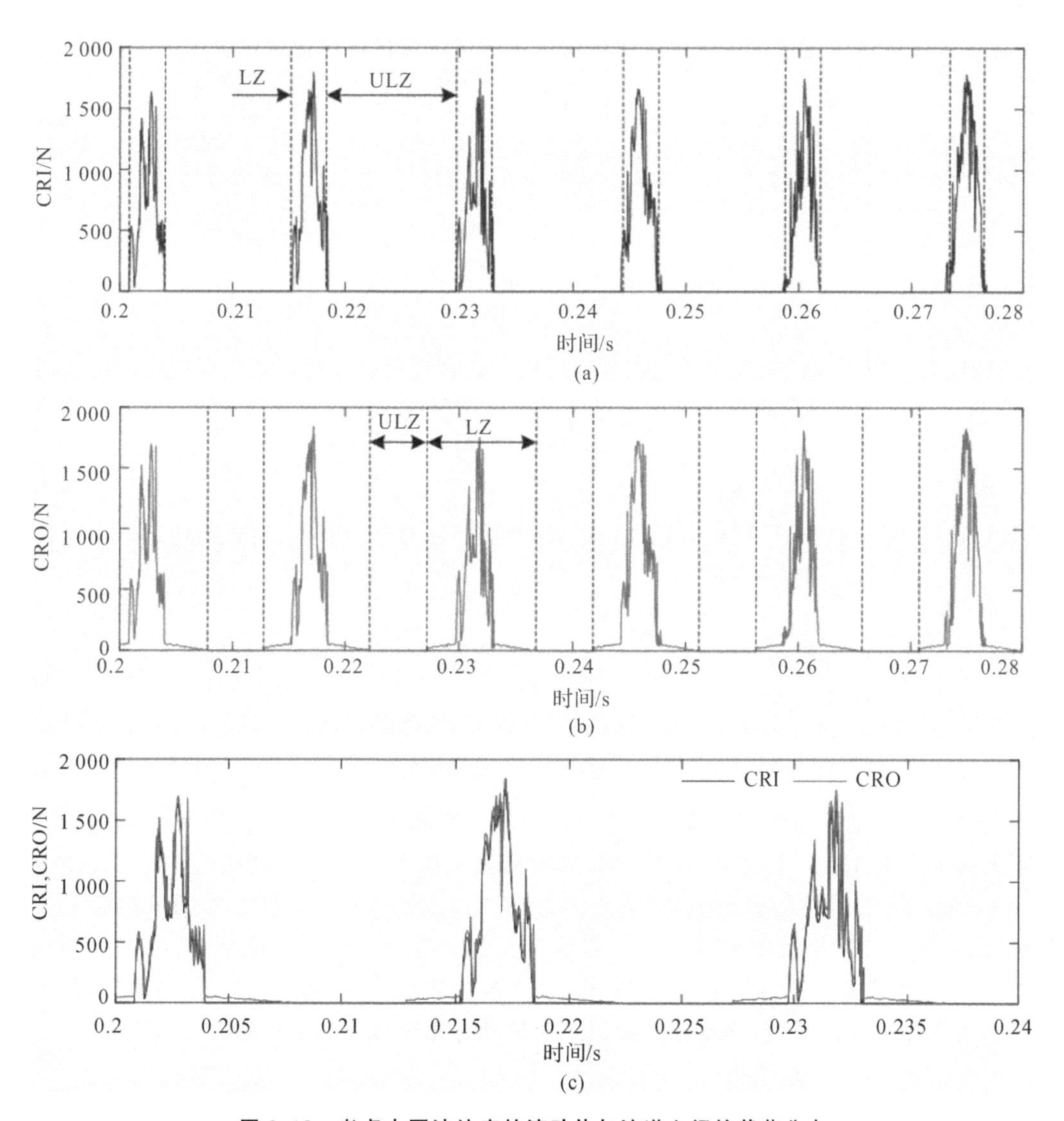

图 2.13　考虑内圈波纹度的滚动体与滚道之间的载荷分布

(a)滚动体与内圈滚道之间的接触载荷分布；(b)滚动体与外圈滚道之间的接触载荷分布；(c)CRI 与 CRO 载荷分布对比

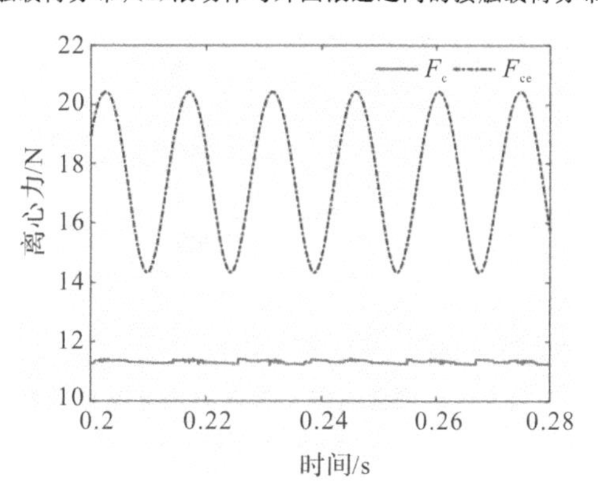

图 2.14　滚动体上的离心力分布

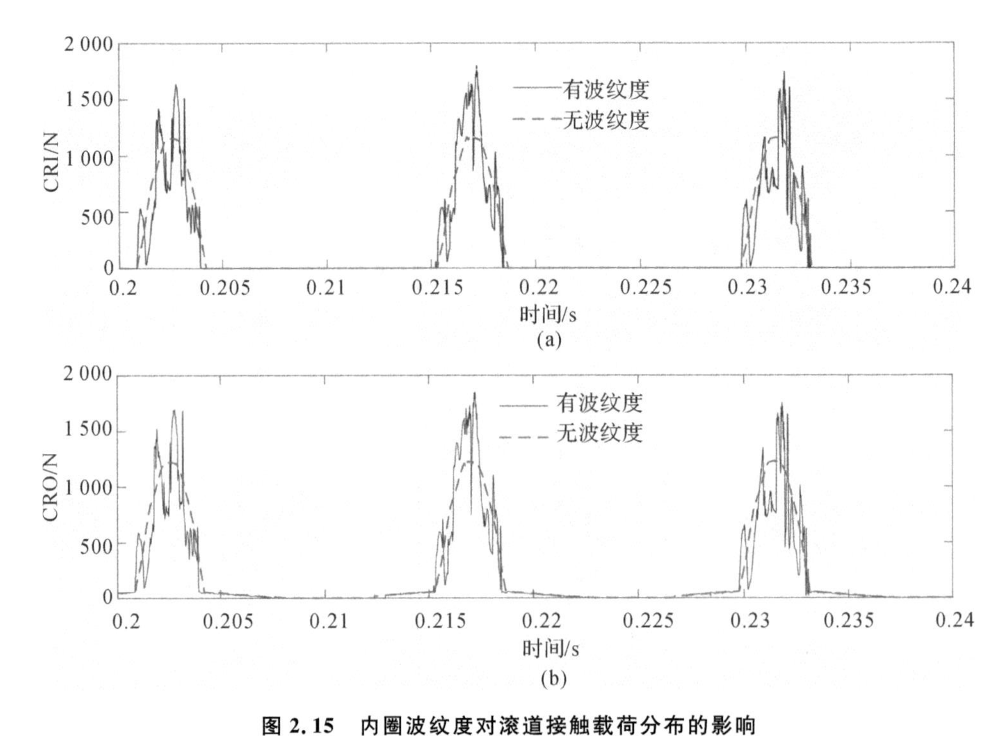

(a)

(b)

图 2.15　内圈波纹度对滚道接触载荷分布的影响

(a) 内圈波纹度对内圈滚道接触载荷的影响;(b) 内圈波纹度对外圈滚道接触载荷的影响

行星轴承滚动体与滚道之间接触载荷的 RMS 值和 PTP 值随内圈波纹度幅值的变化关系曲线如图 2.16 所示。图 2.16 显示,当行星轴承内圈滚道波纹度幅值从 0 μm 增大到 10 μm 时,内圈滚道接触载荷 RMS 值从 406 N 持续增大到 606.2 N,外圈滚道接触载荷 RMS 值从 434.2 N 持续增大到 635.7 N,而内圈滚道接触载荷 PTP 值从 1 171 N 持续增大到 4 807 N,外圈滚道接触载荷 PTP 值从 1 227 N 持续增大到 4 886 N。结果说明,随着内圈滚道波纹度幅值的增大,滚动体与滚道之间的动态接触载荷幅值也增大。

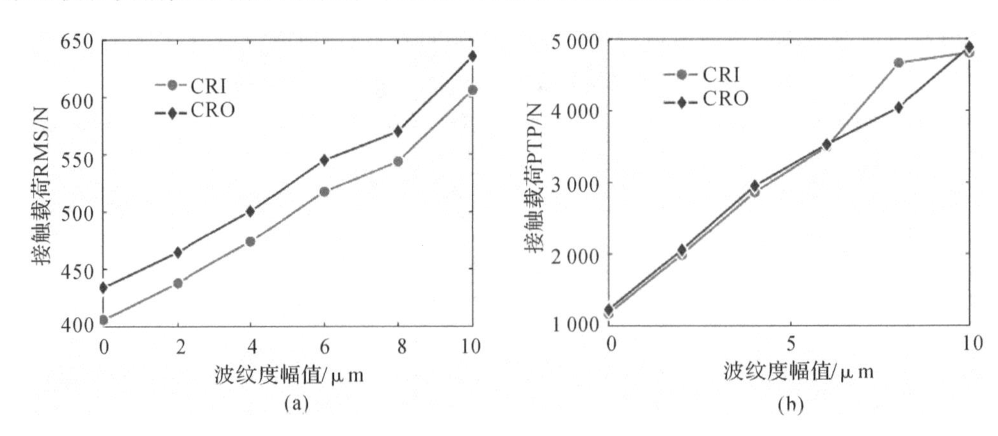

(a)

(b)

图 2.16　内圈波纹度幅值对滚动体与滚道之间接触载荷的影响

(a)RMS;(b)PTP

行星轴承滚动体与保持架之间冲击碰撞力的 RMS 值和 PTP 值随内圈波纹度幅值的变化关系曲线如图 2.17 所示。图 2.17 显示，当行星轴承内圈滚道波纹度幅值从 0 μm 增大到 10 μm 时，保持架冲击碰撞力的 RMS 值呈现不规则的变化趋势，然而，保持架冲击碰撞力的 PTP 值在波纹度幅值 2～10 μm 范围内从 41.97 N 增大到了 59.46 N。同时，内圈波纹度 2 μm 和 4 μm 对应的保持架冲击载荷的 PTP 值小于同工况下光滑滚道对应的保持架冲击碰撞力的 PTP 值。行星轴承内圈波纹度幅值对滚动体与保持架之间冲击碰撞力频谱的影响如图 2.18 所示。图 2.18 显示，在该工况中保持架的理论转动频率与计算获得的冲击碰撞频率 70.19 Hz 基本一致，且内圈波纹度的出现降低了保持架冲击碰撞力的特征频率对应的幅值。

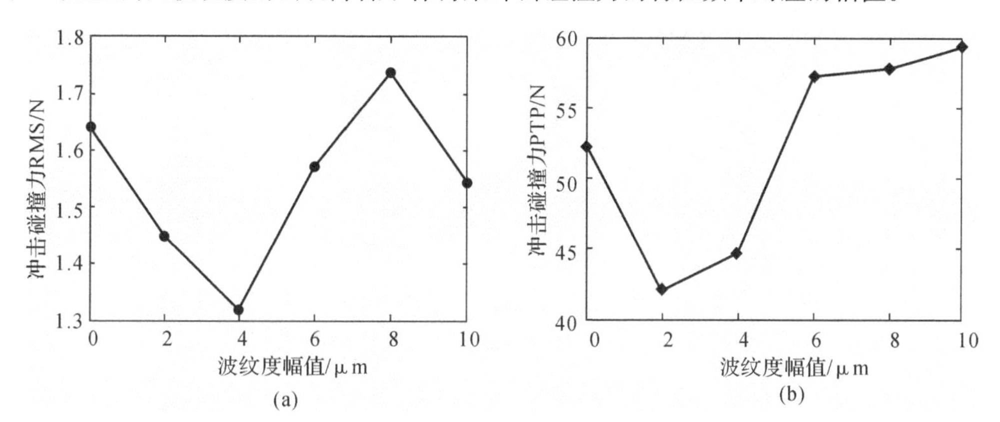

图 2.17　内圈波纹度幅值对滚动体与保持架之间冲击碰撞力的影响

(a)RMS；(b)PTP

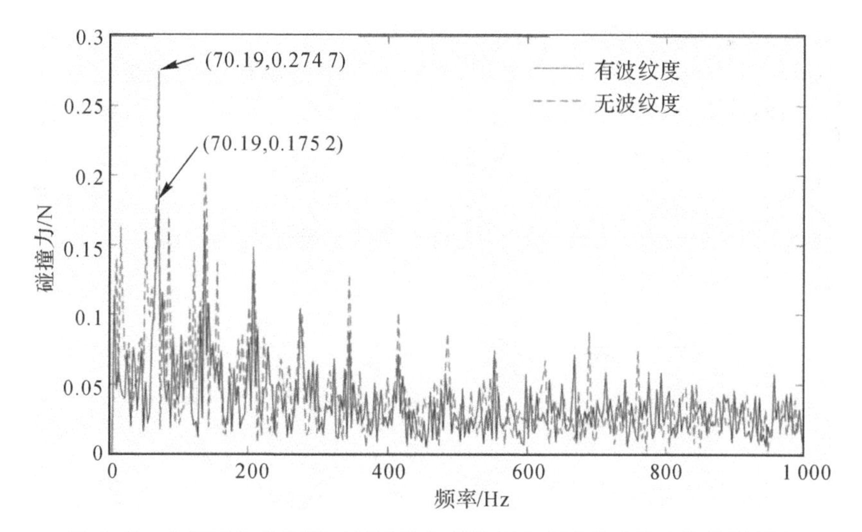

图 2.18　内圈波纹度幅值对滚动体与保持架之间冲击碰撞力频谱的影响

2. 外圈滚道波纹度

图 2.19 所示为外圈滚道波纹度影响下的滚动体与滚道之间的载荷分布，其中，行星轴承外部载荷为 8 000 N，太阳轮输入转速为 6 000 r/min，给定外圈滚道波纹度波数为 24，波

纹度幅值为 4 μm，此时行星轴承外圈转速为 794.64 rad/s，保持架旋转频率为 69.25 Hz。图 2.19 显示，外圈滚道波纹度会引起滚道接触载荷的波动变化及接触载荷幅值的增大。

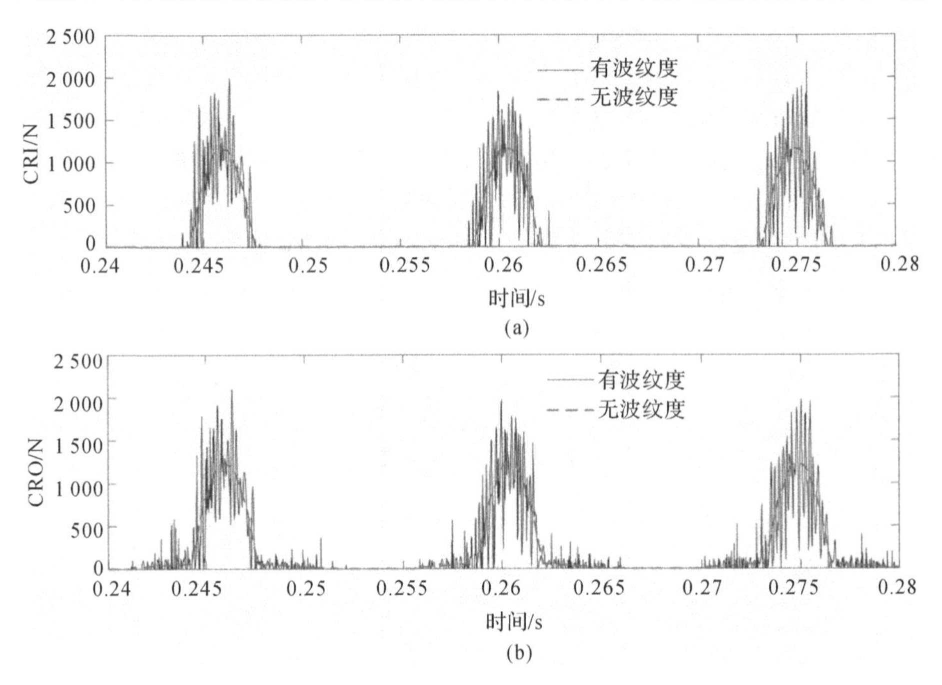

图 2.19　外圈波纹度对滚动体与滚道之间接触载荷分布的影响

(a) 外圈波纹度对内圈滚道接触载荷的影响；(b) 外圈波纹度对外圈滚道接触载荷的影响

行星轴承滚动体与滚道之间的接触载荷的 RMS 值和 PTP 值随外圈波纹度幅值的变化关系曲线如图 2.20 所示。图 2.20 显示，当行星轴承外圈滚道波纹度幅值从 0 μm 增大到 10 μm 时，内圈滚道接触载荷 RMS 值从 406 N 持续增大到 643.6 N，外圈滚道接触载荷 RMS 值从 434.2 N 持续增大到 683.1 N，内圈滚道接触载荷 PTP 值从 1 171 N 持续增大到 8 011 N，外圈滚道接触载荷 PTP 值从 1 227 N 持续增大到 10 340 N。结果说明，随着外圈滚道波纹度幅值的增大，滚动体与滚道之间的动态接触载荷幅值也增大。

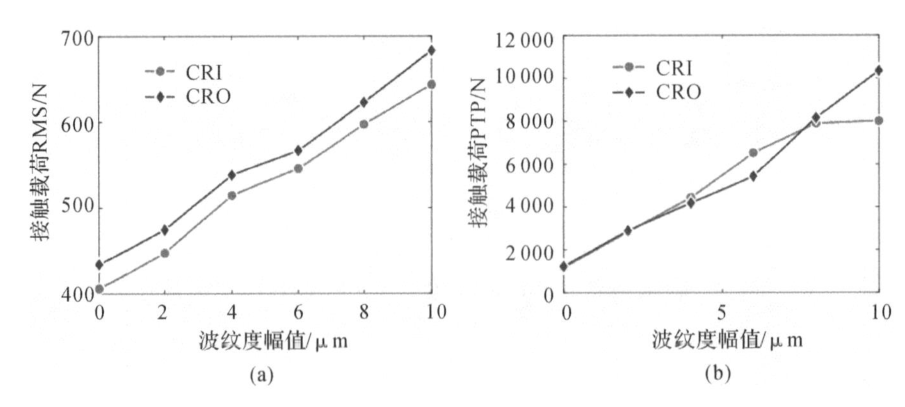

图 2.20　外圈波纹度幅值对滚动体与滚道之间接触载荷的影响

(a)RMS；(b)PTP

行星轴承滚动体与保持架之间的冲击碰撞力的 RMS 值和 PTP 值随外圈波纹度幅值的变化关系曲线如图 2.21 所示。图 2.21 显示，当行星轴承内圈滚道波纹度幅值从 0 μm 增大到 10 μm 时，保持架冲击碰撞力的 RMS 值呈现不规则的变化趋势且波动范围较小。然而，保持架冲击碰撞力的 PTP 值在波纹度幅值 2～10 μm 范围内从 43.71 N 增大到了 99.76 N。行星轴承内圈波纹度幅值对滚动体-保持架冲击碰撞力频谱的影响如图 2.22 所示。图 2.22 显示，在该工况中保持架的理论转动频率与计算获得的冲击碰撞频率 70.19 Hz 基本一致，且外圈波纹度的出现降低了保持架冲击碰撞力的特征频率对应的幅值，该现象与内圈波纹度幅值对保持架冲击碰撞力频谱的影响相似。

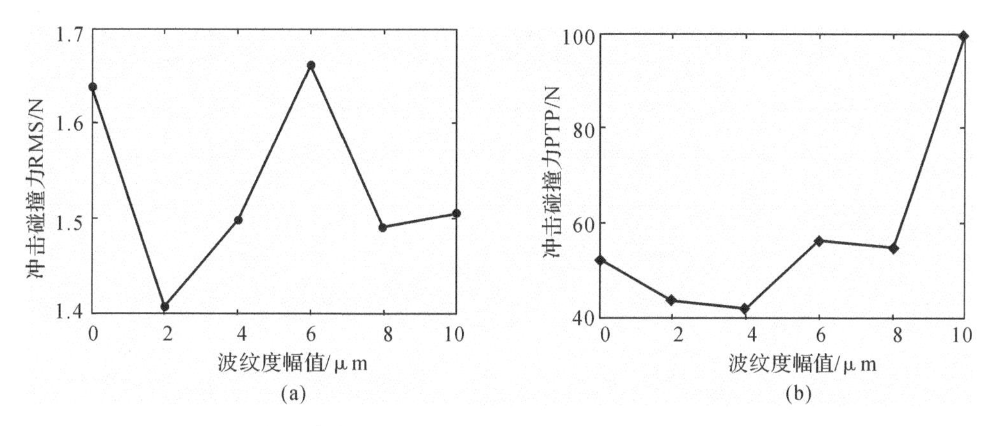

图 2.21　外圈波纹度幅值对滚动体与保持架之间冲击碰撞力的影响

(a)RMS；(b)PTP

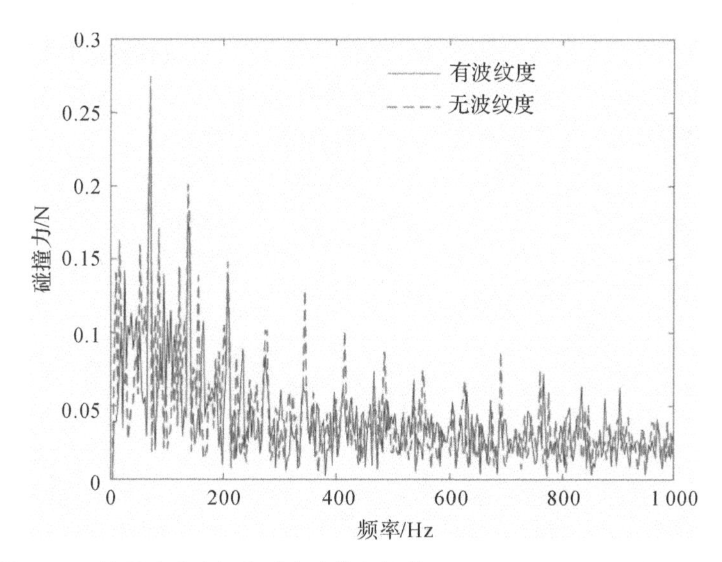

图 2.22　外圈波纹度幅值对滚动体与保持架之间冲击碰撞力频谱的影响

2.4.3 波纹度波数对行星轴承内部载荷分布特征的影响

选取波纹度波数的工况参数见表 2.3。

表 2.3 滚道表面波纹度参数

波纹度工况	波纹度波数	波纹度幅值/μm	内圈波纹度初始相位/(°)	外圈波纹度初始相位/(°)
1	0	0	0	0
2	10	4	0	45
3	11	4	0	45
4	12	4	0	45
5	21	4	0	45
6	22	4	0	45
7	23	4	0	45
8	43	4	0	45
9	44	4	0	45
10	45	4	0	45

1. 内圈滚道波纹度

行星轴承滚动体与滚道之间的接触载荷的 RMS 值和 PTP 值随内圈滚道波纹度波数的变化关系曲线如图 2.23 所示。图 2.23 显示，CRI 和 CRO 在波纹度波数为 11、22 和 44 等滚动体个数的倍数时，内、外圈滚道接触载荷具有局部最大值，而 CRI 和 CRO 的 PTP 值在给定工况的范围内，随着内圈滚道波纹度波数的增大而增大。

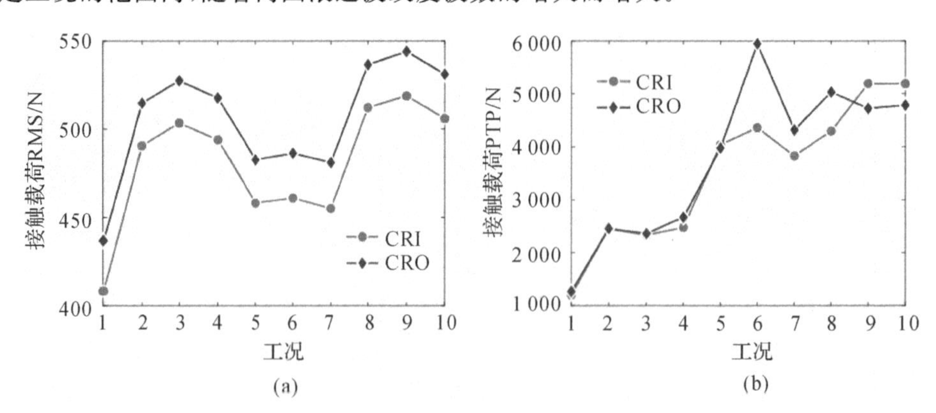

图 2.23 内圈波纹度波数对滚动体与滚道之间接触载荷的影响

(a)RMS;(b)PTP

星轮轴承滚动体与保持架之间的冲击碰撞力的 RMS 值和 PTP 值随内圈滚道波纹度波数的变化曲线如图 2.24 所示。图 2.24 显示，保持架冲击碰撞力 RMS 和 PTP 随着内圈滚道波纹度波数的增大有减小趋势。

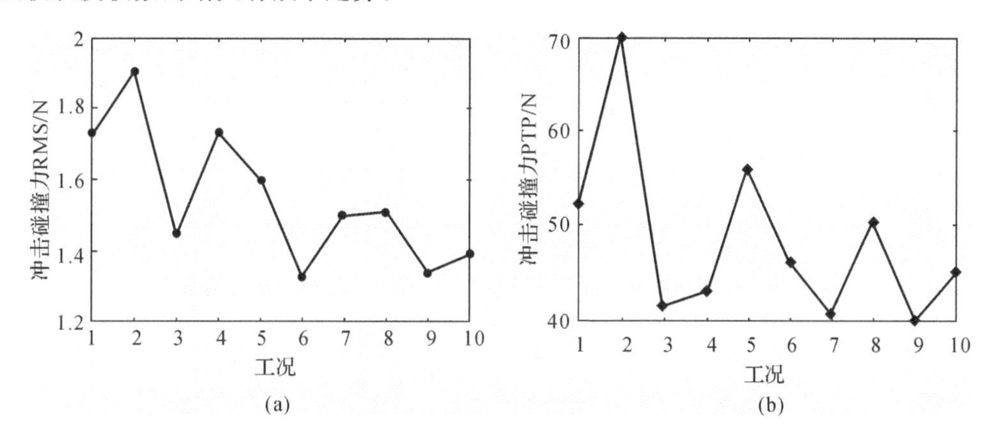

图 2.24　内圈波纹度波数对滚动体与保持架之间冲击碰撞力的影响

(a)RMS；(b)PTP

2. 外圈滚道波纹度

行星轴承滚动体与滚道之间的接触载荷的 RMS 值和 PTP 值随外圈滚道波纹度波数的变化曲线如图 2.25 所示。图 2.25 显示，CRI 和 CRO 在波纹度波数为 44 时（工况 9）内、外圈滚道接触载荷具有最大值，而 CRI 和 CRO 在工况 2～工况 7 时其 RMS 值数值接近。

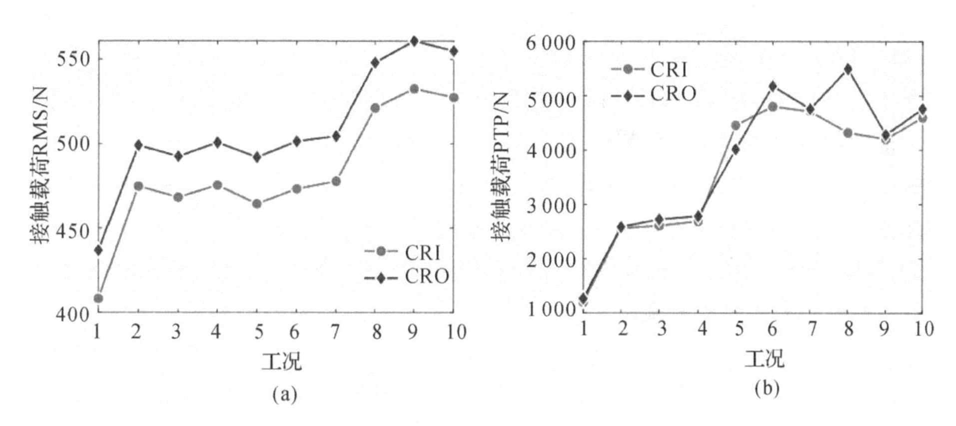

图 2.25　外圈波纹度波数对滚动体与滚道之间接触载荷的影响

(a)RMS；(b)PTP

星轮轴承滚动体与保持架之间的冲击碰撞力的 RMS 值和 PTP 值随外圈滚道波纹度波数的变化曲线如图 2.26 所示。图 2.26 显示，保持架冲击碰撞力 RMS 和 PTP 值在波纹度波数为 22 时（工况 6）具有局部最大值，在波纹度波数为 43 时（工况 8）具有局部最小值。波纹度会改变滚动体与滚道之间的接触载荷，诱发滚动体运动状态的改变，导致滚动体与保持架的冲击碰撞力增大或减小，使保持架冲击碰撞力的变化特征具有一定的随机性。

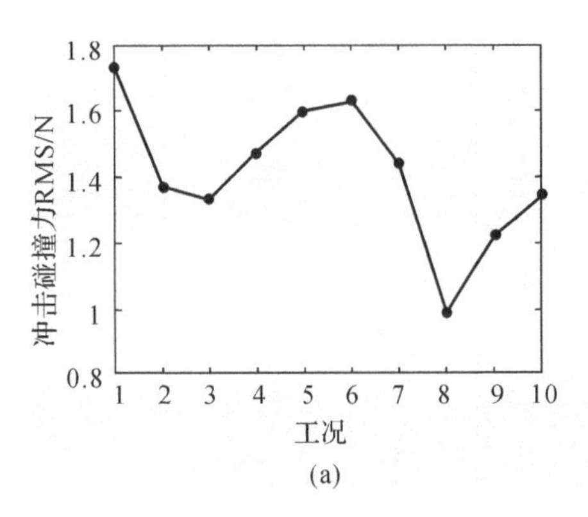

(a)

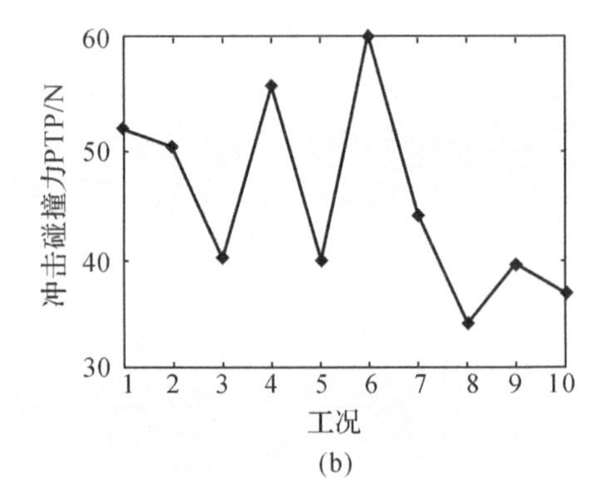

(b)

图 2.26 外圈波纹度波数对滚动体与保持架之间冲击碰撞力的影响

(a)RMS;(b)PTP

2.4.4 波纹度分布对行星轴承内部载荷分布特征的影响

选取 3 种不同的波纹度分布形式:①波纹度均匀分布,波数 s 为 16,最大幅值 A 为 4 μm,初始相位 α 为 0°;②波纹度非均匀分布,2 种波纹度组合,波数 s 为 16 和 24,最大幅值 A 分别为 4 μm 和 6 μm,初始相位 α 均为 0°;③波纹度内外圈滚道分别均匀分布,波数 s 为 16 和 24,最大幅值 A 均为 4 μm,初始相位 α 为 0°和 45°。采用行星轴承波纹度动力学模型,研究波纹度分布形式对轴承内部动态载荷分布的影响规律。

1. 分布形式①和②对比分析

波纹度分布形式为①和②的波纹度激励下,动力学模型计算获得的行星轴承滚动体与内圈滚道接触载荷频谱对比分析结果如图 2.27 所示。图 2.27 显示,滚动体与内圈滚道接触载荷的峰值频率为 70.19 Hz,且两种分布形式下频率在 0～1 000 Hz 内的主要特征频率为滚动体转动频率 70.19 Hz 和其倍频 137.3 Hz、207.5 Hz、277.7 Hz 等;分布形式②下接触载荷频谱在 1 000～3 000 Hz 范围内无明显特征频率,而在 3 000～5 000 Hz 范围有 4 099 Hz、4169 Hz、4 236 Hz 等特征频率;分布形式②下频谱在 1 000～3 000 Hz 范围内有 967.4 Hz、1663 Hz、2 142 Hz 等特征频率,而在 3 000～5 000 Hz 范围内有 3 177 Hz、3 601 Hz、3 717 Hz 等特征频率。

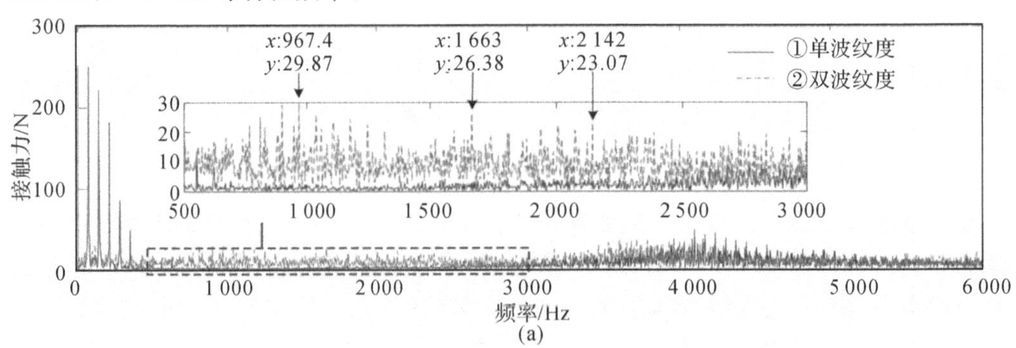

(a)

图 2.27 分布形式为①和②的波纹度激励下行星轴承滚动体与滚道接触载荷频谱

(a)0～6 000 Hz

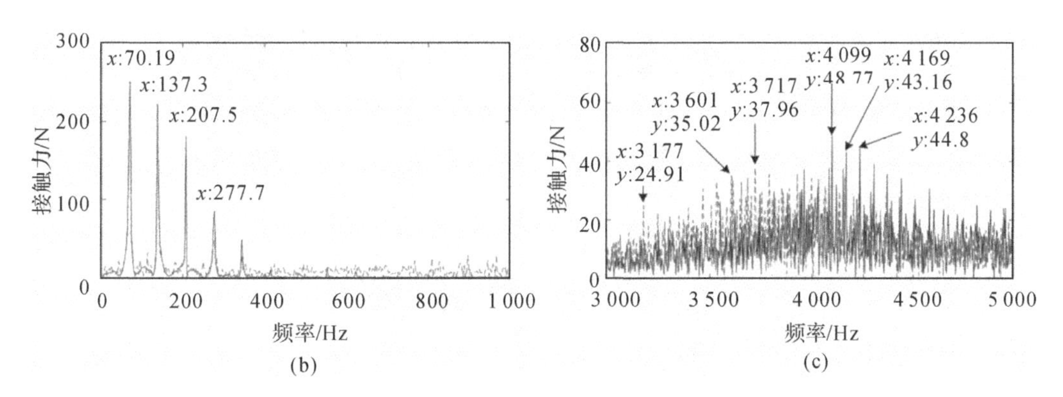

续图 2.27　分布形式为①和②的波纹度激励下行星轴承滚动体与滚道接触载荷频谱

(b)0～3 000 Hz;(c)3 000～5 000 Hz

2.分布形式①和③对比分析

在波纹度分布形式为①和③的波纹度激励下,动力学模型计算获得的行星轴承滚动体与内圈滚道接触载荷的频谱对比分析结果如图 2.28 所示。图 2.28 显示,滚动体与内圈滚道接触载荷的峰值频率为 70.19 Hz,且两种分布形式下频率在 0～1 000 Hz 内的主要特征频率为滚动体转动频率 70.19 Hz 和其倍频 137.3 Hz、207.5 Hz、277.7 Hz 等;分布形式③下接触载荷频谱与分布形式②下的接触载荷特征频率相似。

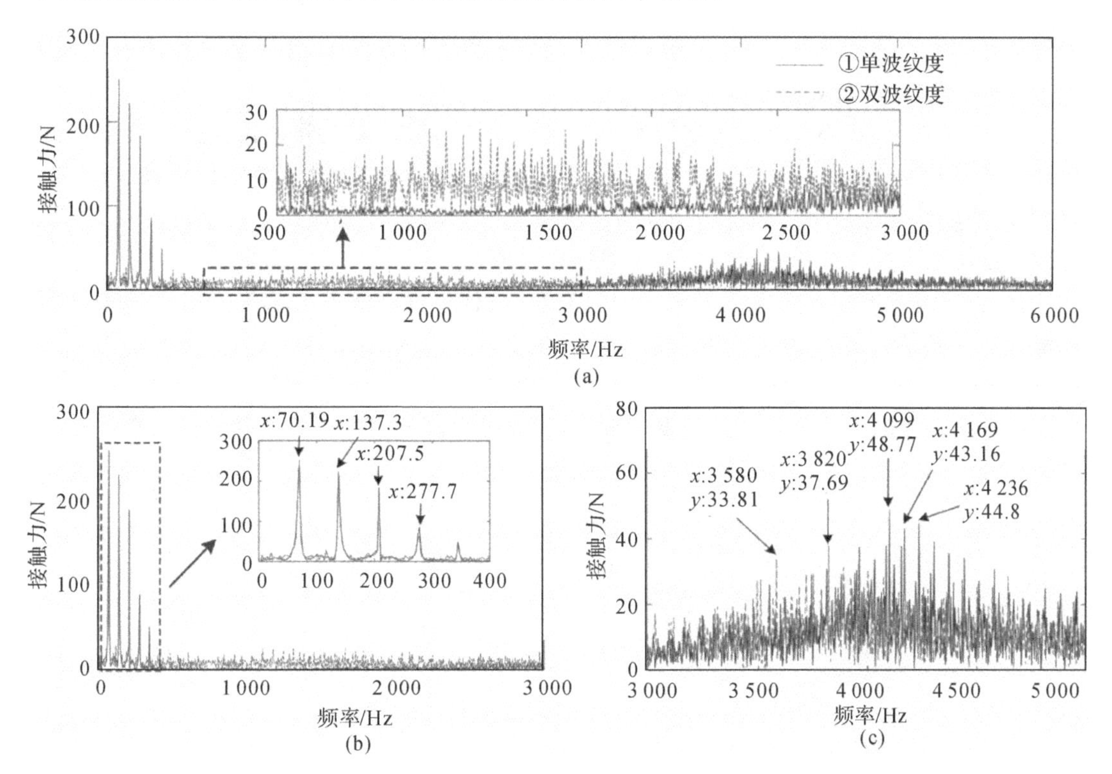

图 2.28　分布形式为①和③的波纹度激励下行星轴承滚动体与滚道接触载荷频谱

(a)0～6 000 Hz;(b)0～3 000 Hz;(c)3 000～5 000 Hz

波纹度分布形式为①②③时，行星轴承滚动体与内圈滚道接触载荷的频谱分析结果显示，频率在0～1 000 Hz范围内的主要特征频率为70.19 Hz和其倍频137.3 Hz、207.5 Hz、277.7 Hz等，而在1 000～3 000 Hz范围内波纹度分布形式为②和③的对应幅值大于分布形式①，在3 000～5 000 Hz范围内频率对应的幅值有一定程度的增大，但每种形式下的特征频率和幅值存在差异。

2.5 本章小结

本章提出了高离心加速度的行星轴承波纹度动力学模型，分析了光滑滚道、波纹度幅值、波纹度波数、波纹度分布等工况下的行星轴承滚动体与内、外圈滚道之间的接触载荷的分布规律，研究了波纹度幅值和波数对行星轴承滚动体与保持架之间冲击碰撞力的影响规律，主要结论如下：

（1）行星轴承在高速旋转状态下，高离心加速度会显著改变行星轴承内部的动态载荷分布特征；相对于滚动体与内圈滚道之间的接触载荷，高离心加速度会显著增大行星轴承滚动体与外圈滚道之间的接触载荷。

（2）滚道波纹度会显著改变行星轴承载荷区的接触载荷分布特征，滚动体与内、外圈滚道之间的接触载荷的RMS值和PTP值随着波纹度幅值的增大而增大，同时伴随有行星轴承承载区间大小的变化。另外，滚道波纹度幅值会增大滚动体与保持架之间冲击碰撞力PTP值，对其RMS值影响较小。

（3）行星轴承内、外圈滚道上波纹度会改变滚动体与保持架之间冲击碰撞力频率特征，相比于光滑滚道，波纹度改变了滚动体与滚道之间的接触载荷，导致滚动体运动状态的变化，引起滚动体与保持架之间冲击碰撞特征的变化，位于内、外圈滚道上的波纹度降低了保持架冲击碰撞力的特征频率对应的冲击碰撞力幅值。

（4）波纹度分布形式为①②③时，行星轴承滚动体与内圈滚道接触载荷在0～1 000 Hz范围内的主要特征频率为70.19 Hz和其倍频137.3 Hz、207.5 Hz、277.7 Hz等，而在1 000～3 000 Hz范围内多个波纹度激励下的对应幅值大于单个波纹度的，在3 000～5 000 Hz范围内频率对应的幅值都有一定程度的增大，但每种形式下的特征频率和幅值存在差异。

第3章 行星轴承动力学建模方法与振动特性研究

3.1 引 言

行星轴承是行星齿轮箱的组成部分，其振动特征受到行星齿轮箱其他组成部分（如太阳轮、齿圈、行星轮和行星架等）的影响。行星轴承的各部件表面不可避免地存在加工误差，如圆度、波纹度和粗糙度等，当滚道或滚动体表面存在波纹度时，不仅会引发行星轴承滚动体与滚道之间的周期性位移激励，而且会导致滚动体与滚道之间接触刚度发生变化，引起行星轴承的行星齿轮系统振动异常和疲劳破坏。

本章针对波纹度误差诱发的行星轴承位移激励和刚度激励等内部激励耦合作用机理和建模问题，提出时变位移激励和时变接触刚度激励耦合的行星轴承波纹度动力学模型和行星轮系动力学模型；分析波纹度波数、幅值和分布对行星轴承内、外滚道接触刚度变化的影响规律；研究波纹度影响下的行星轴承振动特征和行星轮系振动特征；分析波纹度影响下的各行星轴承保持架动力学响应特征；获得内、外圈滚道表面波纹度波数、幅值和分布对行星轴承振动响应特征的影响规律，为行星轴承的振动特征分析和振动信号监测提供新的理论依据和手段。

3.2 滚动轴承波纹度缺陷的振动机理

行星轴承是行星齿轮传动系统的关键组成部分，不同于定轴滚动轴承，其内圈与行星架销轴连接并与行星架一同旋转，外圈与行星轮连接，导致行星传动系统内部的多个行星轴承在空间位置分布上存在差异，行星轴承滚动体在行星运动中受高离心加速度的影响，会加大滚动体与保持架的冲击振动，容易诱发保持架裂纹萌生，甚至断裂。定轴滚动轴承常用于支撑旋转轴，其外部载荷一般通过旋转轴从内圈通过滚动体和外圈滚道传递至轴承座，而行星轴承外部载荷来自行星轮与太阳轮和齿圈的时变啮合力（Time-Varying Meshing Forces，TVMF），在多个行星轴承中分布并不平均，导致同一行星齿轮箱中的各行星轴承外部载荷存在差异，而行星轴承时变外部载荷激励（Time-Varying External Force excitation，TVEF）加剧了系统振动。

当行星轴承滚道表面存在波纹度时,引起各行星轴承的时变位移激励(Time-Varying Displacement excitation, TVD)和时变接触刚度激励(Time-Varying Contact Stiffness excitation,TVCS),各行星轴承的内部载荷分布差异增大了各行星轮之间外部载荷(F^i_{trp}、F^i_{rrp},F^i_{tsp},F^i_{trp},$R^i_{x'\mathrm{p}}$)的分配差异,诱发多个振动信号之间的相互影响。如图 3.1 所示,波纹度误差引起的振动会通过行星轮和行星架传递到整个行星轮系统中,导致行星轮系的异常振动和行星轴承组成部件的失效(磨损、裂纹、断裂等)。因此,本章建立完整的行星轮系动力学模型,分析高离心加速度下的行星轴承滚道表面波纹度的内部激励机理和振动特征。

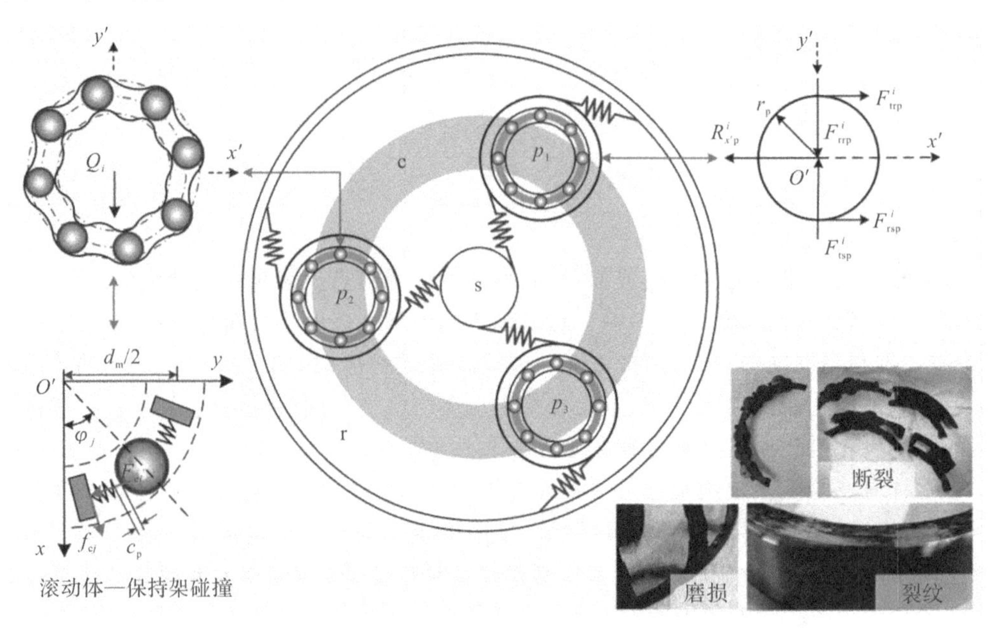

图 3.1 行星轴承滚道表面波纹度的内部激励机理

3.3 时变位移与时变刚度耦合激励的波纹度动力学建模

3.3.1 行星轮系刚度与阻尼

1. 轮齿啮合刚度

在齿轮啮合关系中,轮齿啮合刚度根据虚功原理计算获得,同时考虑载荷作用下轮齿在啮合线上产生的弯曲变形、剪切变形和压缩变形,则轮齿啮合刚度包括弯曲刚度、剪切刚度和轴向压缩刚度,其表达式为[111-112]

$$\frac{1}{K}=\frac{1}{K_{\mathrm{b}}}+\frac{1}{K_{\mathrm{s}}}+\frac{1}{K_{\mathrm{a}}} \tag{3.1}$$

式中：K_b、K_s 和 K_a 分别表示不同变形对应的弯曲刚度、剪切刚度和轴向压缩刚度。

在行星轮系中，太阳轮-行星轮啮合刚度与齿圈-行星轮啮合刚度之间有相位差[113]，在行星轮系动力学建模中须考虑其对齿轮啮合力的影响，图 3.2 所示为一组刚度之间的相位差。同时，该啮合刚度还考虑了齿轮单双齿啮合过程中的刚度时变特征。

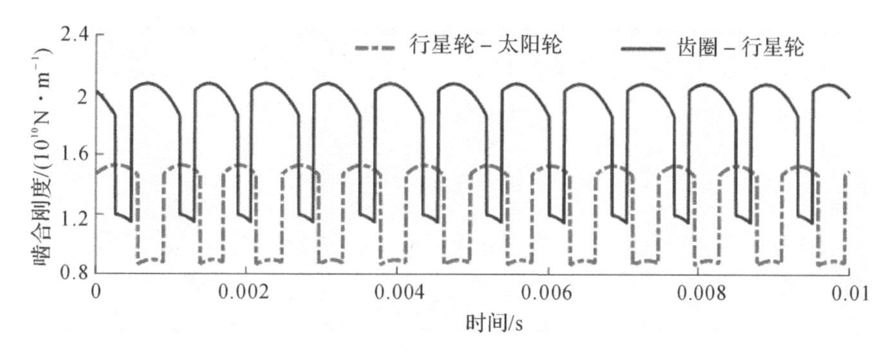

图 3.2　太阳轮-行星轮啮合刚度与齿圈-行星轮啮合刚度之间的相位差

2. 行星轴承接触刚度

在行星轴承中，滚动体与滚道之间的接触形式为赫兹线接触[114-116]，如图 3.3 所示。对于滚动体和滚道，其接触刚度的经验表达式[117]为

$$K_{i/o} = Q/\delta_{i/o}^{n} \tag{3.2}$$

式中：Q 表示作用于行星轴承的外部载荷；n 表示载荷变形系数；i/o 表示滚动体与内、外圈的接触。

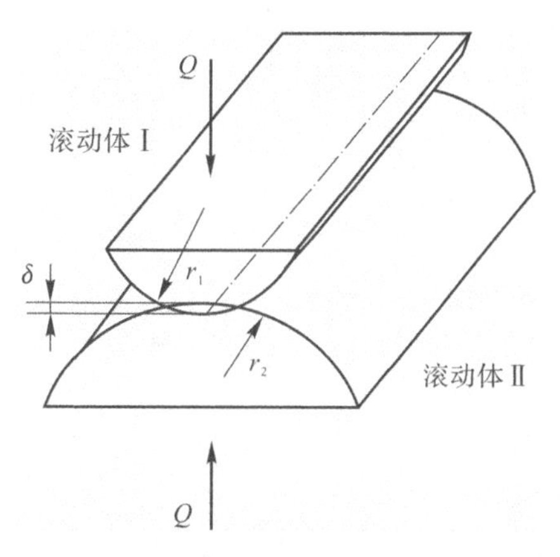

图 3.3　两个圆柱滚动体的几何接触关系

考虑行星轴承滚动体与滚道几何尺寸参数对其接触刚度的影响，滚动体与滚道之间的接触变形表达式[118]分别为

$$\delta_i = \frac{2Q}{\pi l}\left[\frac{1-\nu_1^2}{E_1}\left(\ln\frac{4R_1}{b}-\frac{1}{2}\right)+\frac{1-\nu_2^2}{E_2}\left(\ln\frac{4R_2}{b}-\frac{1}{2}\right)\right] \tag{3.3}$$

$$\delta_o = \frac{2Q}{\pi l}\left\{\frac{1-\nu_1^2}{E_1}\left(\ln\frac{4R_1}{b}-\frac{1}{2}\right)+\frac{1-\nu_2^2}{E_2}\left[\ln\frac{2t}{b}-\frac{\nu_2}{2(1-\nu_2)}\right]\right\} \tag{3.4}$$

式中：R_1 和 R_2 表示分别表示两接触体的半径；t 表示外圈滚道的厚度；E 表示材料弹性模量；ν 表示泊松比；b 表示接触半宽，其表达式为

$$b = 1.59\sqrt{\frac{Q}{l}\frac{R_1 R_2}{R_1 + R_2}\frac{1-\nu^2}{E}} \tag{3.5}$$

考虑行星轴承波纹度对滚道接触位置时变接触位移激励（Time-Varying Displacement excitation，TVD）的影响[119]，可获得滚动体与滚道之间的时变接触刚度（Time-Varying Contact Stiffness excitation，TVCS）。已知任一波纹度的表达式为

$$w = \sum_{s=1}^{n_w} A_{ws}\sin\frac{2\pi\varphi_{dj}}{\theta_{ws}} \tag{3.6}$$

式中：n_w 表示滚道上波纹度总个数；A_{ws} 表示第 s 个波纹度的幅值；θ_{ws} 为第 s 个波纹度对应的弧度角，且满足

$$\sum_{s=1}^{n}\theta_{ws} = 2\pi \tag{3.7}$$

ϕ_{dj} 表示第 j 个滚动体与滚道之间的位置角，其表达式为

$$\phi_{dj} = \begin{cases} \dfrac{2\pi}{N_b}(j-1) + (\omega_{pi} - \omega_c)t + \phi_{0x} & \text{（外圈滚道接触面位置）} \\ \dfrac{2\pi}{N_b}(j-1) + \omega_c t + \phi_{0x} & \text{（内圈滚道接触面位置）} \end{cases} \tag{3.8}$$

式中：N_b 为滚动体的总个数；j 表征第 j 个滚动体，$j=1,2,\cdots,N_b$；ϕ_{0x} 为第 1 个滚动体相对于 x 轴的初始角位置；ω_c 为保持架的角速度；ω_{pi} 为外圈滚道的角速度。

根据式(3.6)，任意位置 ϕ_{ws} 处，波纹度的曲率表达式[120]为

$$\rho_{ws} = \frac{\left| A_{ws}\left(\dfrac{2\pi}{R\theta_{ws}}\right)^2 \sin\dfrac{2\pi\phi_{ws}}{R\theta_{ws}} \right|}{\left[1 + A_{ws}^2\left(\dfrac{2\pi}{R\theta_{ws}}\right)^2 \cos^2\dfrac{2\pi\phi_{ws}}{R\theta_{ws}}\right]^{1.5}} \tag{3.9}$$

式中：R 表示波纹度所在滚道半径。

任意位置 ϕ_{dj} 处，波纹度的曲率半径 R_{ws} 的表示式为

$$R_{ws} = \frac{1}{\rho_{ws}} \tag{3.10}$$

求得波纹度滚道局部曲率半径以后，可代入式(3.3)和式(3.4)计算滚动体与滚道之间的接触变形，然后结合载荷利用公式(3.2)求解接触刚度。为了简化拟合过程，对式(3.2)两边分别取对数，可将指数型公式转化为线性拟合问题，从而获得不同接触位置时滚子与滚道之间的接触刚度，其表达式为

$$\ln Q = \ln K + n\ln\delta \tag{3.11}$$

3. 阻尼

阻尼用于描述齿轮啮合和轴承接触过程中的润滑作用，其表达式[121]为

$$c = (0.25 - 2.5)\times 10^{-5} K \tag{4.12}$$

式中：K 表示轮齿啮合刚度或轴承接触刚度。

3.3.2　行星轴承系统动力学建模方法

行星轮系包括太阳轮、齿圈、行星轮和行星架，行星轴承安装在行星轮内部孔中，如图 3.4 和图 3.5 所示。该行星轮系中太阳轮和齿圈与行星轮啮合，行星轮传递载荷通过行星轴承到达行星架，并转化为力矩输出。在动力学建模中，将轮齿啮合关系和轴承滚动体与滚道之间的接触关系简化为啮合刚度 k 和阻尼 c。另外，考虑行星轴承滚动体与保持架之间的冲击碰撞关系，建立滚动体与保持架冲击碰撞模型，获得滚动体与保持架之间的冲击碰撞力，用于探索保持架的振动特征和动力学关系。

太阳轮动力学方程为

$$m_s\ddot{x}_s + c_{sx}\dot{x}_s + k_{sx}x_s + \sum F_{spn}\cos\Psi_{sn} = m_s x_s\Omega^2 + 2m_s\dot{y}_s\Omega + m_s y_s\dot{\Omega} \tag{3.13}$$

$$m_s\ddot{y}_s + c_{sx}\dot{y}_s + k_{sx}y_s + \sum F_{spn}\sin\Psi_{sn} = m_s y_s\Omega^2 - 2m_s\dot{x}_s\Omega - m_s x_s\dot{\Omega} \tag{3.14}$$

$$(J_s/r_s)\ddot{\theta}_s + \sum F_{spn} = T_i/r_s \tag{3.15}$$

式中

$$F_{spn} = k_{spn}\delta_{spn} + c_{spn}\dot{\delta}_{spn} \tag{3.16}$$

$$\delta_{spn} = (x_s - x_{spn})\cos\Psi_{sn} + (y_s - y_{spn})\sin\Psi_{sn} + r_s\theta_s + r_{pn}\theta_{pn} - r_c\theta_c\cos\alpha \tag{3.17}$$

$$\Psi_{sn} = \pi/2 - \alpha + \Psi_n \tag{3.18}$$

$$\Psi_n = 2(n-1)\pi/N,\ n = 1,2,\cdots,N \tag{3.19}$$

齿圈动力学方程为

$$m_r\ddot{x}_r + c_{rx}\dot{x}_r + k_{rx}x_r + \sum F_{rpn}\cos\Psi_{rn} = m_r x_r\Omega^2 + 2m_r\dot{y}_r\Omega + m_r y_r\dot{\Omega} \tag{3.20}$$

$$m_r\ddot{y}_r + c_{ry}\dot{y}_r + k_{ry}y_r + \sum F_{rpn}\sin\Psi_{rn} = m_r y_r\Omega^2 - 2m_r\dot{x}_r\Omega - m_r x_r\dot{\Omega} \tag{3.21}$$

$$(J_r/r_r)\ddot{\theta}_r + (c_{rt}/r_r)\dot{\theta}_r + (k_{rt}/r_r)\theta_r + \sum F_{rpn} = 0 \tag{3.22}$$

式中

$$F_{rpn} = k_{rpn}\delta_{rpn} + c_{rpn}\dot{\delta}_{rpn} \tag{3.23}$$

$$\delta_{rpn} = (x_r - x_{pn})\cos\Psi_{rn} + (y_r - y_{pn})\sin\Psi_{rn} + r_r\theta_r - r_{pn}\theta_{pn} - r_c\theta_c\cos\alpha \tag{3.24}$$

$$\Psi_{sn} = \pi/2 + \alpha + \Psi_n \tag{3.25}$$

行星轮动力学方程为

$$\begin{aligned} m_{pn}\ddot{x}_{pn} - \sum F_{pbx} + F_{spn}\cos\Psi_{sn} + F_{rpn}\cos\Psi_{rn} = m_{pn}x_{pn}\Omega^2 + 2m_{pn}\dot{y}_{pn}\Omega + \\ m_{pn}y_{pn}\dot{\Omega} + m_{pn}r_c\Omega^2\cos\Psi_n \end{aligned} \tag{3.26}$$

$$\begin{aligned} m_{pn}\ddot{y}_{pn} - \sum F_{pby} - F_{spn}\sin\psi_{sn} - F_{rpn}\sin\Psi_{rn} = m_{pn}y_{pn}\Omega^2 - 2m_{pn}\dot{x}_{pn}\Omega - \\ m_{pn}x_{pn}\dot{\Omega} + m_{pn}r_c\Omega^2\sin\psi_n \end{aligned} \tag{3.27}$$

$$(J_{pn}/r_p)\ddot{\theta}_{pn} + F_{spn} - F_{rpn} = 0 \tag{3.28}$$

行星架动力学方程为

$$m_c\ddot{x}_c + c_{cx}\dot{x}_c + k_{cx}x_c - \sum F_{bcx} = m_c x_c\Omega^2 + 2m_c\dot{y}_c\Omega + m_c y_c\dot{\Omega} \tag{3.29}$$

$$m_{c}\ddot{y}_{c}+c_{cy}\dot{y}_{c}+k_{cy}y_{c}-\sum F_{bcy}=m_{c}y_{c}\Omega^{2}-2m_{c}\dot{x}_{c}\Omega-m_{c}x_{c}\dot{\Omega} \tag{3.30}$$

$$(J_{c}/r_{c})\ddot{\theta}_{c}+\sum F_{bcx}\sin\Psi_{n}-\sum F_{bcy}\cos\Psi_{n}=T_{o}/r_{c} \tag{3.31}$$

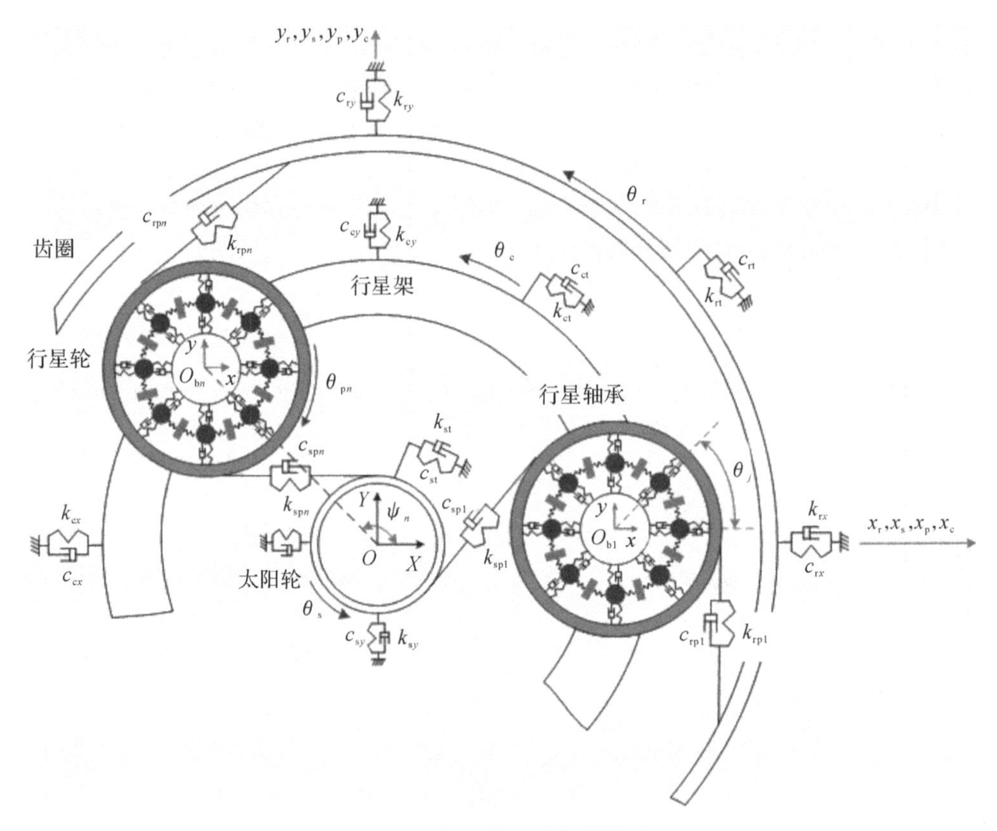

图 3.4　行星轮系动力学模型

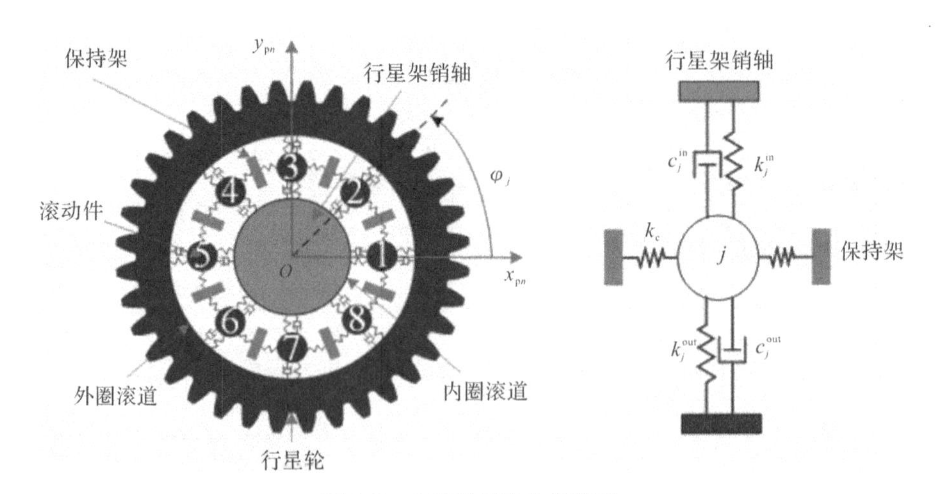

图 3.5　行星轴承动力学模型

3.3.3 行星轴承波纹度动力学建模方法

行星轴承滚动体动力学方程为

$$m_{\mathrm{ib}j}\ddot{x}_{\mathrm{ir}j}-F_{\mathrm{pb}x}+F_{\mathrm{bc}x}=m_{\mathrm{ib}j}x_{\mathrm{ir}j}\Omega^{2}+2m_{\mathrm{ib}j}\dot{y}_{\mathrm{ir}j}\Omega+m_{\mathrm{ib}j}y_{\mathrm{ir}j}\dot{\Omega}+m_{\mathrm{ib}j}r_{\mathrm{c}}\Omega^{2}\cos\Psi_{n}+m_{\mathrm{ib}j}r_{\mathrm{cage}}\omega_{icj}^{2}\cos\phi_{\mathrm{ib}j} \tag{3.32}$$

$$m_{\mathrm{ib}j}\ddot{y}_{\mathrm{ir}j}-F_{\mathrm{pb}y}+F_{\mathrm{bc}y}=m_{\mathrm{ib}j}y_{\mathrm{ir}j}\Omega^{2}-2m_{\mathrm{ib}j}\dot{x}_{\mathrm{ir}j}\Omega-m_{\mathrm{ib}j}x_{\mathrm{ir}j}\dot{\Omega}+m_{\mathrm{ib}j}r_{\mathrm{c}}\Omega^{2}\sin\Psi_{n}+m_{\mathrm{ib}j}r_{\mathrm{cage}}\omega_{\mathrm{ic}j}^{2}\sin\phi_{\mathrm{ib}j} \tag{3.33}$$

$$J_{\mathrm{r}}\ddot{\theta}_{\mathrm{ir}j}=(\mu f_{\mathrm{ibi}x}-\mu f_{\mathrm{obi}j}-F_{\mathrm{ic}j})r_{\mathrm{m}} \tag{3.34}$$

$$(J_{\mathrm{r}}+m_{\mathrm{ib}j}r_{\mathrm{c}}^{2})\ddot{\theta}_{\mathrm{ic}j}=\mu f_{\mathrm{ibi}}r_{\mathrm{i}}+\mu f_{\mathrm{obi}}r_{\mathrm{o}}-F_{\mathrm{id}j}r_{\mathrm{m}} \tag{3.35}$$

式中

$$F_{\mathrm{bc}x}=k_{\mathrm{bc}}\gamma_{\mathrm{ib}x}\delta_{\mathrm{ibi}j}^{n}\cos\varphi_{ij} \tag{3.36}$$

$$F_{\mathrm{bc}y}=k_{\mathrm{bc}}\gamma_{\mathrm{ib}y}\delta_{\mathrm{ibi}j}^{n}\sin\varphi_{ij} \tag{3.37}$$

$$F_{\mathrm{pb}x}=k_{\mathrm{pb}}\gamma_{\mathrm{ob}x}\delta_{\mathrm{obi}j}^{n}\cos\varphi_{ij} \tag{3.38}$$

$$F_{\mathrm{pb}y}=k_{\mathrm{pb}}\gamma_{\mathrm{ob}y}\delta_{\mathrm{obi}j}^{n}\sin\varphi_{ij} \tag{3.39}$$

$$\delta_{\mathrm{ibi}j}=(x_{\mathrm{c}}-x_{\mathrm{ir}j})\cos\varphi_{\mathrm{b}j}+(y_{\mathrm{c}}-y_{\mathrm{ir}j})\sin\varphi_{\mathrm{b}j}-c_{\mathrm{ib}}-w_{\mathrm{o}j}-w_{\mathrm{r}j},\ j=1,2,3,\cdots,N_{\mathrm{b}} \tag{3.40}$$

$$\delta_{\mathrm{obi}j}=(x_{\mathrm{p}n}-x_{ij})\cos\varphi_{\mathrm{b}j}+(y_{\mathrm{p}n}-y_{ij})\sin\varphi_{\mathrm{b}j}-c_{\mathrm{ib}}-w_{ij}-w_{\mathrm{r}j},\ j=1,2,3,\cdots,N_{\mathrm{b}} \tag{3.41}$$

$$\varphi_{\mathrm{b}j}=\frac{2\pi(j-1)}{N_{\mathrm{b}}}+\omega_{\mathrm{ibc}}^{\mathrm{c}}t+\phi_{\mathrm{b}j0} \tag{3.42}$$

$$\omega_{\mathrm{ibc}}^{\mathrm{c}}=\omega_{\mathrm{ibc}}-\omega_{\mathrm{c}}=\frac{\omega_{\mathrm{ii}}}{2}\left(1-\frac{d}{D}\cos\alpha_{\mathrm{ib}}\right)+\frac{\omega_{\mathrm{io}}}{2}\left(1+\frac{d}{D}\cos\alpha_{\mathrm{ib}}\right)-\omega_{\mathrm{c}} \tag{3.43}$$

行星轴承保持架动力学方程为

$$m_{\mathrm{ig}}\ddot{x}_{\mathrm{ig}}+c_{\mathrm{ig}}\dot{x}_{\mathrm{ig}}+k_{\mathrm{ig}}x_{\mathrm{ig}}-\sum F_{\mathrm{c}ij}\sin\varphi_{ij}+\sum f_{\mathrm{c}ij}\cos\varphi_{ij}=m_{\mathrm{ig}}x_{\mathrm{ig}}\Omega^{2}+2m_{\mathrm{ig}}\dot{y}_{\mathrm{ig}}\Omega+m_{\mathrm{ig}}y_{\mathrm{ig}}\dot{\Omega}+m_{\mathrm{ig}}r_{\mathrm{c}}\Omega^{2}\cos\Psi_{n} \tag{3.44}$$

$$m_{\mathrm{ig}}\ddot{y}_{\mathrm{ig}}+c_{\mathrm{ig}}\dot{y}_{\mathrm{ig}}+k_{\mathrm{ig}}y_{\mathrm{ig}}+\sum F_{\mathrm{c}ij}\cos\varphi_{ij}+\sum f_{\mathrm{c}ij}\sin\varphi_{ij}=m_{\mathrm{ig}}y_{\mathrm{ig}}\Omega^{2}-2m_{\mathrm{ig}}\dot{x}_{\mathrm{ig}}\Omega-m_{\mathrm{ig}}x_{\mathrm{ig}}\dot{\Omega}+m_{\mathrm{ig}}r_{\mathrm{c}}\Omega^{2}\sin\Psi_{n} \tag{3.45}$$

$$(J_{\mathrm{ig}}/r_{\mathrm{m}})\ddot{\theta}_{\mathrm{ig}}-\sum F_{\mathrm{c}ij}=0 \tag{3.46}$$

式中

$$F_{\mathrm{c}j}=\begin{cases}K_{\mathrm{c}}\delta_{\mathrm{c}j}^{n}, & \delta_{\mathrm{c}j}>0\\ 0, & \delta_{\mathrm{c}j}\leqslant 0\end{cases} \tag{3.47}$$

$$f_{cj}=\mu_c F_{cj} \tag{3.48}$$

式中：δ_{cj} 表示滚子与保持架之间的接触变形；K_c 表示滚子与保持架之间的接触刚度[122-123]；μ_c 表示摩擦因数。

滚子与保持架之间的接触变形用表达式表示为

$$\delta_{cj}=z_{cj}-C_p \tag{3.49}$$

式中：C_p 表示保持架的兜孔间隙；z_{cj} 表示第 j 个滚子与保持架兜孔中心之间的相对位置，如图 3.6 所示，且有

$$z_{cj}=(\phi_c-\phi_{mj})\frac{d_m}{2}+x_c\cos\theta_j+y_c\sin\phi_j \tag{3.50}$$

式中：θ_c 表示保持架旋转角；θ_{mj} 表示第 j 个滚子的旋转角。

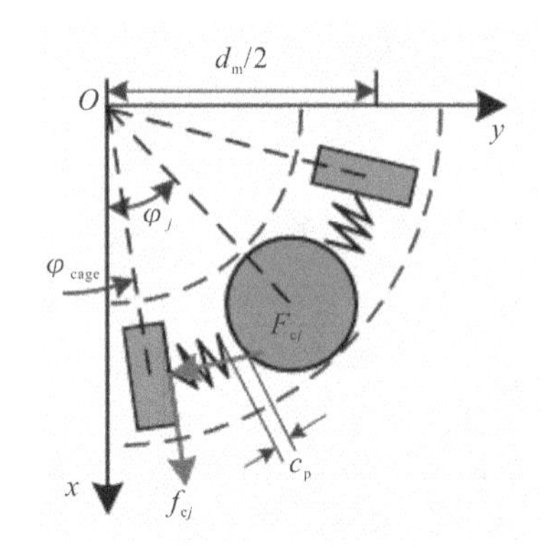

图 3.6　滚动体与保持架冲击碰撞模型

3.3.4　行星轴承摩擦因数计算

行星轴承滚动体与滚道之间的摩擦因数和滚动体与滚道之间的相对转速(Relative Sliding Velocity,RSV)有关[115,124-126]，本书采用文献[126]中的摩擦因数模型。图 3.7 所示为摩擦因数模型，其中模型Ⅰ为实际摩擦因数与相对滑动速度之间的关系曲线，模型Ⅱ为动力学模型采用的简化摩擦因数模型。在行星轴承中，滚动体与外圈滚道之间 RSV 的表达式为

$$\Delta v_{oj}=\frac{d_m}{2}\left[(1+\gamma)(\omega_o-\omega_{cj})-\gamma\omega_{rj}\right] \tag{3.51}$$

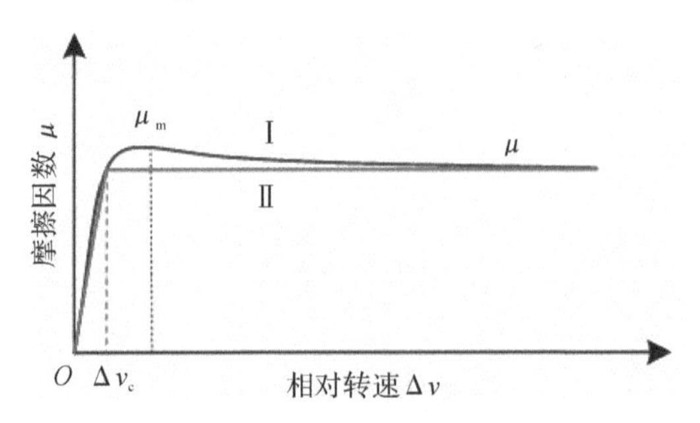

图 3.7　摩擦因数模型

滚动体与内圈滚道之间 RSV 的表达式为

$$\Delta v_{ij}=\frac{d_{\mathrm{m}}}{2}\left[(1-\gamma)(\omega_{\mathrm{i}}-\omega_{\mathrm{c}j})-\gamma\omega_{\mathrm{r}j}\right] \tag{3.52}$$

式中：$\gamma=d/D$。

3.3.5　行星轴承特征频率分析

行星轴承的运动是绕太阳和齿圈中心轴的公转及其绕行星轴自转的复杂叠加。取行星架的绝对转动频率为 f_{c}，则行星轮的绝对旋转频率 f_{p} 为

$$f_{\mathrm{p}}=1+\frac{Z_{\mathrm{r}}}{Z_{\mathrm{p}}}f_{\mathrm{c}} \tag{3.53}$$

式中：Z_{r} 表示齿圈齿数；Z_{p} 表示行星轮齿数。

在行星轮系中，行星轴承内圈与行星架连接，外圈与行星轮连接，因此，行星轴承内、外圈绝对旋转频率为

$$f_{\mathrm{i}}=f_{\mathrm{c}} \tag{3.54}$$

$$f_{\mathrm{o}}=f_{\mathrm{p}} \tag{3.55}$$

给定行星轴承的滚动体直径为 d，行星轴承的公称直径为 D，接触角为 α。由于行星轴承内圈滚道相对于行星架静止，所以外圈滚道相对于行星架的转动频率为

$$f_{\mathrm{o}}^{\mathrm{c}}=f_{\mathrm{p}}-f_{\mathrm{c}} \tag{3.56}$$

而保持架相对转动频率为

$$f_{\mathrm{cg}}^{\mathrm{c}}=\frac{1}{2}\left(1+\frac{d}{D}\cos\alpha\right)f_{\mathrm{o}}^{\mathrm{c}} \tag{3.57}$$

另外，滚动体自转频率为

$$f_{\mathrm{b}}^{\mathrm{c}}=\frac{D}{2d}\left[1-\left(\frac{d}{D}\cos\alpha\right)^{2}\right]f_{\mathrm{o}}^{\mathrm{c}} \tag{3.58}$$

当行星轴承外圈滚道出现局部故障时，在行星架旋转坐标系中，滚动体外圈故障特征频率为

$$f_{\mathrm{bpfo}}^{\mathrm{c}}=\frac{N_{\mathrm{b}}}{2}\left(1-\frac{d}{D}\cos\alpha\right)f_{\mathrm{o}}^{\mathrm{c}} \tag{3.59}$$

当行星轴承内圈滚道出现局部故障时，在行星架旋转坐标系中，滚动体内圈故障特征频率为

$$f_{\mathrm{bpfi}}^{\mathrm{c}}=\frac{N_{\mathrm{b}}}{2}\left(1+\frac{d}{D}\cos\alpha\right)f_{\mathrm{o}}^{\mathrm{c}} \tag{3.60}$$

当行星轴承滚动体出现局部故障时，滚动体自转一周，会接触内、外圈滚道各一遍，在行星架旋转坐标系中，滚动体滚动体故障特征频率为

$$f_{\mathrm{bf}}^{\mathrm{c}}=2f_{\mathrm{b}}^{\mathrm{c}}=\frac{D}{d}\left[1-\left(\frac{d}{D}\cos\alpha\right)^{2}\right]f_{\mathrm{o}}^{\mathrm{c}} \tag{3.61}$$

3.4 滚动体与滚道时变接触刚度系数分析

选取行星齿轮传动参数见表 3.1 和表 3.2。行星轴承为滚针与保持架组件，型号为 SKF K38×46×32，行星轴承的游隙为 30 μm，保持架兜孔间隙为 30～50 μm。依据 TVCS 计算模型，分析波纹度幅值和波数对行星轴承滚动体与滚道之间接触刚度的影响规律。动力学模型采用 4 阶龙格-库塔法进行数值求解，太阳轮、行星轮、齿圈、行星架，和滚动体等初始平动位移设置为 1×10^{-6} m，初始速度为 0，求解时间步长为 5×10^{-6} s，与摩擦因数相关的相对滑动速度 $\Delta v_c=0.25$ m/s。

表 3.1 行星轮系参数

参数	太阳轮	行星轮	齿圈	行星架
质量/kg	5.45	0.5	5.2	6
齿数 Z	43	17	77	
齿宽/mm	40	22	40	
模数/mm	4			
行星轮数量	3			
压力角/(°)	25			

表 3.2 行星轴承尺寸参数

参数	数值	参数	数值
内圈滚道直径(d_i)/mm	38	外圈滚道直径(d_o)/mm	46 mm
公称直径(d_m)/mm	42	滚动体直径(D)/mm	4
保持架兜孔间隙(C_p)/μm	30～50	径向游隙(C_r)/μm	30
保持架质量(m_c)/kg	0.08	滚动体数量(n)	22
滚动体有效接触长度(l)/mm	28.8	摩擦因数(μ)	0.002

3.4.1 波纹度幅值与行星轴承时变接触刚度的关系

图 3.8～图 3.10 所示分别为波纹度幅值 A_{ws} 为 2 μm、4 μm 和 8 μm，波纹度波数 n_w 为 18 时的行星轴承滚动体与内、外圈滚道之间的时变接触刚度（TVCS）在转动方向的分布。给定外圈转速为 300 rad/s，保持架转速为 100 rad/s，对于滚动体-内圈滚道 TVCS，其数值变化范围为 9.563×10^8～1.536×10^9 N/m，对应的载荷-变形系数 n 的变化范围为 1.05～1.065。对于滚动体-外圈滚道 TVCS，其数值变化范围为 2.674×10^9～2.675×10^9 N/m，对应的载荷-变形系数 n 的变化范围为 1.085 5～1.086。

相对于波纹度幅值 A_{ws} 为 2 μm 的工况，滚动体-内圈 TVCS 幅值在 $A_{ws}=4$ μm 和 $A_{ws}=8$ μm 两种工况中分别增大为 1.678×10^9 N/m 和 1.841×10^9 N/m，同时滚动体-外

圈 TVCS 幅值分别增大为 2.676×10^9 N/m 和 2.679×10^9 N/m，如图 3.11 所示。结果显示，同一波纹度波数工况下，波纹度幅值的增大会引起轴承滚道曲率半径的增大，使得滚道时变接触刚度的幅值范围增大，时变接触刚度激励对行星轴承振动响应的影响增大。

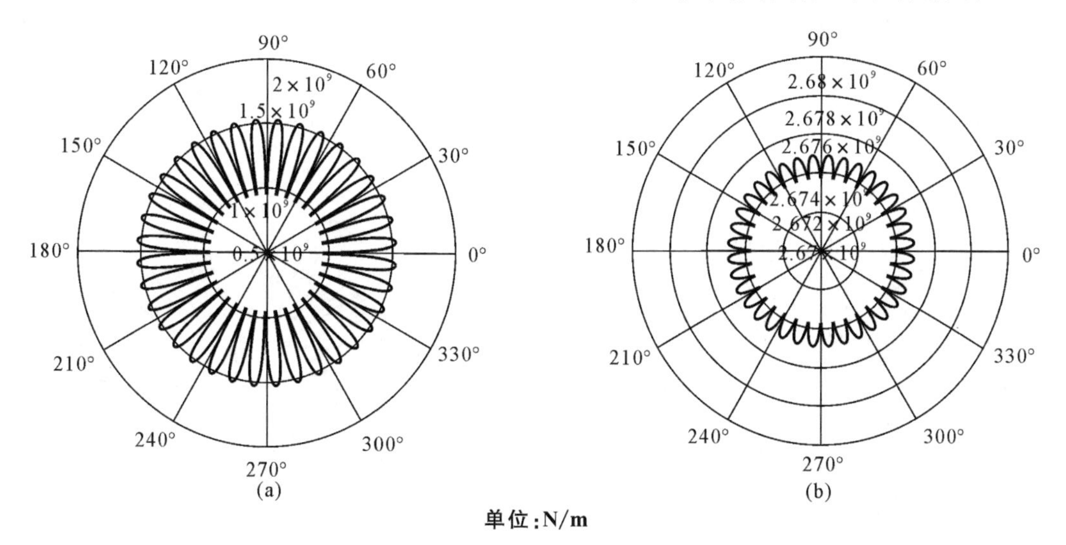

单位：N/m

图 3.8　波纹度幅值为 2 μm 时滚动体-滚道时变接触刚度(TVCS)

(a)滚动体-内圈接触刚度；(b)滚动体-外圈接触刚度

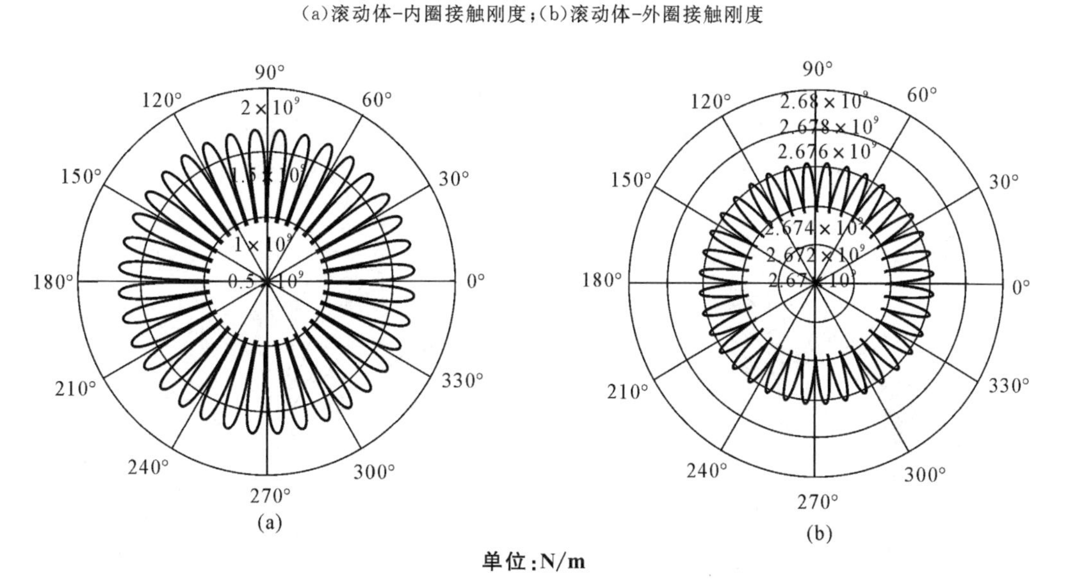

单位：N/m

图 3.9　波纹度幅值为 4 μm 时滚动体-滚道时变接触刚度(TVCS)

(a)滚动体-内圈接触刚度；(b)滚动体-外圈接触刚度

3.4.2　波纹度波数与行星轴承时变接触刚度(TVCS)的关系

选取不同波数的波纹度，内外圈波纹度波数 n_w 分别为 18、22、26 和 30，波纹度幅值 A_{ws} 为 4 μm。单个滚动体与内圈滚道之间的 TVCS 如图 3.12(a)所示，波纹度波数的增大引起了滚动体-内圈滚道 TVCS 幅值的增大。当内圈波纹度波数从 18 增大到 30 时，滚动体-内圈滚道 TVCS 幅值从 1.675×10^9 N/m 增大为 1.927×10^9 N/m，增幅 15.04%；单个滚动体与外圈滚道之间的 TVCS 如图 4.12(b)所示。当内圈波纹度波数从 18 增大到 30 时，滚动体-外圈滚道 TVCS 幅值从 2.676×10^9 N/m 增大为 2.681×10^9 N/m，增幅 0.19%。另外，滚动体与内外圈滚道之间的 TVCS 的最小值相互接近，波纹度的出现导致滚动体与滚道之间的接触宽度和接触变形等接触特性的变化，从而引起行星轴承和传动系统振动特性的改变。

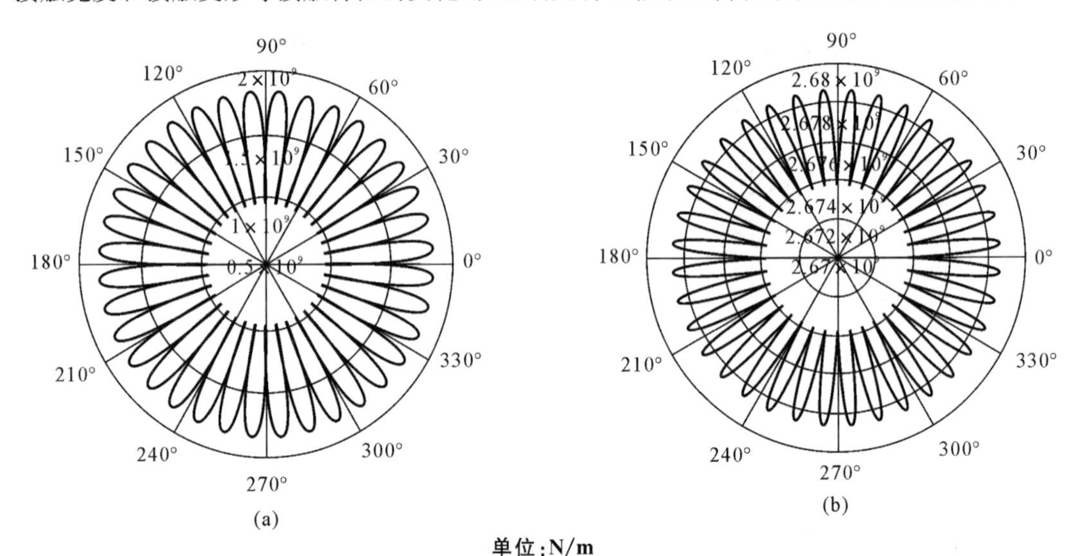

单位：N/m

图 3.10 波纹度幅值为 8 μm 时滚动体-滚道时变接触刚度(TVCS)

(a)滚动体-内圈接触刚度；(b)滚动体-外圈接触刚度

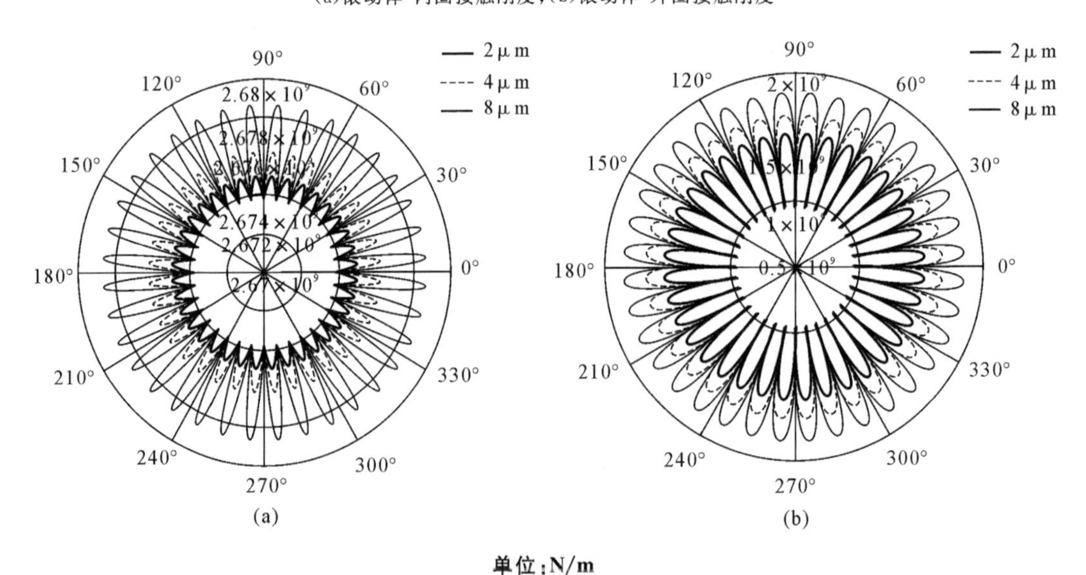

单位：N/m

图 3.11 滚动体-滚道时变接触刚度(TVCS)对比分析

(a)滚动体-内圈接触刚度；(b)滚动体-外圈接触刚度

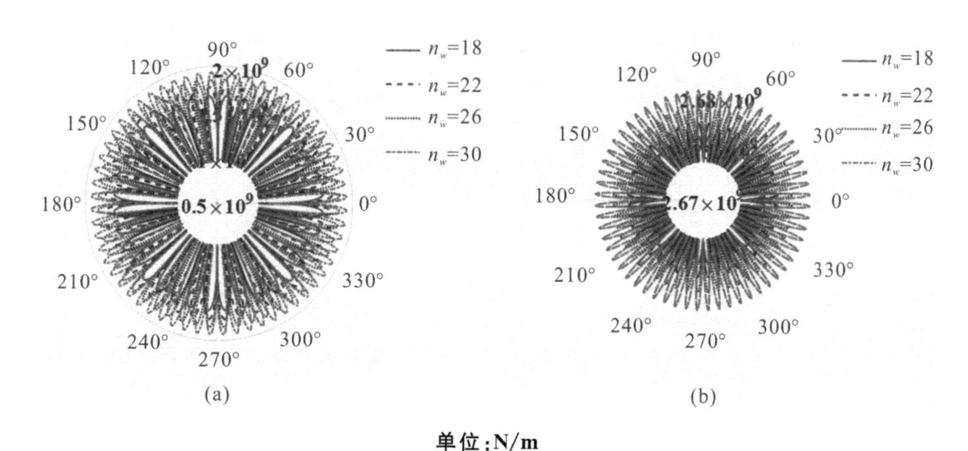

单位:N/m

图 3.12　波数对滚动体-滚道时变接触刚度(TVCS)的影响对比分析

(a)滚动体-内圈接触刚度;(b)滚动体-外圈接触刚度

3.4.3　波纹度对轴承时变接触刚度(TVCS)的影响分析

对于理想行星轴承,滚动体与滚道之间的接触刚度不考虑波纹度的影响,采用式(3.3)、式(3.4)和式(3.11),可直接获得理想行星轴承的接触刚度,如图 3.13 所示。理想行星轴承滚动体与内圈滚道之间的接触刚度 K_i 为 2.514×10^9 N/m,载荷-变形系数 n_i 为 1.083 4,滚动体与外圈滚道的接触刚度 K_o 为 2.735×10^9 N/m,载荷-变形系数 n_i 为 1.086 6。如图 3.14 和图 3.15 所示,波纹度会显著改变滚动体与滚道之间的接触特性,当波纹度幅值从 2 μm 增大到 8 μm、波纹度波数从 18 增大到 30 时,行星轴承内、外圈滚道接触刚度 K 和载荷-变形系数 n 均呈现增大趋势,且均小于理想滚动体与内、外圈滚道之间的接触刚度和载荷-变形系数。结果表明,波纹度会引起滚动体与滚道之间接触刚度的降低,从而增大滚动体等在运行过程中的振动位移,诱发行星轴承和行星排传动系统振动特性的改变,增大传动系统振动信号的复杂性和监测难度。因此,需要探究波纹度对行星轴承和行星排传动系统振动特性的影响规律。

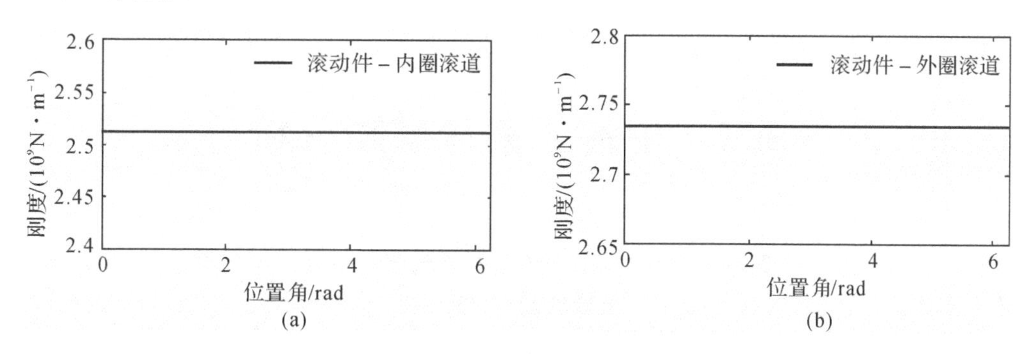

图 3.13　理想滚动体-滚道接触刚度

(a)滚动体-内圈接触刚度;(b)滚动体-外圈接触刚度

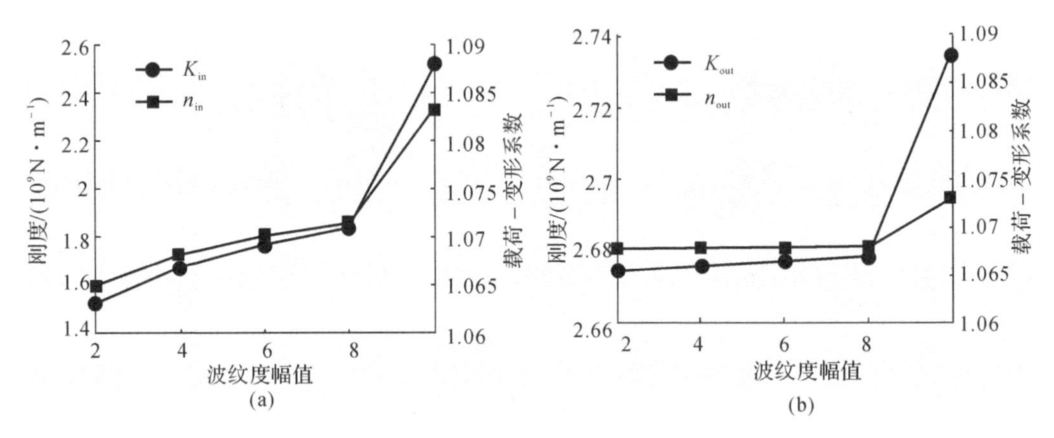

图 3.14 波纹度幅值对滚动体-滚道时变接触刚度(TVCS)和载荷-变形系数的影响分析

(a)滚动体-内圈接触;(b)滚动体-外圈接触

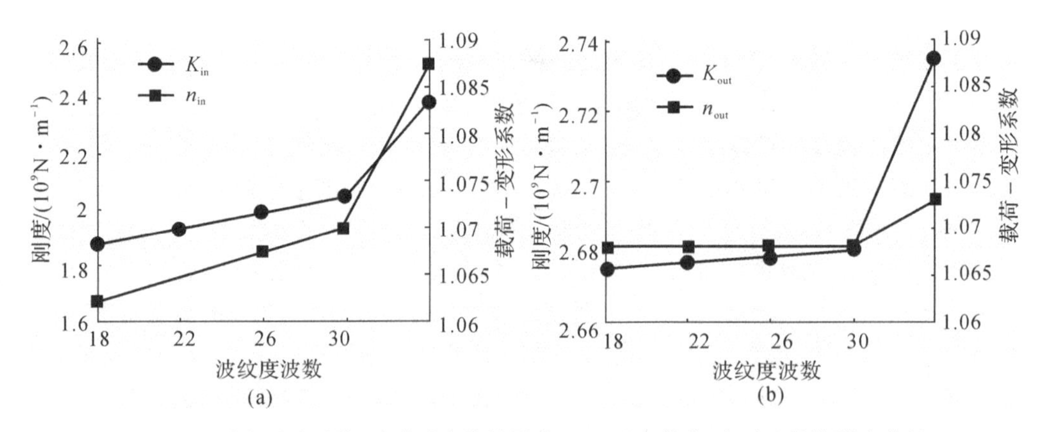

图 3.15 波数对滚动体-滚道时变接触刚度(TVCS)和载荷-变形系数的影响分析

(a)滚动体-内圈接触;(b)滚动体-外圈接触

3.5 仿真结果与影响分析

行星轴承安装在行星轮中心孔中,用于传递行星轮与行星架之间的载荷,行星轴承中滚动体在承载区传递载荷,保持架用于维持滚动体之间的排列,两者在进入和退出载荷区过程中发生冲击碰撞,影响系统振动特征。在该模型中,行星轮内孔与行星架支撑臂作为行星轴承的内外圈滚道,可通过研究行星轮、行星架、滚动体与保持架的振动响应特征,获得滚道波纹度对行星轴承振动响应特征的影响规律。

3.5.1 无波纹度的行星轴承振动响应特征分析

行星轴承滚道无波纹度时，滚动体与滚道之间的接触刚度和载荷-变形系数为定值，系统振动信号不考虑滚道 TVCS 的影响。图 3.16 所示为行星架在 x 和 y 方向的振动信号，太阳轮输入转速为 6 000 r/min，输入扭矩为 200 N・m，结果显示，振动位移在[−0.2 μm，0.2 μm]区间内，有明显的周期性，振动速度在[−4 mm/s，4 mm/s]区间内，且 x 方向振动速度与 y 方向幅值大小基本相同。图 3.16(c)所示为行星架在 x 方向和 y 方向的振动加速度，其幅值在[−111.4 m/s^2，105.6 m/s^2]区间内，且未出现明显异常冲击信号。为了进一步研究行星架振动信号的特征，需要对其振动加速度信号进行频域分析。

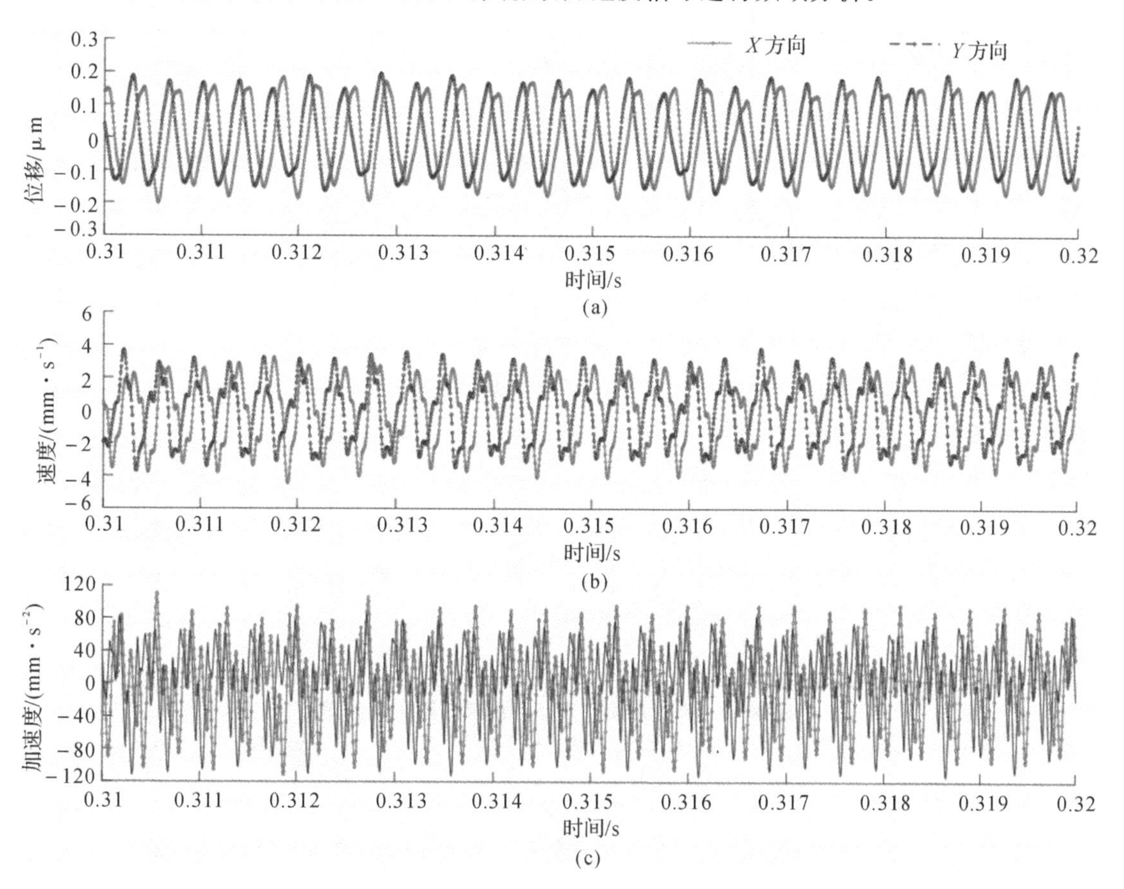

图 3.16 无波纹度工况下行星架振动响应

(a)振动位移响应；(b)振动速度响应；(c)无振动加速度响应

针对行星架在 x 和 y 方向的振动信号，采用快速傅里叶变换(Fast Fourier Transform，FFT)技术进行时频域变换。在行星轮相对于行星架运行过程中，行星轮相对于行星架的转动频率为

$$f_{\mathrm{p}}^{\mathrm{c}}=\frac{Z_{\mathrm{r}}}{Z_{\mathrm{p}}}f_{\mathrm{c}} \tag{3.63}$$

则行星轮相对于行星架的啮合频率为

$$f_{m}=Z_{p}f_{p}^{c} \tag{3.64}$$

当太阳轮输入转速为 6 000 r/min 时，行星轮啮合频率为 2 759.16 Hz，滚动体内圈通过频率为 1 526 Hz，外圈通过频率为 1 257 Hz。图 3.17 所示为行星架在 X 和 Y 方向振动信号的频域信号，结果显示，行星架振动信号的主要频率为行星齿轮啮合频率及倍频，即 $lf_{m}(l=1,2,3,\cdots)$，以及与行星架转动频率和行星轴承滚动体内圈通过频率频率 f_{bpfi}^{c}、$2f_{m}-f_{bpfi}^{c}$ 和 $3f_{m}-f_{bpfi}^{c}$ 等，且对于不考虑波纹度影响的行星架振动特征，频域并无明显的行星轴承滚动体通过外圈滚道的特征频率。

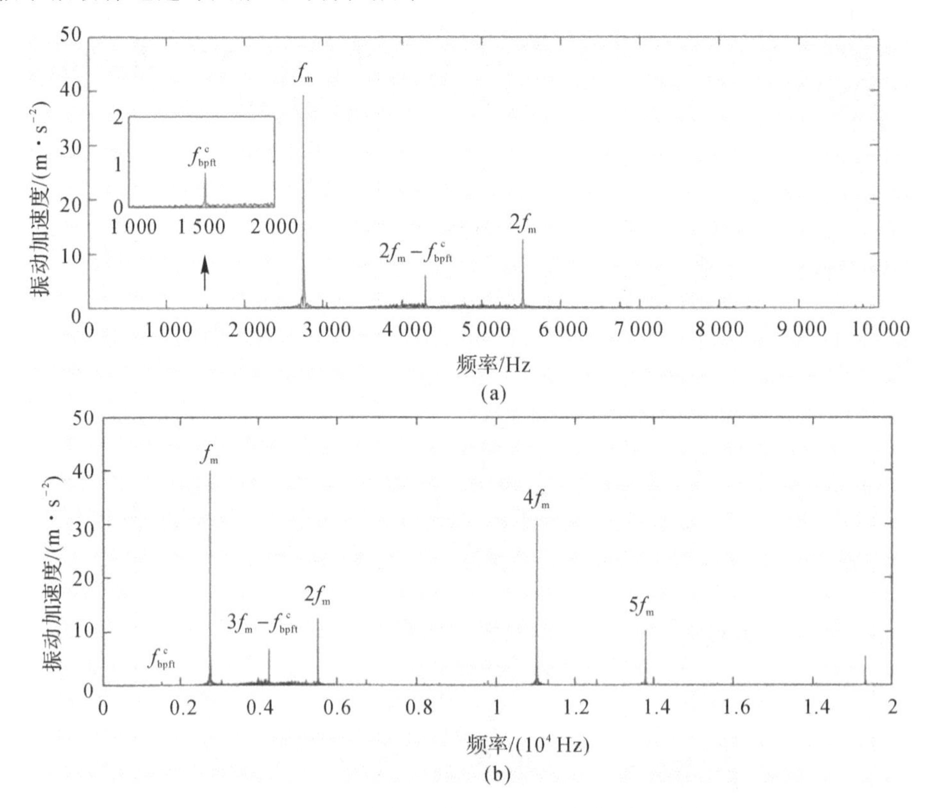

图 3.17　无波纹度工况下行星架振动响应频谱

(a)无波纹度工况下行星架 x 方向振动加速度响应频谱；(b)无波纹度工况下行星架 y 方向振动加速度响应频谱

3.5.2　波纹度幅值对行星轴承振动响应特征的影响分析

1. 内圈滚道波纹度

当波纹度幅值为 5 μm、波数为 18 时，行星架振动响应如图 3.18 所示。结果显示，振动位移在[−0.5618 μm，0.5338 μm]区间内，有明显的周期性，振动速度在[−9.689 mm/s，8.722 mm/s]区间内，且 x 方向振动速度幅值大小与 y 方向基本相同。图 3.18(c)所示为行星架在 x 方向和 y 方向的振动加速度，其幅值在[−240.4 m/s^{2}，225 m/s^{2}]区间内，相较于无波纹度工况，其振动位移、速度和加速度等显著增大。

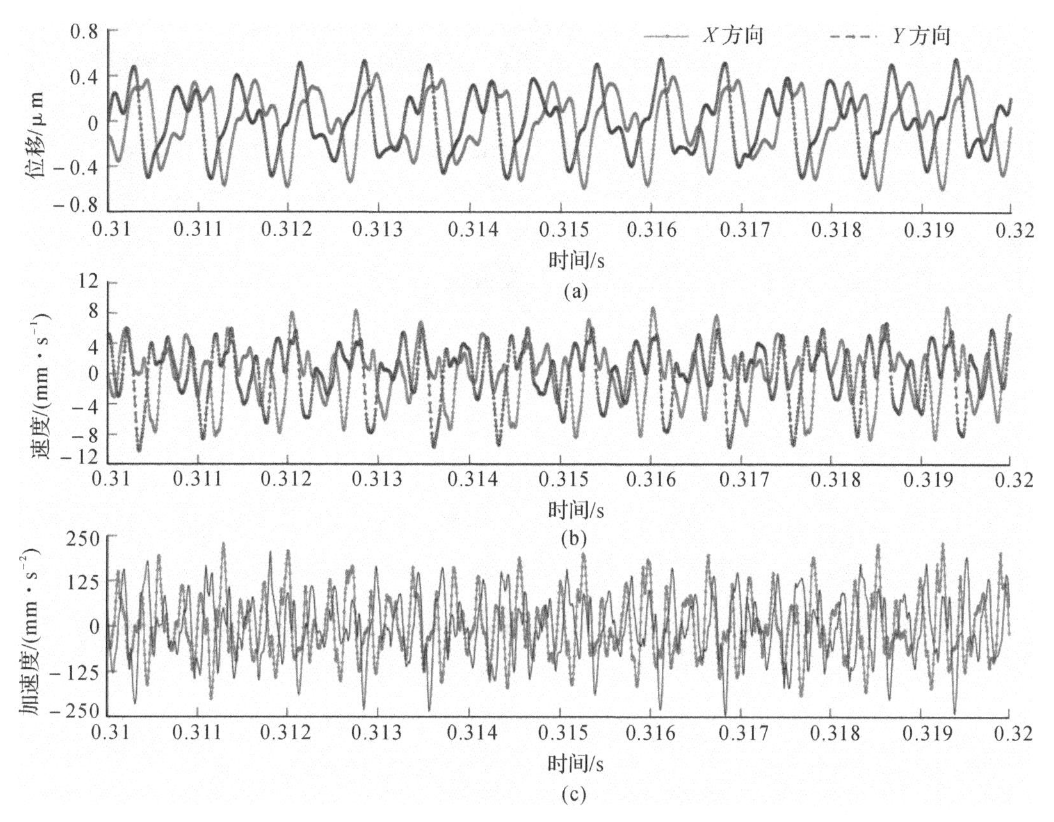

图 3.18　内圈波纹度幅值为 5 μm、波数为 18 工况下的行星架振动响应

(a)振动位移;(b)振动速度;(c)振动加速度

图 3.19(a)所示为行星架在 x 方向振动信号的频域信号，结果显示，行星架振动信号的主要频率为行星齿轮啮合频率及倍频，即 $lf_{\mathrm{m}}(l=1,2,3,\cdots)$，以及与行星架转动频率和行星轴承滚动体内圈频率 $mf^{\mathrm{c}}_{\mathrm{bpfi}}(m=1,2,3,\cdots)$ 、$lf_{\mathrm{m}}\pm f^{\mathrm{c}}_{\mathrm{bpfi}}(l=1,2,3,\cdots)$ 等，齿轮啮合频率 f_{m} 及倍频对行星轴承滚动体通过内圈滚道特征频率 $f^{\mathrm{c}}_{\mathrm{bpfi}}$ 有明显的幅值调制。另外，如图 3.19(b)(c)所示，当波纹度幅值从 0 μm 增大到 5 μm 时，滚动体通过内圈滚道特征频率 $f^{\mathrm{c}}_{\mathrm{bpfi}}$ 对应的振动信号幅值从 0.523 2 m/s^2 增大到 17.85 m/s^2，而齿轮啮合频率 f_{m} 对应的振动加速度信号幅值则从 27.51 m/s^2 减小到 21.38 m/s^2，即振动信号幅值与波纹度幅值的增大具有一致性，对于滚动体通过内圈滚道特征频率的二倍频 $2f^{\mathrm{c}}_{\mathrm{bpfi}}$，其振动信号幅值在波纹度幅值为 3 μm 时具有最大值，与波纹度幅值的增大不具有一致性，而其他频率成分对应的振动信号较小。

2. 外圈滚道波纹度

图 3.20 所示为外圈波纹度幅值对行星架振动信号的影响，波纹度幅值从 0 μm 增大到 5 μm，外圈滚道波纹度波数 18 时，保持架振动信号受行星轴承保持架转动频率 $f^{\mathrm{c}}_{\mathrm{cgc}}$ 和外圈转动频率 $f^{\mathrm{c}}_{\mathrm{o}}$ 的影响并受到该特征频率的调制，因此此处采用线性预测方法[127]对原始振动信号中的齿轮啮合频率成分进行去除，并对波纹度误差引起的冲击信号进行幅频变换分析。

如图 3.20(a)所示，可以明显观测到行星齿轮啮合频率及倍频，即 $lf_{\mathrm{m}}(l=1,2,3,\cdots)$，在图 3.20（b）中可以观测到行星轴承滚动体外圈通过频率及倍频成分，即 $nf_{bpfo}^{c}(n=1,2,3,\cdots)$，以及啮合频率 f_{m} 及倍频对行星轴承滚动体通过外圈滚道特征频率 f_{bpfo}^{c} 的调制频率 $lf_{m}\pm nf_{bpfo}^{c}(l,n=1,2,3,\cdots)$ 等，对比内圈滚道波纹度工况下的振动信号频谱图，可见外圈滚道波纹度影下的振动信号特征频谱数量增多。另外，如图 3.20(c)(d) 所示，在滚动体通过外圈滚道特征频率 f_{bpfo}^{c} 位置，外圈滚道波纹度幅值越大，振动加速度信号幅值越大，最大为 2.991 m/s^2，在齿轮啮合频率 f_{m} 位置，有波纹度误差影响的振动信号幅值小于理想滚道工况下的振动信号幅值，其幅值从 10.18 m/s^2 减小到 7.29 m/s^2。

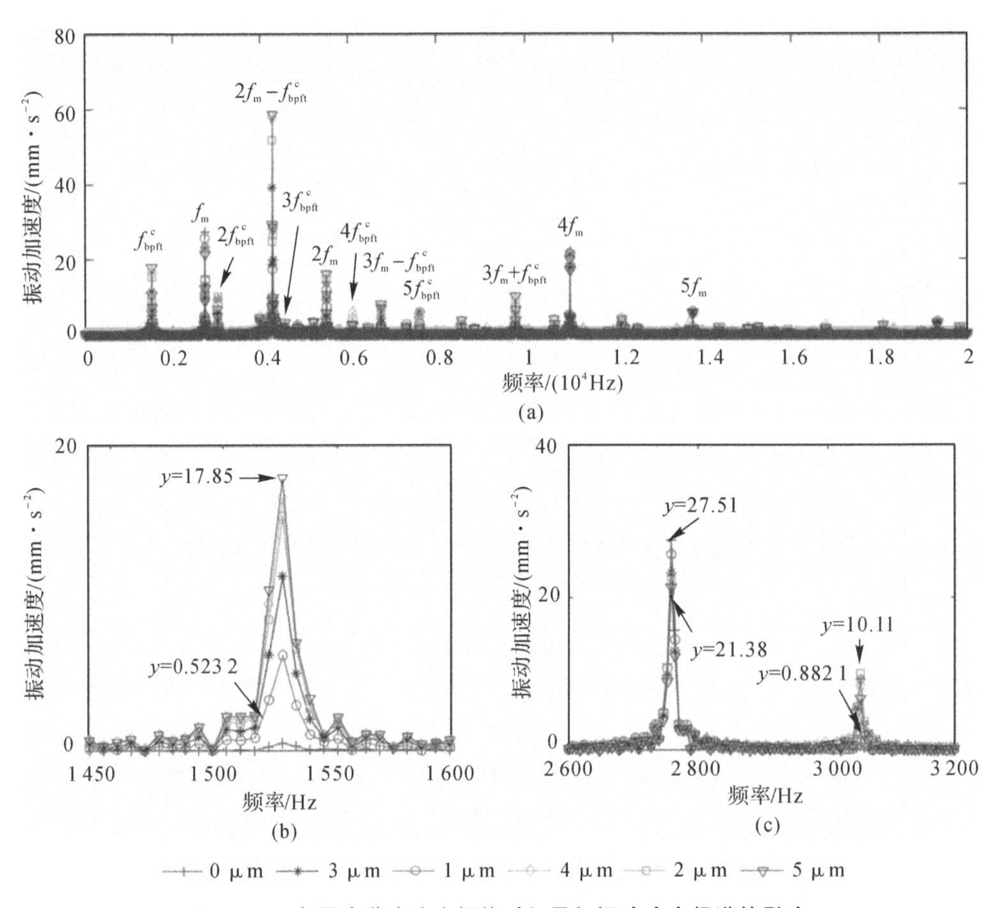

图 3.19　内圈滚道波纹度幅值对行星架振动响应频谱的影响

3.5.3　波纹度波数对行星轴承振动响应特征的影响分析

1.内圈滚道波纹度

图 3.21 所示为内圈波纹度波数对行星架振动信号的影响，其中，波纹度幅值为 4 μm，波纹度波数为 18～26。结果显示，行星架振动信号的主要频率为行星齿轮啮合频率及倍频，即 $lf_{m}(l=1,2,3,\cdots)$，以及行星架转动频率和行星轴承滚动体内圈通过频率

$mf^{c}_{bpfi}(m=1,2,3,\cdots)$、$lf_{m}\pm f^{c}_{bpfi}(l=1,2,3,\cdots)$ 等，但波纹度波数对振动加速度信号的幅值影响很大，如图3.21(b)所示，在行星轴承滚动体内圈通过频率 f^{c}_{bpfi} 位置，波纹度 $s=20$ 时振动加速度幅值最大，为18.92 m/s^2，当 $s=22$ 时振动加速度幅值最小，为0.368 3 m/s^2，这是由于该波纹度数与滚动体数量相同，波纹度初始相位与振动信号相位差异导致振动信号幅值抵消，该结果与定轴滚动轴承波纹度波数的影响不同，在定轴滚动轴承中，波数在 $s=N_b$ 处的影响最大。结果表明，波纹度误差的波数对行星轴承的振动信号幅值影响较大，其振动信号频域特征可用于行星轴承运行状态监测与诊断。

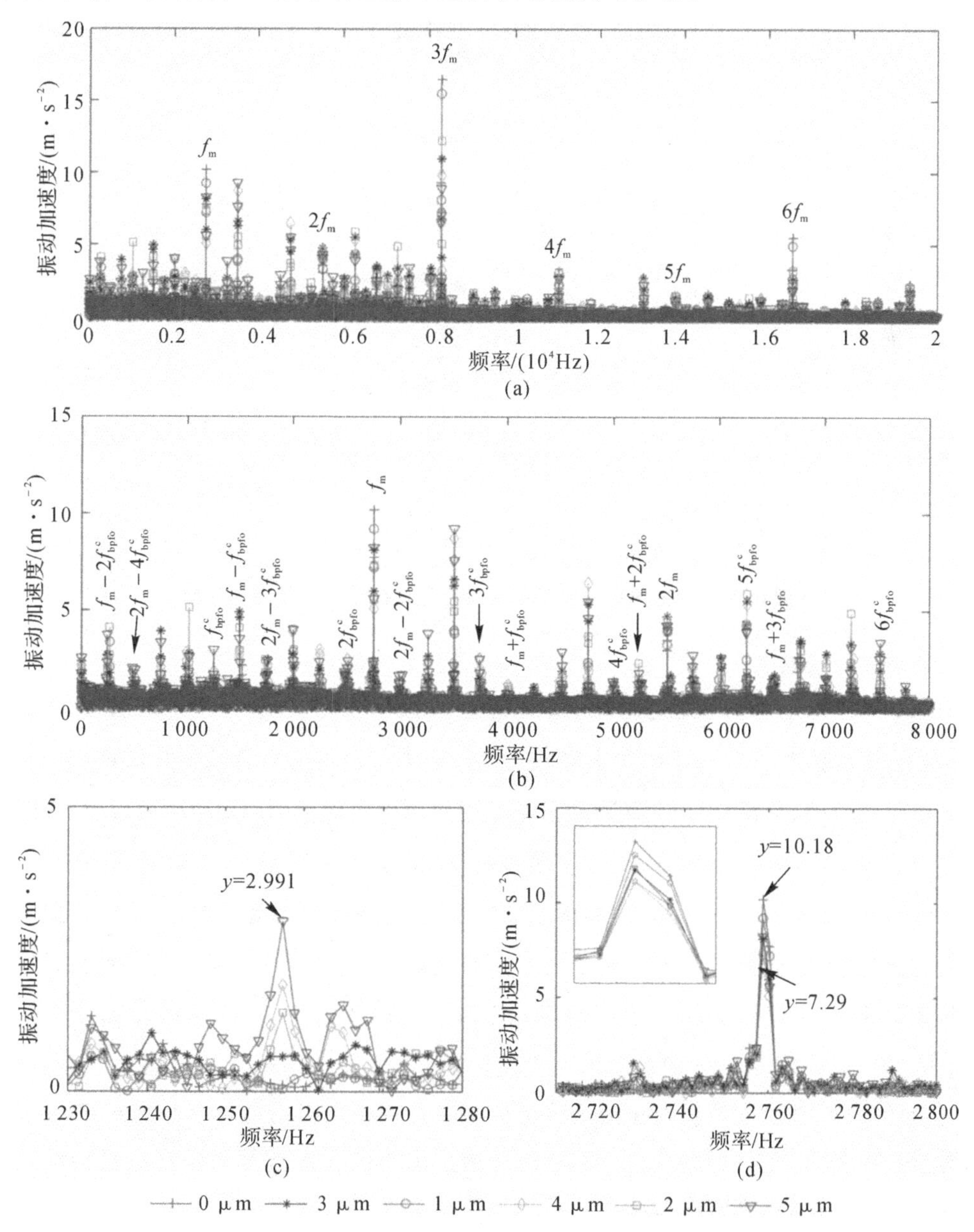

图3.20　外圈滚道波纹度幅值对行星架振动响应频谱的影响

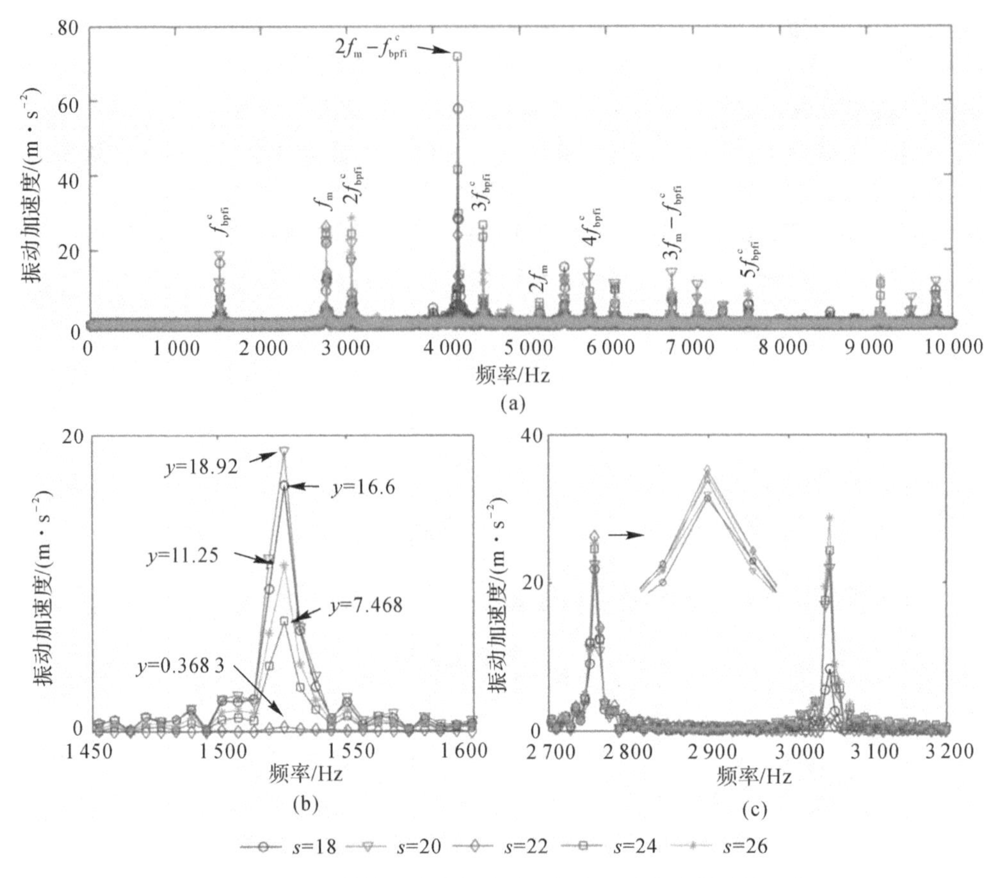

图 3.21 内圈滚道波纹度波数对行星架振动响应频谱的影响

2. 外圈滚道波纹度

图 3.22(a)所示为外圈波纹度波数对行星架振动信号的影响，其中，波纹度幅值为 4 μm，波纹度波数为 18～26。图中主要的特征频率为行星齿轮啮合频率及倍频，即 $lf_{\mathrm{m}}(l=1,2,3,\cdots)$，行星轴承滚动体外圈通过频率及倍频成分，即 $nf_{\mathrm{bpfo}}^{\mathrm{c}}(n=1,2,3,\cdots)$，以及啮合频率 f_m 及倍频对行星轴承滚动体通过外圈滚道特征频率 $f_{\mathrm{bpfo}}^{\mathrm{c}}$ 的调制频率 $lf_{\mathrm{m}}\pm nf_{\mathrm{bpfo}}^{\mathrm{c}}(l,n=1,2,3,\cdots)$ 等。另外，如图 3.22(b)所示，外圈波纹度波数在 $f_{\mathrm{bpfo}}^{\mathrm{c}}$ 位置对其幅值的影响差异大，波纹度 $s=24$ 时振动加速度幅值最大，为 11.07 m/s^2，当 $s=26$ 时振动加速度幅值最小，为 0.714 m/s^2。在齿轮啮合频率 f_{m} 位置，当 $s=26$ 时振动加速度幅值最大，为 14.26 m/s^2，当 $s=24$ 时振动加速度幅值最小，为 4.636 m/s^2。结果显示，不同于波纹度幅值的影响，波纹度波数对振动信号特征频率处的振幅影响具有较大差异，即使波纹度波数相近，其对振动信号的影响也并不相似。这是因为波纹度波数激励在行星传动系统中出现了耦合，位移激励和刚度激励在行星轴承运行过程中出现了相位差异，使振动信号在不同传递路径上相互影响，导致振动信号幅值差异较大。

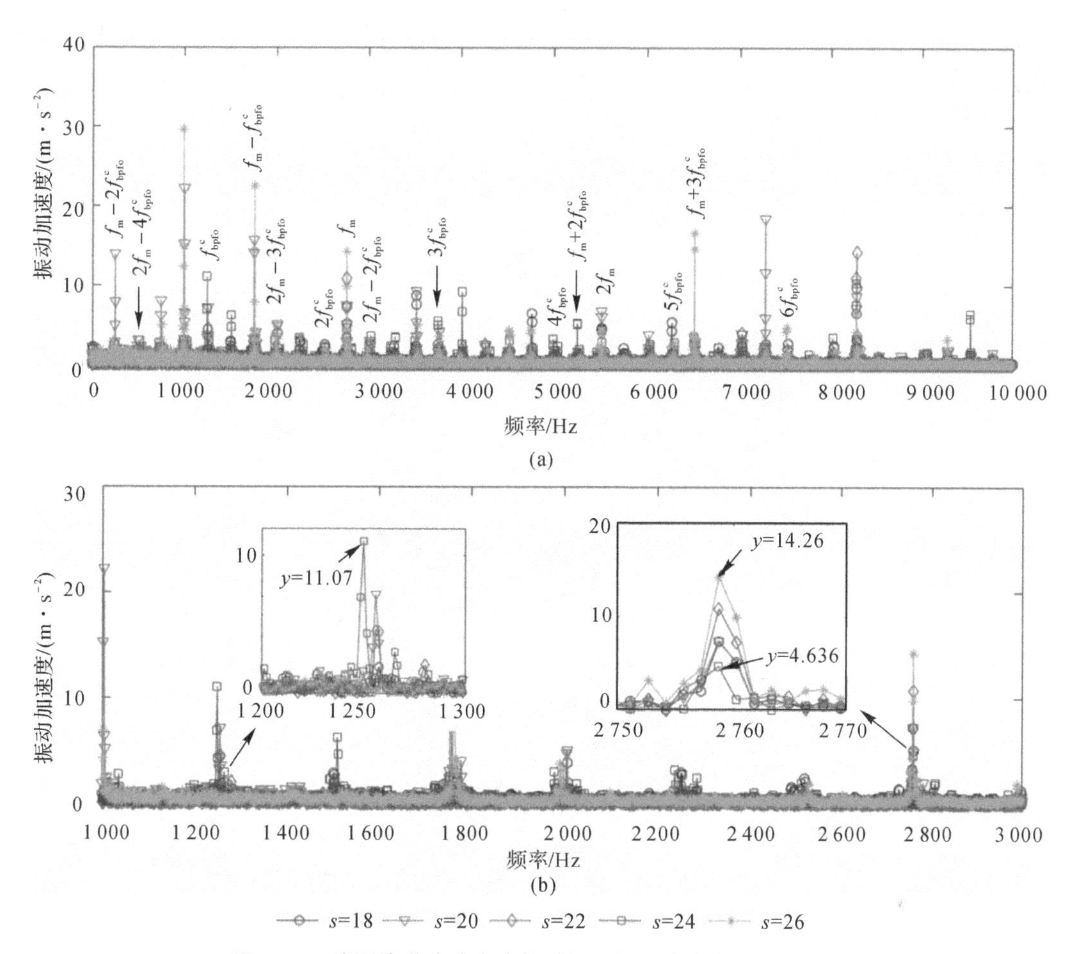

图 3.22　外圈滚道波纹度波数对行星架振动响应频谱的影响

3.5.4　波纹度耦合分布对行星轴承振动响应特征的影响分析

图 3.23 所示为行星轮系中不同行星轴承的波纹度分布形式，假定该行星排中 3 个行星轴承具有不同的波纹度幅值 A_{is} 和波数 s_i，即 A_{1s}、A_{2s}、A_{3s} 和 s_1、s_2、s_3。在动力学模型中，对不同行星轴承的波纹度模型进行改写，即修改式(3.39)和式(3.40)中的波纹度模型，然后对动力学方程进行求解。取内、外圈滚道的波纹度幅值为 2 μm，波纹度波数分别为 18 和 26，波纹度在三个行星轴承中均有分布，其他参数不变。

波纹度耦合分布工况下的行星架振动信号仿真结果如图 3.24 所示，其振动位移幅值为 0.614 7 mm，振动速度幅值为 9.012 m/s，振动加速度幅值为 234.3 m/s^2。图 3.25 所示为振动加速度信号幅频变换结果，滚动体在内、外圈滚道通过频率 f^c_{bpfi} 和 f^c_{bpfo} 与齿轮啮合频率 f_m 之间有明显的幅值调制现象，其频率成分表现为上述频率之间的组合，即 $lf_m + mf^c_{bpfo} + nf^c_{bpfo}(l,m,n=\cdots-2,-1,0,1,2,\cdots)$。结果表明，波纹度耦合分布激励对齿轮振动特征的影响更加复杂，其振动信号特征频率成分是齿轮啮合频率和行星轴承特征频率的组合。

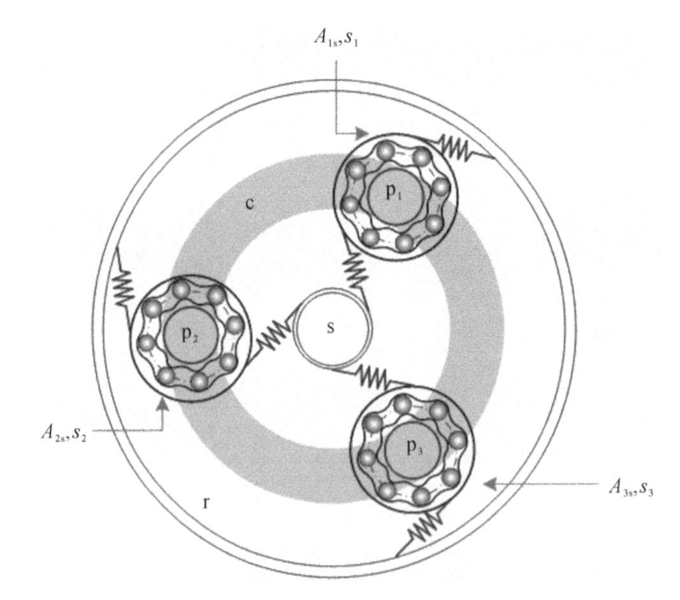

图 3.23　不同行星轴承的波纹度分布形式

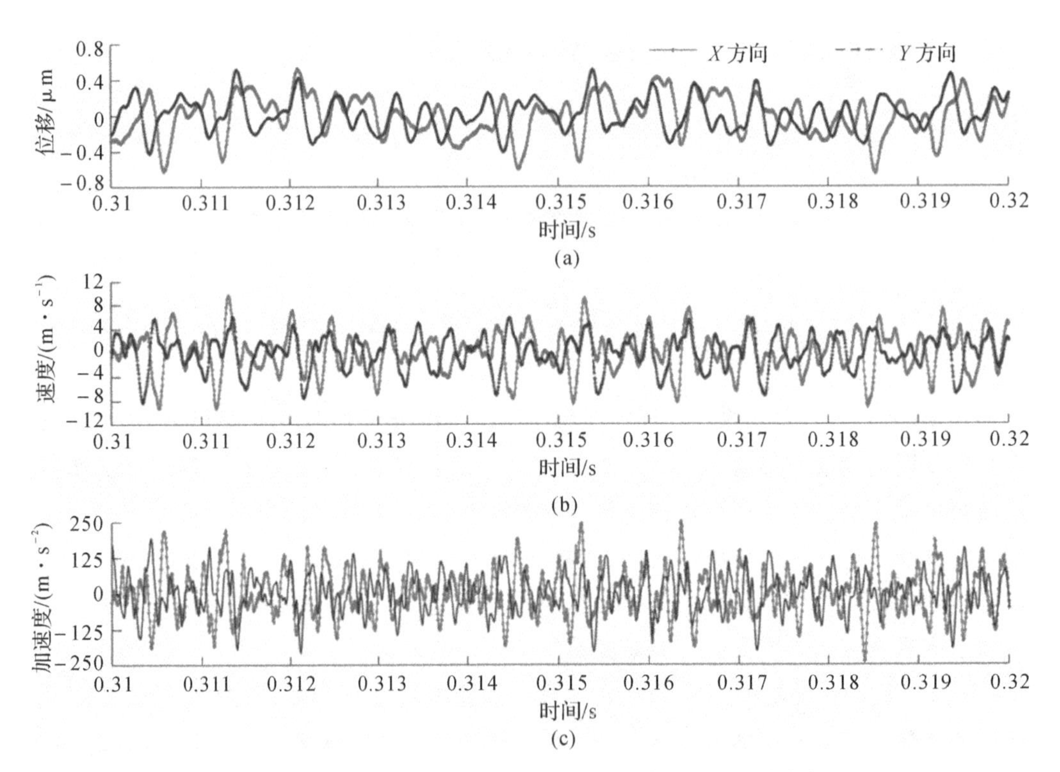

图 3.24　内外圈滚道波纹度耦合工况下的行星架振动响应

(a)振动位移；(b)振动速度；(c)振动加速度

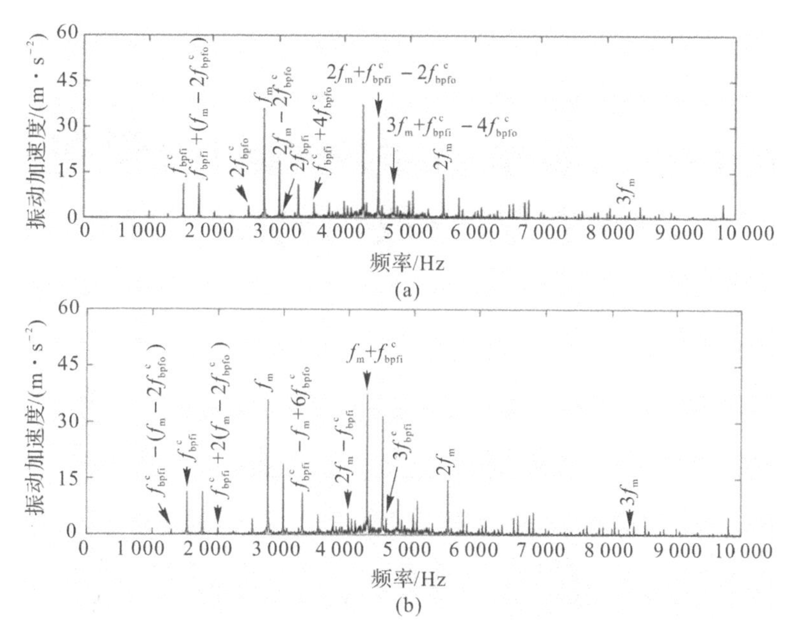

图 3.25　内外圈滚道波纹度耦合分布对行星架振动响应频谱的影响

3.6 本章小结

本章建立了行星轴承滚动体与滚道之间的时变接触刚度（TVCS）计算方法，分析了不同波纹度工况下的 TVCS 变化规律，提出了行星轴承波纹度动力学模型，系统分析了行星齿轮传动系统中波纹度幅值和波数对其振动响应特征的影响规律，并采用数字信号处理方法研究了不同波纹度特征影响下的行星架振动特征。主要结论如下：

（1）行星轴承滚道表面波纹度会显著影响滚动体与滚道之间的 TVCS 和相应的载荷-变形系数，波纹度幅值和波数均会降低滚动体-滚道 TVCS 和相应的载荷-变形系数。

（2）无波纹度工况下的行星架振动特征显示，行星架振动信号的主要频率为行星齿轮啮合频率及倍频，即 $lf_m(l=1,2,3,\cdots)$，以及行星架转动频率和行星轴承滚动体内圈通过频率 f^c_{bpfi} 和 $2f_m-f^c_{bpfi}$ 等。

（3）内圈滚道波纹度工况下，行星架振动信号的主要频率为行星齿轮啮合频率及倍频，即 $lf_m(l=1,2,3,\cdots)$，以及行星架转动频率和行星轴承滚动体内圈通过频率 $mf^c_{bpfi}(m=1,2,3,\cdots)$ 、$lf_m \pm f^c_{bpfi}(l=1,2,3,\cdots)$ 等，齿轮啮合频率 f_m 及倍频对行星轴承滚动体通过内圈滚道特征频率 f^c_{bpfi} 有明显的幅值调制。

（4）外圈滚道波纹度工况下，行星架振动信号的主要特征频率为行星齿轮啮合频率及倍频[即 $lf_m(l=1,2,3,\cdots)$]，行星轴承滚动体外圈通过频率及倍频成分[即 $nf^c_{bpfo}(n=1,2,3,\cdots)$]，以及啮合频率 f_m 及倍频对行星轴承滚动体通过外圈滚道特征频率 f^c_{bpfo} 的调制频率 $lf_m \pm nf^c_{bpfo}(l,n=1,2,3,\cdots)$ 等。

（5）在内外圈滚道波纹度耦合激励工况下，滚动体在内、外圈滚道通过频率 f^c_{bpfi} 和 f^c_{bpfo} 与齿轮啮合频率 f_m 之间有明显的幅值调制现象，其频率成分表现为上述频率之间的组合，即 $lf_m+mf^c_{bpfo}+nf^c_{bpfo}(l,m,n=\cdots,-2,-1,0,1,2,\cdots)$ 。

第 4 章　双星行星轴承动力学建模方法与数值仿真

4.1　引　　言

作为行星轮系一个重要的结构形式，双星行星轮系结构形式和空间运动关系更加复杂，导致其行星轴承的工作条件更加恶劣，更易产生损伤及磨损等。本章给出双星行星轴承系统的运动学关系，考虑齿轮-齿轮、行星轮-行星轴承-行星架以及行星轴承滚子-保持架之间的相互作用，提出双星行星轴承动力学建模方法，并给出双星行星轴承的振动特性。

4.2　双星行星轮齿轮啮合刚度及载荷计算方法

关于齿轮啮合刚度的计算方法的研究有很多，本节的研究重点在于动力学建模方法，因此采用现有的啮合刚度计算方法，仅研究啮合相位。

4.2.1　行星架旋转啮合刚度算法

不管行星架固定还是旋转，两个齿轮的啮合区域都是相同的，啮合刚度的变化趋势相同，仅相位不同。规定行星架旋转和行星架固定的啮合频率比值为 λ，行星架旋转时的啮合刚度可以通过行星架固定时的啮合刚度推导得到，其表达式[128]为

$$K_{\mathrm{sa1}} = K_{\mathrm{s}}(\lambda\theta_{\mathrm{a}}) \tag{4.1}$$

$$K_{\mathrm{rb1}} = K_{\mathrm{r}}(\lambda\theta_{\mathrm{b}}) \tag{4.2}$$

式中：K_{s} 和 K_{r} 为外啮合和内啮合的齿轮刚度，计算方法参考文献[129]和文献[130]。

本节行星轮系结构为浮动齿圈双行星轮机构，需要有两个输入。采用太阳轮和行星架输入，故其啮合频率 f_{m} 的表达式为

$$f_{\mathrm{m}} = (f_{\mathrm{s}} - f_{\mathrm{c}})Z_{\mathrm{s}} \tag{4.3}$$

行星架固定时的啮合频率为

$$f'_{\mathrm{m}} = f_{\mathrm{s}}Z_{\mathrm{s}} \tag{4.4}$$

由此可推出 λ 为

$$\lambda=\frac{f_{\mathrm{m}}}{f'_{\mathrm{m}}}=\frac{f_{\mathrm{s}}-f_{\mathrm{c}}}{f_{\mathrm{s}}} \tag{4.5}$$

4.2.2　行星轮啮合关系分析

在行星轮系中，虽然每一对太阳轮-行星轮的啮合刚度大小和变化趋势均相同，但是它们的相位并不相同，这导致在某一时刻每一对太阳轮-行星轮的啮合刚度不同。换句话说，在不同啮合对上的参与啮合的齿数之间通常存在时间偏移。这个规律同样适用于齿圈-行星轮啮合。

行星轮系的相对相位见表 4.1。规定 γ_{sn} 为第 n 对太阳轮-行星轮啮合与第一对太阳轮-行星轮啮合之间的相对相位(其中 $\gamma_{s1}=0$)，γ_{rn} 为第 n 对齿圈-行星轮啮合与第一对齿圈-行星轮啮合之间的相对相位(其中 $\gamma_{r1}=0$)。

表 4.1　行星轮系相对相位

γ_{s1}	γ_{s2}	γ_{s3}	γ_{r1}	γ_{r2}	γ_{s3}	γ_{rs}
0	2/3	1/3	0	−1/3	−2/3	0

根据文献[128]可知，第 n 对太阳轮-行星轮啮合刚度和第 n 对齿圈-太阳轮啮合刚度的相对于第 1 对太阳轮-行星轮啮合刚度和第 1 对齿圈-行星轮啮合刚度的表达式为

$$k_{\mathrm{san}}=k_{\mathrm{sa1}}(t-\gamma_{sn}T_{\mathrm{m}})=k_{\mathrm{sa1}}\left(\theta_{\mathrm{a}}-\gamma_{sn}\frac{2\pi}{Z_{\mathrm{a}}}\right) \tag{4.6}$$

$$k_{\mathrm{rb}n}=k_{\mathrm{rb1}}(t-\gamma_{rn}T_{\mathrm{m}}-\gamma_{\mathrm{rs}}T_{\mathrm{m}})=k_{\mathrm{rb1}}\left(\theta_{\mathrm{b}}-\gamma_{rn}\frac{2\pi}{Z_{\mathrm{b}}}-\gamma_{\mathrm{rs}}\frac{2\pi}{Z_{\mathrm{b}}}\right) \tag{4.7}$$

综合式(4.1)、式(4.2)、式(4.6)、式(4.7)可得

$$k_{\mathrm{san}}=k_{\mathrm{s}}\left(\lambda\theta_{\mathrm{a}}+\gamma_{sn}\frac{2\pi}{Z_{\mathrm{a}}}\right) \tag{4.8}$$

$$k_{\mathrm{rb}n}=k_{\mathrm{r}}\left(\lambda\theta_{\mathrm{b}}+\gamma_{rn}\frac{2\pi}{Z_{\mathrm{b}}}+\gamma_{\mathrm{rs}}\frac{2\pi}{Z_{\mathrm{b}}}\right) \tag{4.9}$$

内外行星轮啮合为定轴啮合，其啮合刚度可直接按照上述理想齿形外啮合刚度算法进行计算。

4.3　行星轴承受力分析

4.3.1　滚子受力分析

行星轴承在运动过程中滚子的受力分析如图 4.1 所示。图中，Q_{i} 和 Q_{o} 为滚子和内、外

圈滚道间的接触力，f_i 和 f_o 为滚子和内、外圈滚道之间的摩擦力，F_d 为润滑剂的绕流阻力，F_{cj} 为滚子和保持架之间的碰撞力，f_{cj} 为滚子和保持架之间的摩擦力。

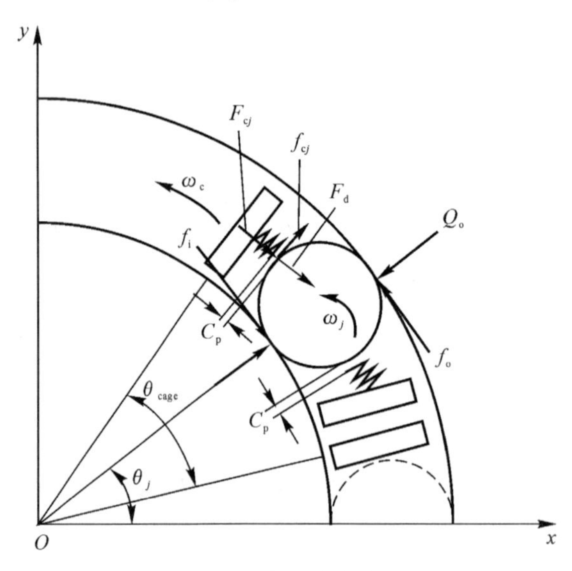

图 4.1　滚子受力分析

1. 滚子和内、外圈滚道间的接触力

滚子和内、外圈滚道间的接触力[131]为

$$\left.\begin{aligned} Q_{ij} &= \zeta_{ij} K_i \delta_{ij}^{\frac{10}{9}} \\ Q_{oj} &= \zeta_{oj} K_o \delta_{oj}^{\frac{10}{9}} \end{aligned}\right\} \tag{4.10}$$

式中：ζ_{ij} 和 ζ_{oj} 分别为接触判定系数，其与接触变形之间的关系为

$$\zeta_{ij} = \begin{cases} 1, & \delta_{ij} > 0 \\ 0, & \text{其他} \end{cases} \quad \zeta_{oj} = \begin{cases} 1, & \delta_{oj} > 0 \\ 0, & \text{其他} \end{cases} \tag{4.11}$$

滚子和内、外圈滚道间的接触变形[131]为

$$\left.\begin{aligned} \delta_{ij} &= (x_c - x_j)\cos\theta_j + (y_c - y_j)\sin\theta_j - 0.5C_r \\ \delta_{oj} &= (x_j - x_p)\cos\theta_j + (y_j - y_p)\sin\theta_j \end{aligned}\right\} \tag{4.12}$$

式中：x_c 和 y_c 为机架在 x 方向和 y 方向上的位移；x_p 和 y_p 为行星轮在 x 方向和 y 方向上的位移；x_j 和 y_j 为第 j 个滚子在 x 方向和 y 方向上的位移；C_r 为行星轴承径向游隙。

2. 滚子和内、外圈滚道间的摩擦力

研究表明，滚动轴承的摩擦力来源中，差动滑动仅占一部分[114-115]，摩擦力来源主要为弹性迟滞、弹流润滑滚动阻力和差动滑动，各部分摩擦力如图 4.2 所示。

弹性迟滞阻力为

$$F_h = \frac{3Qba_h}{16R} \tag{4.13}$$

式中：a_h 为弹性滞后损失系数；R 为滚子半径。

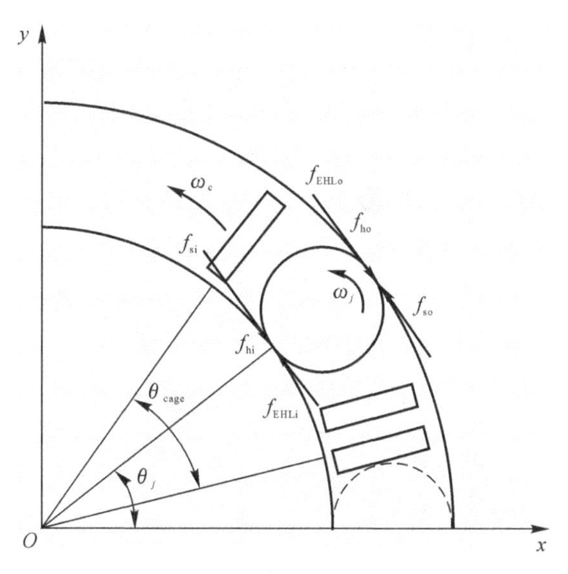

图 4.2　滚子摩擦力示意图

弹流润滑滚动阻力为

$$F_{EHL} = f_w f_L \frac{4.318}{\alpha_0}(GU)^{0.658} W^{0.0126} R_{ex} l_w \tag{4.14}$$

式中：l_w 是滚子的有效长度；R_{ex} 为当量曲率半径；α_0 为润滑剂的黏压指数；G、U 和 W 为无量纲系数；f_w 为接触力修正指数；f_L 为热力系数。其表达式分别为

$$R_{ex} = \frac{D_b}{2}(1 \mp \gamma) \tag{4.15}$$

$$f_w = \left(\frac{2Q}{D_b \cdot l_w \cdot E_0}\right)^{0.3} \times 20.4 \tag{4.16}$$

$$f_L = \frac{1}{1 + 0.29 L_c^{0.78}} \tag{4.17}$$

$$L_c = \eta_0 \beta u^2 / K \tag{4.18}$$

$$G = \alpha_0 E_0 \tag{4.19}$$

$$U = \frac{\eta_0 u}{E_0 R_{ex}} \tag{4.20}$$

$$W = \frac{2Q}{D_a E_0 l_w} \tag{4.21}$$

式中：η_0 为润滑油的动力黏度；E_0 为当量弹性模量；β 为润滑油的黏热系数；K 为润滑的热传导系数；u 为表面平均速度。

滚子和内、外圈间的差动滑动摩擦力为

$$\left.\begin{aligned} f_{sij} &= \mu_i Q_{ij} \\ f_{soj} &= \mu_o Q_{oj} \end{aligned}\right\} \tag{4.22}$$

式中：μ_i 和 μ_o 分别为滚子和内、外圈之间的摩擦因数。

差动滑动摩擦系数的计算方法[132]为

$$\mu=\begin{cases}\mu_{\mathrm{a}}, & \lambda<0.01 \\ \mu_{\mathrm{EHL}} f(\lambda)+\mu_{\mathrm{a}}[1-f(\lambda)], & 0.01 \leqslant \lambda<1.5 \\ \mu_{\mathrm{EHL}}, & \lambda \geqslant 1.5\end{cases} \tag{4.23}$$

式中：μ_a 为干摩擦时的摩擦因数，取为 0.11；μ_{EHL} 为弹流润滑时的摩擦因数，取为 0.03；λ 为油膜参数，其表达式为

$$\lambda=\frac{h_{\min}}{\sqrt{\sigma_{\mathrm{r}}^2+\sigma_{\mathrm{b}}^2}} \tag{4.24}$$

$$f(\lambda)=\frac{1.21\lambda^{0.64}}{1+0.37\lambda^{1.26}} \tag{4.25}$$

式中：σ_r 和 σ_b 为滚子和滚道的表面粗糙度，滚子表面粗糙度取为 0.08μm，滚道表面粗糙度取为 0.2 μm；h_{min} 为接触区最小油膜厚度，其表达式为

$$h_{\min}=2.65\frac{\alpha^{0.54}(\eta_0 u)^{0.7}R_{\mathrm{ex}}^{0.43}}{E_0^{0.03}q^{0.13}} \tag{4.26}$$

式中：q 为单位接触长度上的负荷。

综上所述，内外圈总的摩擦力分别为

$$f_{ij}=f_{si}+f_{hi}-f_{EHLi} \tag{4.27}$$

$$f_{oj}=f_{so}-f_{ho}-f_{EHLo} \tag{4.28}$$

3.滚子和保持架之间的碰撞力

滚子与保持架接触时的位置关系如图 4.2 所示。第 j 个滚子在 t 时刻的角位移为 θ_j，保持架在 t 时刻的角位移为 θ_g，滚子和保持架之间的间隙为 C_p。根据相对运动关系可知，滚子和保持架之间的碰撞力为

$$\left.\begin{aligned} F_{cj}&=K_{\mathrm{cage}}\left[(\theta_j-\theta_g)\frac{d_m}{2}-C_p\right], & \theta_j-\theta_g>0 \\ F_{cj}&=K_{\mathrm{cage}}\left[(\theta_j-\theta_g)\frac{d_m}{2}+C_p\right], & \theta_j-\theta_g<0\end{aligned}\right\} \tag{4.29}$$

4.滚子和保持架之间的摩擦力

滚子和保持架之间的摩擦力为

$$f_{cj}=\mu F_{cj} \tag{4.30}$$

式中：μ 为滚子和保持架之间的摩擦因数，取为 0.02。

5.润滑剂的绕流阻力

由于轴承空腔内存在润滑油和气体构成的油气混合物，会对滚子公转运动产生阻碍，因此润滑剂绕流阻力[133]为

$$F_d=\frac{1}{8}C_d\rho D_b l(d_m\omega_m)^2 \tag{4.31}$$

式中：C_d 为绕流阻力系数；ρ 为油气混合物的密度；D_b 为滚子直径；l 为滚子长度；d_m 为行星轴承节圆直径；ω_m 为滚子公转角速度。

4.3.2　保持架受力分析

保持架采用外圈引导的方式，在行星轮系中，行星轮即为轴承外圈，外圈和保持架之间的作用力如图 4.3 所示。图中，x_g 和 y_g 为保持架在 x 方向和 y 方向的位移，e_g 为保持架中心的相对偏移量。

$$e_g=\sqrt{x_g^2+y_g^2} \tag{4.32}$$

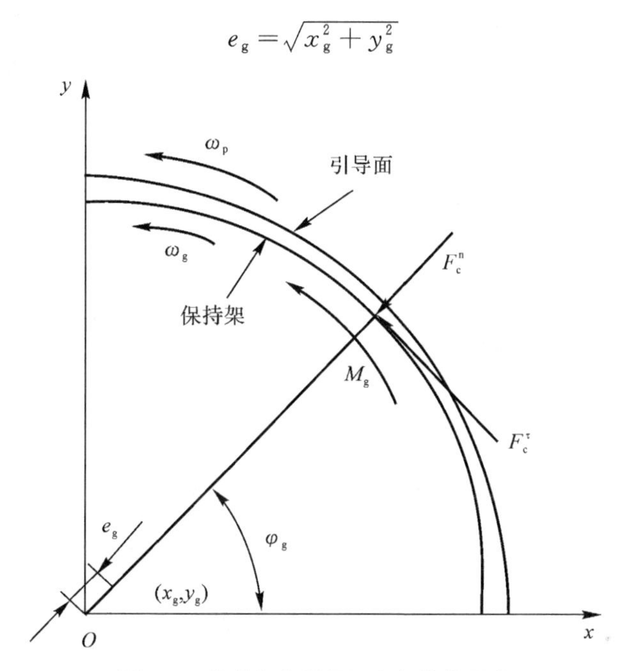

图 4.3　保持架和引导面之间的作用力

行星轮在行星轮系运动过程中不仅有自转还有公转，因此，行星轮和保持架之间会存在碰撞力，碰撞力可表示为

$$F_g^n=K_g(e_g-C_g)+c_g\dot{e}_g \tag{4.33}$$

式中：C_g 为保持架引导间隙。

引导面和保持架之间的摩擦力可表示为

$$F_g^\tau=\mu F_g^n \tag{4.34}$$

式中：μ 为保持架和引导面之间的摩擦因数，取为 0.02。

引导面和保持架之间的摩擦力还会对保持架产生一定的摩擦力矩 M_g，其表达式为

$$M_g=F_g^\tau R_{cd} \tag{4.35}$$

式中：R_{cd} 为保持架引导面半径。

在保持架的整体坐标系中，保持架的受力为

$$\begin{bmatrix}F_{gx}\\F_{gy}\\M_{cage}\end{bmatrix}=\begin{bmatrix}-\cos\varphi_g & -\sin\varphi_g & 0\\-\sin\varphi_g & \cos\varphi_g & 0\\0 & 0 & 1\end{bmatrix}\begin{bmatrix}F_g^n\\F_g^\tau\\M_g\end{bmatrix} \tag{4.36}$$

4.4 双星行星轴承系统动力学模型

图 4.4 为模拟行星轮系振动信号的动力学模型，该行星轮系由一个太阳轮、一个齿圈(r)、一个机架(c)、n 个内行星轮(a)、n 个外行星轮(b)、n 个保持架(g)及若干滚子(e)组成，本节取 $n=4$。每个组件均有 3 个自由度：x 方向的平动、y 方向的平动及旋转自由度。齿轮啮合类比为一个弹簧-阻尼系统。图中，存在两个坐标系，以 O 为原点的固定坐标系以及以 O' 为原点的随机架转动的随动坐标系，太阳轮、行星架和齿圈的平动以固定坐标系为参考，行星轮、保持架和滚子的平动以随动坐标系为参考。Ψ_n 为行星轮相对于第一个行星轮的位置角。

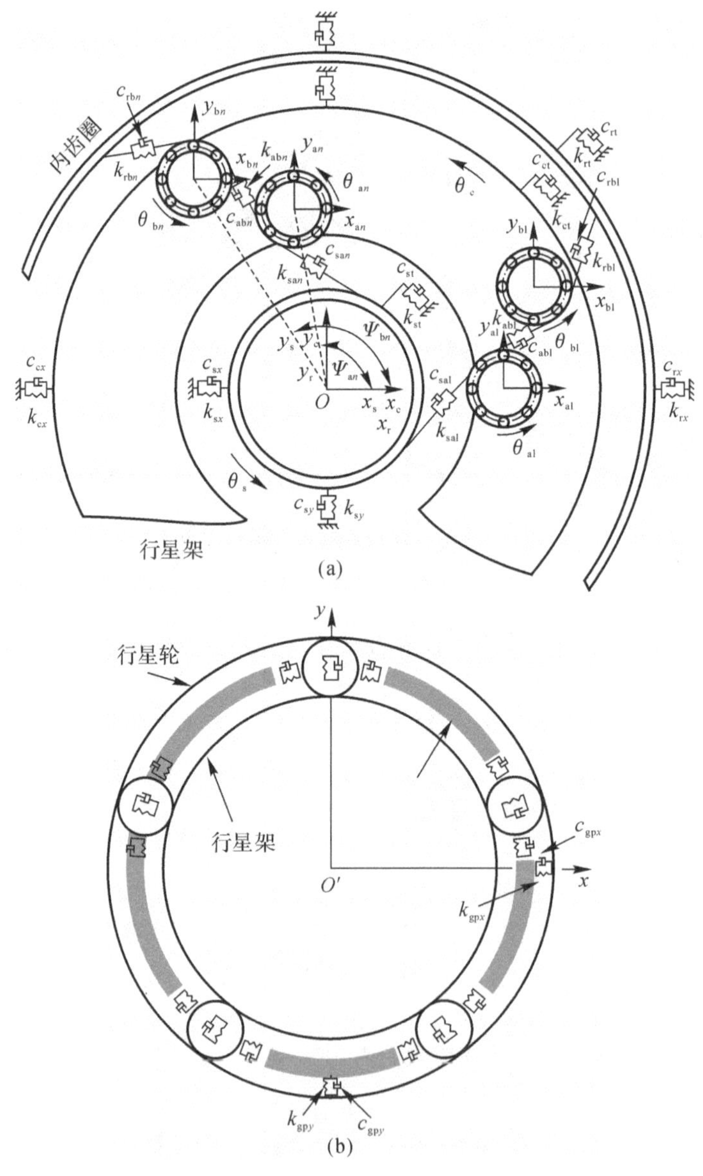

图 4.4　双星行星轮系统动力学模型

4.4.1　太阳轮与第 n 个行星轮啮合时沿作用线方向的相对位移

齿轮的啮合相对位置如图 4.5 所示，将太阳轮指向行星轮的啮合作用线方向设置为作用线的正方向，分别将太阳轮与行星轮的水平、竖直与扭转方向的线位移向作用线方向上投影。太阳轮质心在水平和竖直方向的位移 x_s、y_s 在啮合线方向上的投影分别为 $x_s\cos\Psi_{sn}$、$y_s\sin\Psi_{sn}$，其中：

$$\Psi_{sn}=\frac{\pi}{2}-\alpha+\Psi_n \tag{4.37}$$

太阳轮扭转方向的位移在啮合线上的投影为 $(\theta_s-\theta_c)r_s$，r_s 为太阳轮基圆半径。

内行星轮质心在水平和竖直方向的位移 x_a、y_a 在啮合线方向上的投影分别为 $x_a\cos\Psi_{sn}$、$y_a\sin\Psi_{sn}$，内行星轮在扭转方向的位移在啮合线上的投影为 $-(\theta_{an}-\theta_c)r_a$，$r_a$ 为内行星轮基圆半径。

因此，太阳轮相对于第 n 个内行星轮啮合时沿作用线上的啮合变形可表示为

$$\delta_{san}=(x_s-x_{an})\cos\Psi_{sn}+(y_s-y_{an})\sin\Psi_{sn}+r_s\theta_s+r_{an}\theta_{an}-r_{ac}\theta_c\cos\alpha \tag{4.38}$$

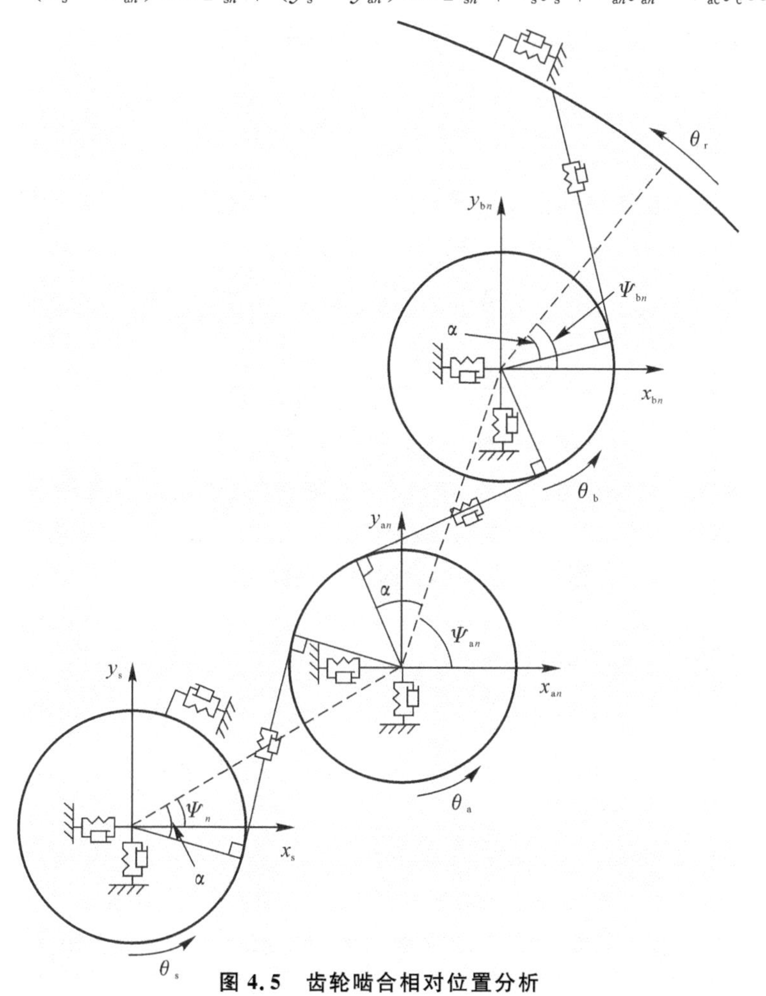

图 4.5　齿轮啮合相对位置分析

4.4.2 第 n 个内行星轮和第 n 个外行星轮啮合时沿作用线方向的相对位移

将内行星轮啮合指向外行星轮的啮合作用线方向设置为作用线的正方向，内行星轮质心在水平和竖直方向的位移 x_a、y_a 在啮合线方向上的投影分别为 $x_a\cos\Psi_{abn}$、$y_a\sin\Psi_{abn}$，其中：

$$\Psi_{abn}=-\frac{\pi}{2}+\alpha+\Psi_{an} \tag{4.39}$$

$$\Psi_{an}=\arccos\frac{(Z_r-Z_b)\cos\Psi_{bn}-(Z_s+Z_a)\cos\Psi_n}{Z_a+Z_b} \tag{4.40}$$

内行星轮扭转方向的位移在啮合线上的投影为 $-\theta_{an}r_a$。

外行星轮质心在水平和竖直方向的位移 x_b、y_b 在啮合线方向上的投影分别为 $x_b\cos\Psi_{abn}$、$y_b\sin\Psi_{abn}$，外行星轮在扭转方向的位移在啮合线上的投影为 $\theta_{bn}r_b$，r_b 为外行星轮基圆半径。

因此，第 n 个内行星轮相对于第 n 个外行星轮啮合时沿作用线上的啮合变形可表示为

$$\delta_{abn}=(x_{an}-x_{bn})\cos\Psi_{abn}+(y_{an}-y_{bn})\sin\Psi_{abn}-r_a\theta_{an}-r_b\theta_{bn} \tag{4.41}$$

4.4.3 第 n 个外行星轮和内齿圈啮合时沿作用线方向的相对位移

将外行星轮指向齿圈的啮合作用线方向设置为作用线的正方向，外行星轮质心在水平和竖直方向的位移 x_b、y_b 在啮合线方向上的投影分别为 $-x_b\cos\psi_{rn}$、$y_b\sin\psi_{rn}$，其中：

$$\Psi_{rn}=\frac{\pi}{2}-\alpha+\Psi_{bn} \tag{4.42}$$

$$\Psi_{bn}=\arccos\frac{(Z_s+Z_a)^2+(Z_r-Z_b)^2-(Z_a+Z_b)^2}{2(Z_s+Z_a)(Z_r-Z_b)}+\Psi_n \tag{4.43}$$

外行星轮扭转方向的位移在啮合线上的投影为 $\theta_{bn}r_b+\theta_c r_a$。

齿圈质心在水平和竖直方向的位移 x_r、y_r 在啮合线方向上的投影分别为 $-x_r\cos\Psi_{rn}$、$y_r\sin\Psi_{rn}$，齿圈在扭转方向的位移在啮合线上的投影为 $(\theta_{rn}-\theta_c)r_r$，$r_r$ 为齿圈基圆半径。

因此，第 n 个外行星轮相对于齿圈啮合时沿作用线上的啮合变形可表示为

$$\delta_{rbn}=(x_r-x_{bn})\cos\Psi_{rn}+(y_{bn}-y_r)\sin\Psi_{rn}+r_b\theta_{bn}-r_r\theta_{rn}+r_a\theta_c+r_r\theta_c \tag{4.44}$$

太阳轮的动力学方程[134]为

$$m_s\ddot{x}_s+c_{sx}\dot{x}_s+k_{sx}x_s+\sum F_{san}\cos\Psi_{sn}=m_s x_s\Omega^2+2m_s\dot{y}_s\Omega+m_s y_s\dot{\Omega} \tag{4.45}$$

$$m_s\ddot{y}_s+c_{sy}\dot{y}_s+k_{sy}y_s+\sum F_{san}\sin\Psi_{sn}=m_s y_s\Omega^2-2m_s\dot{x}_s\Omega-m_s x_s\dot{\Omega} \tag{4.46}$$

$$\frac{J_s}{r_s}\ddot{\theta}_s+\sum F_{san}=\frac{T_i}{r_s} \tag{4.47}$$

式中：r_s 为太阳轮的基圆半径；m_s 为太阳轮质量；k_{sx} 和 c_{sx} 为太阳轮 x 方向的支承刚度和支承阻尼；k_{sy} 和 c_{sy} 为太阳轮 y 方向的支承刚度和支承阻尼；J_s 为太阳轮的转动惯量；T_i 为行星轮系的输出转矩；x_s、y_s 和 θ_s 为太阳轮沿固定坐标系 x、y 方向的振动位移及转动角

度；F_{san} 为太阳轮和第 n 个内行星轮之间的啮合力，其表达式为

$$F_{san}=k_{san}\delta_{san}+c_{san}\dot{\delta}_{san} \tag{4.48}$$

式中：k_{san} 和 c_{san} 为太阳轮与第 n 个内行星轮之间的啮合刚度和啮合阻尼。

齿圈的动力学方程为

$$m_r\ddot{x}_r+c_{rx}\dot{x}_r+k_{rx}x_r+\sum F_{rbn}\cos\Psi_{rn}=m_rx_r\Omega^2+2m_r\dot{y}_r\Omega+m_ry_r\dot{\Omega} \tag{4.49}$$

$$m_r\ddot{y}_r+c_{ry}\dot{y}_r+k_{ry}y_r-\sum F_{rbn}\sin\Psi_{rn}=m_ry_r\Omega^2-2m_r\dot{x}_r\Omega-m_rx_r\dot{\Omega} \tag{4.50}$$

$$\frac{J_r}{r_r}\ddot{\theta}_r+\frac{c_{rt}}{r_r}\dot{\theta}_r+\frac{k_{rt}}{r_r}\theta_r-\sum F_{rbn}=0 \tag{4.51}$$

式中：r_r 为齿圈的基圆半径；m_r 为齿圈质量；k_{rx} 和 c_{rx} 为齿圈 x 方向的支承刚度和支承阻尼；k_{ry} 和 c_{ry} 为齿圈 y 方向的支承刚度和支承阻尼；J_r 为齿圈的转动惯量；x_r、y_r 和 θ_r 为太阳轮沿固定坐标系 x、y 方向的振动位移以及转动角度；F_{rbn} 为齿圈和第 n 个行星轮之间的啮合力，其表达式为

$$F_{rbn}=k_{rbn}\delta_{rbn}+c_{rbn}\dot{\delta}_{rbn} \tag{4.52}$$

式中：k_{rbn} 和 c_{rbn} 为齿圈与第 n 个外行星轮之间的啮合刚度和啮合阻尼。

内行星轮的动力学方程为

$$\begin{aligned} m_{an}\ddot{x}_{an}=&m_{an}x_{an}\Omega^2+2m_{an}\dot{y}_{an}\Omega+m_{an}y_{an}\dot{\Omega}+m_{an}r_c\Omega^2\cos\Psi_{an}+F_{ax}^{o}+F_{adx}^{o}-\\ &F_{agx}^{o}+F_{san}\cos\Psi_{sn}-F_{abn}\cos\Psi_{abn} \end{aligned} \tag{4.53}$$

$$\begin{aligned} m_{an}\ddot{y}_{an}=&m_{an}y_{an}\Omega^2-2m_{an}\dot{x}_{an}\Omega-m_{an}x_{an}\dot{\Omega}+m_{an}r_c\Omega^2\sin\Psi_n+F_y^{o}+F_{dy}^{o}-\\ &F_{agy}^{o}+F_{san}\sin\Psi_{sn}-F_{abn}\sin\Psi_{abn} \end{aligned} \tag{4.54}$$

$$\frac{J_{an}}{r_a}\ddot{\theta}_{an}+F_{san}-F_{abn}+\frac{M_{cage}}{r_a}+\frac{\sum f_{oj}\dfrac{d_m}{2}}{r_a}=0 \tag{4.55}$$

式中：r_{an} 为第 n 个内行星轮的基圆半径；m_{an} 为第 n 个内行星轮质量；J_{an} 为第 n 个内行星轮的转动惯量；x_{an}、y_{an} 和 θ_{an} 为第 n 个内行星轮沿随动坐标系 x、y 方向的振动位移以及转动角度；d_m 为行星轴承节圆半径；F_{abn} 为内、外行星轮之间的啮合力；F_{ax}^{o} 和 F_{ay}^{o} 为内行星轴承滚子对内行星轮的接触力和摩擦力沿 x 和 y 方向的合力；F_{adx}^{o} 和 F_{ady}^{o} 为内行星轴承滚子和内行星轮沿 x 和 y 方向的阻尼力；F_{agx}^{o} 和 F_{agy}^{o} 为内行星轴承保持架对内行星轮的碰撞力和摩擦力沿 x 和 y 方向的合力，其表达式分别为

$$F_{abn}=k_{abn}\delta_{abn}+c_{abn}\dot{\delta}_{abn} \tag{4.56}$$

$$F_{ax}^{o}=\sum_{j=1}^{Z}\left[Q_{ao}(j)\cos\theta_{aj}+f_{aoj}\sin\theta_{aj}\right] \tag{4.57}$$

$$F_{ay}^{o}=\sum_{j=1}^{Z}\left[Q_{ao}(j)\sin\theta_{aj}+f_{aoj}\cos\theta_{aj}\right] \tag{4.58}$$

$$F_{adx}^{o}=\sum c_o(\dot{x}_{aej}-\dot{x}_a) \tag{4.59}$$

$$F_{ady}^{o}=\sum c_o(\dot{y}_{aej}-\dot{y}_a) \tag{4.60}$$

式中：c_o 为滚子和行星轮之间的阻尼；x_e 和 y_e 为行星轴承滚子在 x 方向和 y 方向的振动位移；ϕ_j 为滚子位置角；下标 a 代表内行星轮。

外行星轮的动力学方程为

$$m_{bn}\ddot{x}_{bn}=m_{bn}x_{bn}\Omega^2+2m_{bn}\dot{y}_{bn}\Omega+m_{bn}y_{bn}\dot{\Omega}+m_{bn}r_c\Omega^2\cos\Psi_{bn}+F^{o}_{bx}+F^{o}_{bdx}-F^{o}_{bgx}+F_{rbn}\cos\Psi_{rn}+F_{abn}\cos\Psi_{abn} \tag{4.61}$$

$$m_{bn}\ddot{y}_{bn}=m_{bn}y_{bn}\Omega^2-2m_{bn}\dot{x}_{bn}\Omega-m_{bn}x_{bn}\dot{\Omega}+m_{bn}r_{bc}\Omega^2\sin\Psi_n+F^{o}_{by}+F^{o}_{bdy}-F^{o}_{bgy}-F_{rbn}\sin\Psi_{rn}+F_{abn}\sin\Psi_{abn} \tag{4.62}$$

$$\frac{J_{rn}}{r_b}\ddot{\theta}_{bn}+F_{rbn}-F_{abn}+M_{cage}+\sum f_{boj}\frac{d_m}{2}=0 \tag{4.63}$$

式中：r_{bn} 为第 n 个外行星轮的基圆半径；m_{bn} 为第 n 个外行星轮质量；J_{bn} 为第 n 个外行星轮的转动惯量；x_{bn}、y_{bn} 和 θ_{bn} 为第 n 个外行星轮沿随动坐标系 x、y 方向的振动位移以及转动角度；d_m 为行星轴承节圆半径；F^{o}_{bx} 和 F^{o}_{by} 为外行星轴承滚子对内行星轮的接触力和摩擦力沿 x 和 y 方向的合力；F^{o}_{bdx} 和 F^{o}_{bdy} 为外行星轴承滚子和内行星轮沿 x 和 y 方向的阻尼力；F^{o}_{bgx} 和 F^{o}_{bgy} 为外行星轴承保持架对外行星轮的碰撞力和摩擦力沿 x 和 y 方向的合力，其表达式分别为

$$F^{o}_{bx}=\sum_{j=1}^{Z}\left[Q_{bo}(j)\cos\theta_{bj}+f_{boj}\sin\theta_{bj}\right] \tag{4.64}$$

$$F^{o}_{by}=\sum_{j=1}^{Z}\left[Q_{bo}(j)\sin\theta_{bj}+f_{boj}\cos\theta_{bj}\right] \tag{4.65}$$

$$F^{o}_{bdx}=\sum c_o(\dot{x}_{bej}-\dot{x}_b) \tag{4.66}$$

$$F^{o}_{bdy}=\sum c_o(\dot{y}_{bej}-\dot{y}_b) \tag{4.67}$$

式中：下标 b 代表外行星轴承。

行星架的动力学方程为

$$m_c\ddot{x}_c=m_cx_c\Omega^2+2m_c\dot{y}_c\Omega+m_cy_c\dot{\Omega}-F^{i}_{ax}-F^{i}_{adx}-F^{i}_{bx}-F^{i}_{bdx}-c_{cx}\dot{x}_c-k_{cx}x_c \tag{4.68}$$

$$m_c\ddot{y}_c=m_cy_c\Omega^2-2m_c\dot{x}_c\Omega-m_cx_c\dot{\Omega}-F^{i}_{ay}-F^{i}_{ady}-F^{i}_{by}-F^{i}_{bdy}-c_{cx}\dot{y}_c-k_{cx}y_c \tag{4.69}$$

$$J_c\ddot{\theta}_c+F^{i}_{ax}\sin\Psi_nr_{ac}+F^{i}_{bx}\sin\Psi_{bn}r_{bc}-F^{i}_{ay}\cos\Psi_{an}r_{ac}-F^{i}_{by}\cos\Psi_{bn}r_{bc}=T_0 \tag{4.70}$$

式中：r_{ac} 和 r_{bc} 分别为内、外行星轮的分布半径；m_c 为行星架质量；J_c 为行星架的转动惯量；x_c、y_c 和 θ_c 为行星架沿固定坐标系 x、y 方向的振动位移以及转动角度；F^{i}_{x} 和 F^{i}_{y} 为行星轴承滚子对行星架的接触力和摩擦力沿 x 和 y 方向的合力；F^{i}_{dx} 和 F^{i}_{dy} 为行星轴承滚子和行星架沿 x 和 y 方向的阻尼力，其表达式分别为

$$F^{i}_{a/bx}=\sum_{j=1}^{Z}\left[Q_{a/bi}(j)\cos\theta_{a/bj}+f_{a/bij}\sin\theta_{a/bj}\right] \tag{4.71}$$

$$F^{i}_{a/by}=\sum_{j=1}^{Z}\left[Q_{a/bi}(j)\sin\theta_{a/bj}+f_{a/bij}\cos\theta_{a/bj}\right] \tag{4.72}$$

$$F^{i}_{a/bdx}=\sum c_i(\dot{x}_c-\dot{x}_{a/bej}) \tag{4.73}$$

$$F^{o}_{a/bdy}=\sum c_i(\dot{y}_c-\dot{y}_{a/bej}) \tag{4.74}$$

式中：c_i 为滚子和行星架之间的阻尼。

行星轴承滚子的动力学方程为

$$m_{e}\ddot{x}_{ej}=-Q_{o}(j)\cos\theta_{j}+Q_{i}(j)\cos\theta_{j}-c_{o}(\dot{x}_{ej}-\dot{x}_{p})+c_{i}(\dot{x}_{c}-\dot{x}_{ej})+ F_{cj}\sin\theta_{j}-f_{cj}\sin\theta_{j}-f_{oj}\sin\theta_{j}+f_{ij}\sin\theta_{j}+F_{c1}\cos\phi_{c}+F_{c2}\cos\theta_{j}+F_{d}\sin\theta_{j} \tag{4.75}$$

$$m_{e}\ddot{y}_{ej}=-Q_{o}(j)\sin\theta_{j}+Q_{i}(j)\sin\theta_{j}-c_{o}(\dot{y}_{ej}-\dot{y}_{p})+c_{i}(\dot{y}_{c}-\dot{y}_{ej})- F_{cj}\cos\theta_{j}+f_{cj}\sin\theta_{j}+f_{oj}\cos\theta_{j}-f_{ij}\cos\theta_{j}+F_{c1}\sin\phi_{c}+F_{c2}\sin\theta_{j}-F_{d}\cos\theta_{j} \tag{4.76}$$

$$I_{e}\ddot{\phi}_{ej}=(F_{f}^{o}+F_{f}^{i}-f_{cj})\frac{D_{w}}{2} \tag{4.77}$$

$$I_{ec}\ddot{\theta}_{ej}=F_{f}^{o}R_{o}-F_{f}^{i}R_{i}-F_{cj}\frac{d_{m}}{2}-F_{d}\frac{d_{m}}{2} \tag{4.78}$$

式中：m_e 为行星轴承滚子质量；I_e 为行星轴承滚子绕自身轴线的转动惯量；I_{ec} 为行星轴承滚子绕行星轴承轴线的转动惯量；x_e、y_e、ϕ_e 和 θ_e 为行星轴承滚子沿随动坐标系 x、y 方向的振动位移以及沿自身轴线的自转角度和沿行星轴承轴线的公转角度；F_{c1} 和 F_{c2} 分别为滚子绕行星轮系轴线的离心力和滚子绕行星轴承轴线的离心力，如图 4.6 所示，其表达式分别为

$$F_{c1}=m_{e}\dot{\theta}_{c}^{2}\overline{OO_{r}} \tag{4.79}$$

$$F_{c2}=m_{e}\dot{\theta}_{ej}^{2}\frac{d_{m}}{2} \tag{4.80}$$

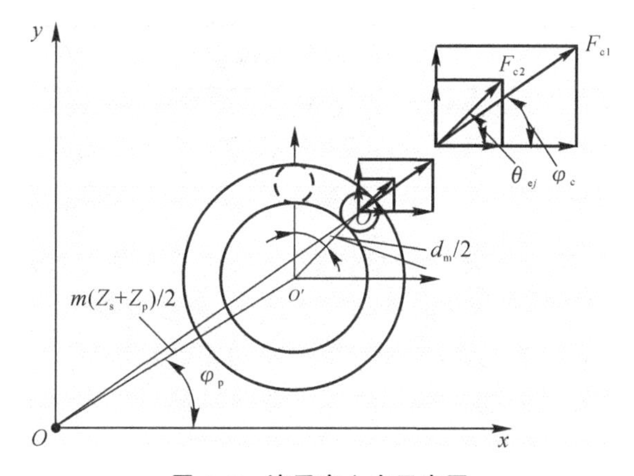

图 4.6　滚子离心力示意图

根据图 4.6 的几何关系可得

$$\overline{OO_{r}}=\sqrt{\left[\frac{d_{m}}{2}\sin\theta_{ej}+\frac{m(Z_{s}+Z_{p})}{2}\sin\varphi_{p}\right]^{2}+\left[\frac{d_{m}}{2}\cos\theta_{ej}+\frac{m(Z_{s}+Z_{p})}{2}\cos\varphi_{p}\right]^{2}} \tag{4.81}$$

$$\varphi_{c}=\arctan\frac{d_{m}\cos\theta_{ej}+m(Z_{s}+Z_{p})\cos\varphi_{p}}{d_{m}\sin\theta_{ej}+m(Z_{s}+Z_{p})\sin\varphi_{p}} \tag{4.82}$$

$$\varphi_{p}=\theta_{c}+\frac{2(n-1)\pi}{n} \tag{4.83}$$

保持架的动力学方程为

$$m_{g}\ddot{x}_{g}=-F_{cj}\sin\theta_{j}-f_{cj}\cos\theta_{j}+F_{cx} \tag{4.84}$$

$$m_g\ddot{y}_g = F_{cj}\cos\theta_j - f_{cj}\sin\theta_j + F_{cy} - G \tag{4.85}$$

$$I_g\ddot{\theta}_g = M_{cage} + F_{cj}\frac{d_m}{2} \tag{4.86}$$

式中：m_g 为保持架质量；I_g 为保持架绕自身轴线的转动惯量；x_g、y_g 和 θ_g 为保持架沿随动坐标系 x、y 方向的振动位移以及沿自身轴线的自转角度；G 为保持架所受重力。

4.5　模型验证

双星行星轮系参数如表 4.2 所示，行星轴承主要参数如表 4.3 所示。

表 4.2　双星行星轮系参数

	太阳轮	齿圈	内行星轮	外行星轮
齿数	34	82	21	22
模数/mm	4	4	4	4
压力角/(°)	25	25	25	25
齿宽/mm	40	40	40	40

表 4.3　行星轴承参数

滚子数	内圈直径/mm	外圈直径/mm	滚子直径/mm	滚子长度/mm	引导面直径/mm
22	38	46	4	28.8	44.96

行星轮系振动测试试验台主要由行星轮系、伺服电机和增速齿轮箱组成。本节模型为浮动齿圈，加速度传感器无法采用传统的安装方式（安装在齿圈上），因此将振动传感器安装到行星架上靠近行星架联轴器位置，实现行星轮系的振动试验测试。由于加速度传感器安装在行星架上靠近行星架联轴器位置处，可以近似看作安装在转动轴线上，故在该试验中行星架的调制效应可以忽略。伺服电机通过控制柜控制转速，行星轮系的振动信号由三向加速度传感器测得，如图 4.7 所示。

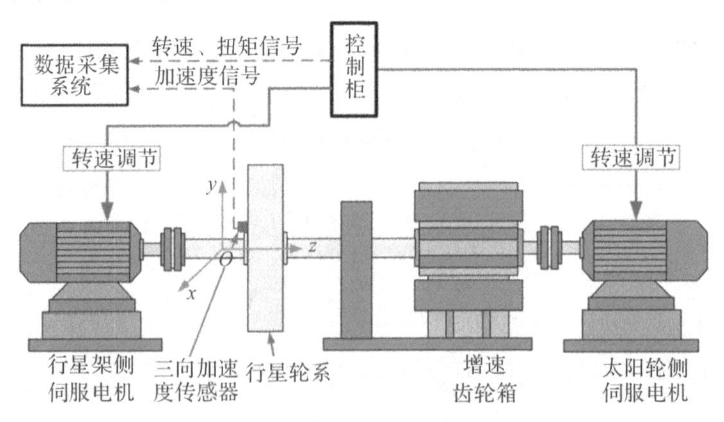

图 4.7　行星轮系振动测试试验台示意图

在本节动力学模型中，行星轮系中竖直方向的加速度包含以下几部分：

(1)太阳轮在竖直方向上的加速度；

(2)内、外行星轮在竖直方向上的加速度；

(3)内、外行星轴承滚子在竖直方向上的加速度；

(4)行星架在竖直方向上的加速度；

(5)浮动齿圈在竖直方向上的加速度。

根据以上论述，可得行星轮系的响应信号 $a_{\mathrm{p}}(t)$ 为

$$a_{\mathrm{p}}(t)=C_{\mathrm{s}}a_{\mathrm{s}}(t)+C_{\mathrm{c}}a_{\mathrm{c}}(t)+C_{\mathrm{r}}a_{\mathrm{r}}(t)+\sum_{i=1}^{Z}\left[C_{\mathrm{a}}a_{\mathrm{a}}(t)+C_{\mathrm{b}}a_{\mathrm{b}}(t)+\sum_{j=1}^{Z}C_{\mathrm{ae}}a_{\mathrm{ae}j}(t)+\sum_{j=1}^{Z}C_{\mathrm{be}}a_{\mathrm{be}j}(t)\right] \tag{4.87}$$

式中：C_{s}、C_{c}、C_{r}、C_{a}、C_{b}、C_{ae} 和 C_{be} 分别为太阳轮、行星架、齿圈、内行星轮、外行星轮、内行星轴承滚子和外行星轴承滚子的振动贡献系数；$a_{\mathrm{s}}(t)$、$a_{\mathrm{c}}(t)$、$a_{\mathrm{r}}(t)$、$a_{a}(t)$、$a_{\mathrm{b}}(t)$、$a_{\mathrm{ae}}(t)$ 和 $a_{\mathrm{be}}(t)$ 分别表示太阳轮、行星架、齿圈、内行星轮、外行星轮、内行星轴承滚子和外行星轴承滚子的加速度响应。

根据试验数据分析可知，行星轴承的特性频率在频谱中不明显，因此行星轴承滚子的振动贡献系数近似认为是 0，整个行星轮系的响应信号 $a_{\mathrm{p}}(t)$ 可表示为

$$a_{\mathrm{p}}(t)=C_{\mathrm{s}}a_{\mathrm{s}}(t)+C_{\mathrm{c}}a_{\mathrm{c}}(t)+C_{\mathrm{r}}a_{\mathrm{r}}(t)+\sum_{i=1}^{Z}\left[C_{\mathrm{a}}a_{\mathrm{a}}(t)+C_{\mathrm{b}}a_{\mathrm{b}}(t)\right] \tag{4.88}$$

为验证提出模型的正确性，对比了行星轮系在太阳轮转速 4 000 r/min、机架转速 400 r/min 时的时域和频域信号。根据式(4.88)，可得行星轮系的仿真响应信号如图 4.8(b)所示。

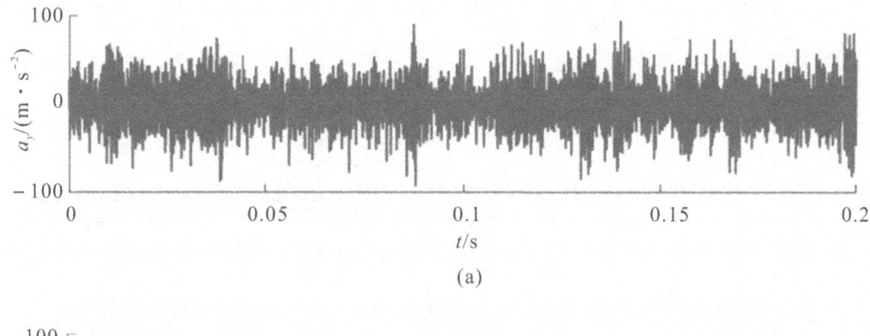

(a)

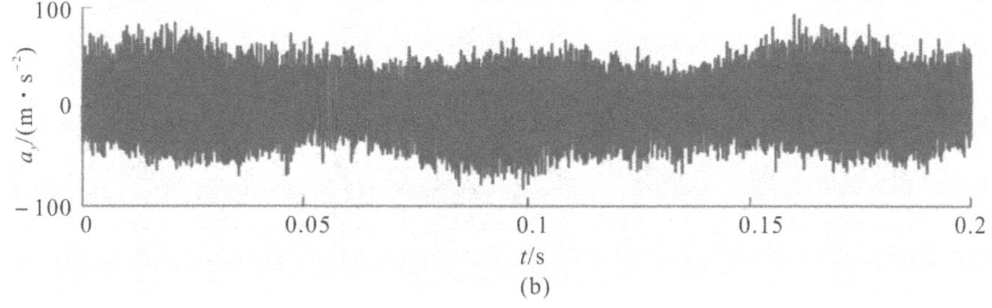

(b)

图 4.8　行星轮系振动信号

(a) 试验信号；(b) 仿真信号

行星轮系的振动信号如图 4.8 所示，图 4.8(a)为行星轮系试验测试所得的振动信号，图 4.8(b)为仿真所得的振动信号。其中：试验测试信号的 RMS 值为 26.311 4 m/s^2，最大值为 94.438 5 m/s^2；仿真所得信号的 RMS 值为 22.485 3 m/s^2，最大值为 93.421 2 m/s^2。其 RMS 值相差 14.54%，最大值相差 1.1%，具有较好的一致性，说明了提出模型的正确性。

仿真结果和试验结果的频谱如图 4.9 和图 4.10 所示。图 4.9 显示，在仿真结果的频谱中，行星架的转频 f_c、太阳轮转频 f_s、内行星轮转频 f_a、外行星轮转频 f_b 和啮合频率 f_m 均能找到。对比图 4.9(a)和图 4.10(a)可以看出：仿真频谱和试验频谱的行星架转频具有较好的一致性；试验频谱在 f_c 处的幅值较小，在行星架转频的 2 倍频 $2f_c$ 处的幅值较大，而仿真频谱在行星架转频 f_c 处较大，这可能是因为试验台行星轮系存在制造误差(偏心)。对比图 4.9(b)和图 4.10(b)可以看出：仿真频谱和试验频谱的啮合频率 f_m 具有较好的一致性，其幅值大小仅相差 7.87%，证明了所提出模型的正确性。试验频谱在 f_m-f_c 和 f_m-f_c 位置有较大的峰值，这可能是由于试验台星轮系存在制造误差(偏心)。对比图 4.9(c)和图 4.10(c)可以看出：仿真频谱和试验频谱的太阳轮转频 f_s、内行星轮转频 f_a 和外行星轮转频 f_b 具有较好的一致性，证明了所提出模型的正确性。

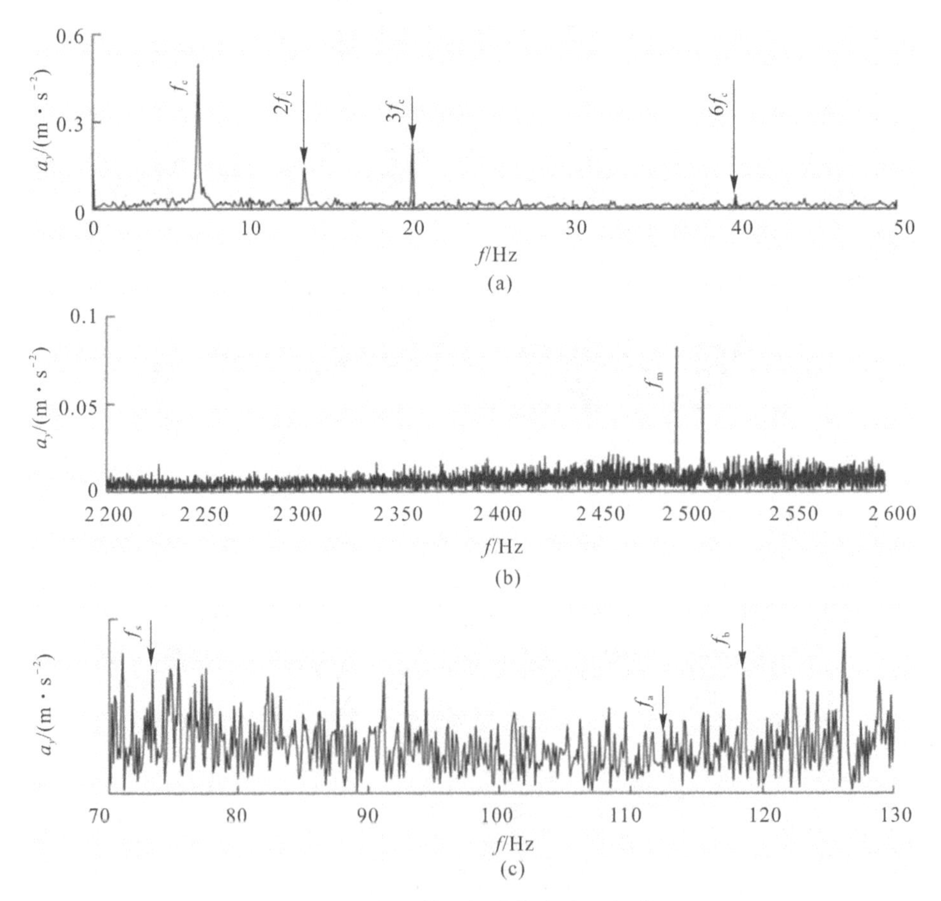

图 4.9 行星轮系振动仿真结果频谱

(a)0～50 Hz；(b)2 200～2 600 Hz；(c)70～130 Hz

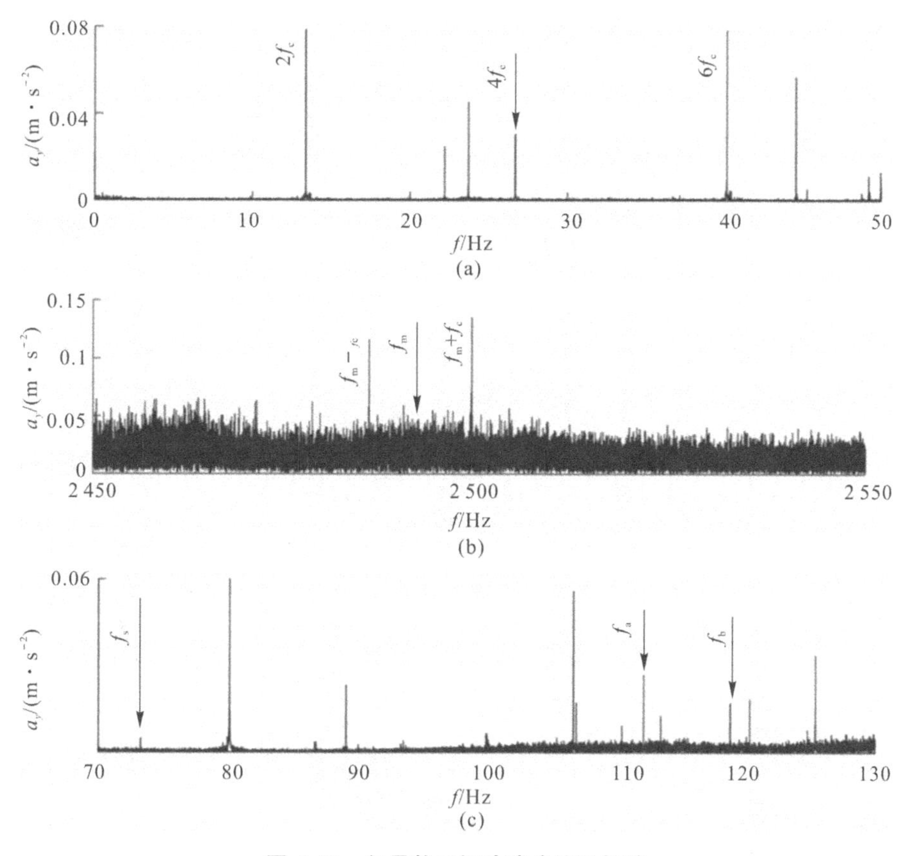

图 4.10　行星轮系振动试验结果频谱

(a)0～50 Hz;(b)2 450～2 550 Hz;(c)70～130 Hz

4.6　双星行星轴承接触和振动特性分析

本节研究双星行星轴承接触和振动特性，本节的结果是在太阳轮转速 4 000 r/min、行星架转速 400 r/min 工况下计算得到的。

4.6.1　双星行星轴承接触状态分析

内外行星轴承接触力如图 4.11 所示，图中 T_c 为一个行星架转动周期，从图中可以看出：内外行星轴承接触力具有明显的周期性，其中：内行星轴承内圈接触力的最大值和 RMS 值分别为 190.132 2 N 和 42.064 7 N；内行星轴承外圈接触力的最大值和 RMS 值分别为 201.3 279 N 和 46.817 7 N；外行星轴承内圈接触力的最大值和 RMS 值分别为 290.356 1 N 和 81.219 6 N；外行星轴承外圈接触力的最大值和 RMS 值分别为 300.423 3 N 和 85.991 7 N。

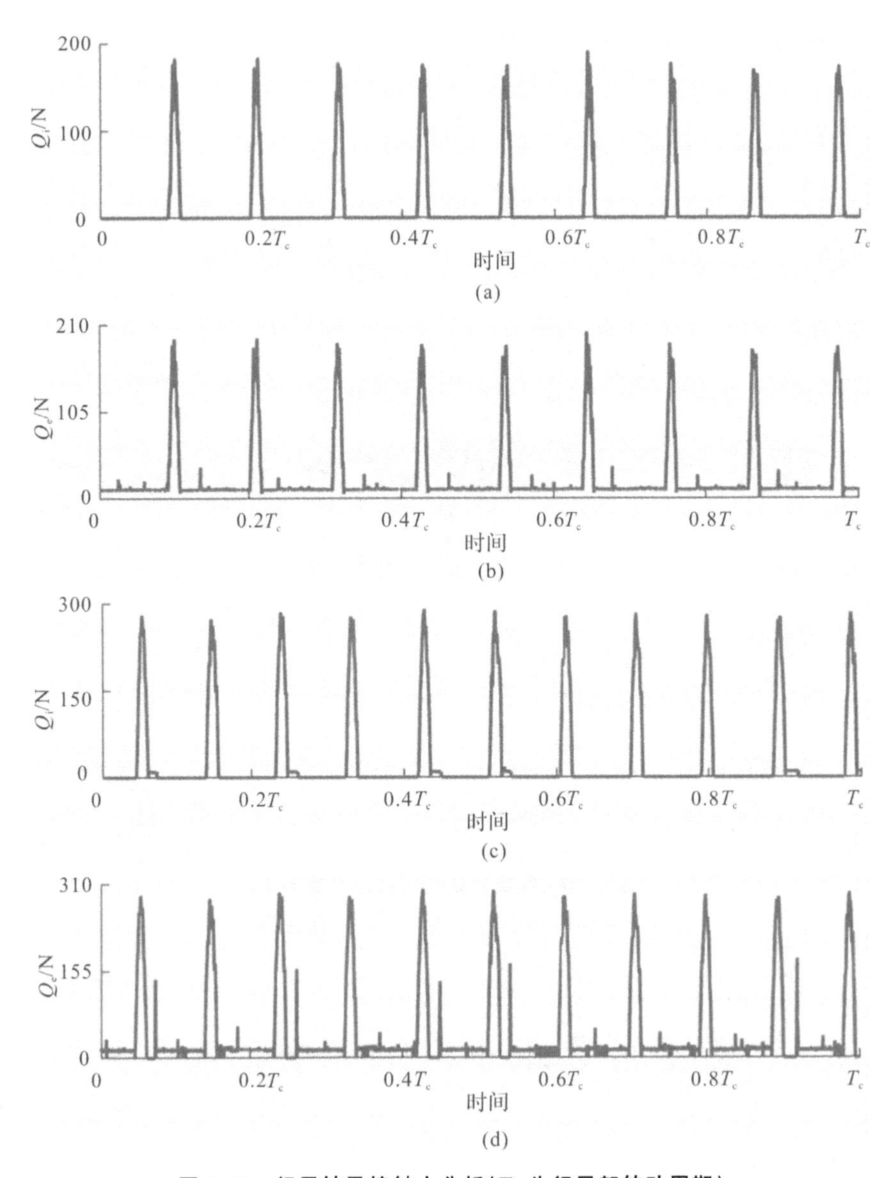

图 4.11 行星轴承接触力分析(T_c 为行星架转动周期)

(a)内行星轴承内圈接触力;(b) 内行星轴承外圈接触力;(c)外行星轴承内圈接触力;(d) 外行星轴承外圈接触力

内外行星轴承滚子-保持架碰撞力如图 4.12 所示,由图可知,内、外行星轴承滚子-保持架碰撞力具有明显的周期性,其中:内行星轴承滚子-保持架碰撞力的最大值和 RMS 值分别为 61.893 7 N 和 1.763 6 N;外行星轴承滚子-保持架碰撞力的最大值和 RMS 值分别−56.895 9 N 和 1.611 4 N。内外行星轴承滚子-滚道相对滑动速度如图 4.13 所示,由图可知,内、外行星轴承滚子-滚道滑动速度具有明显的周期性,其中:内行星轴承滚子-内圈滑动速度的最大值和 RMS 值分别为 0.441 6 m/s 和 0.256 8 m/s;内行星轴承滚子-外圈滑动速度的最大值和 RMS 值分别为−0.186 3 m/s 和 0.022 7 m/s;外行星轴承滚子-内圈滑动速度的最大值和 RMS 值分别为−0.396 5 m/s 和 0.190 2 m/s;外行星轴承滚子-外圈滑动速度的最大值和 RMS 值分别为 0.312 7 m/s 和 0.067 8 m/s。

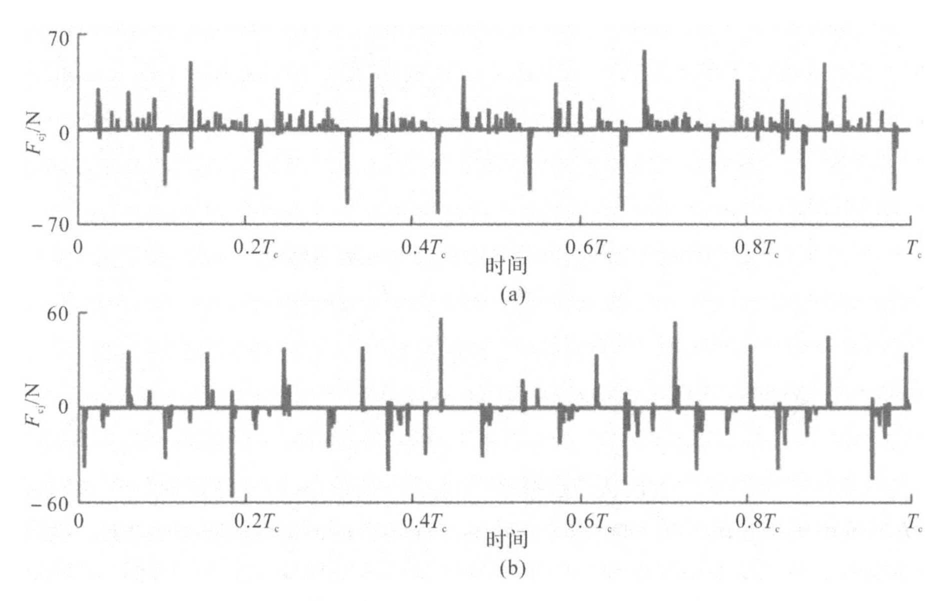

图 4.12　行星轴承滚子-保持架碰撞力(T_c 为行星架转动周期)

(a)内行星轴承滚子-保持架碰撞力；(b) 外行星轴承滚子-保持架碰撞力

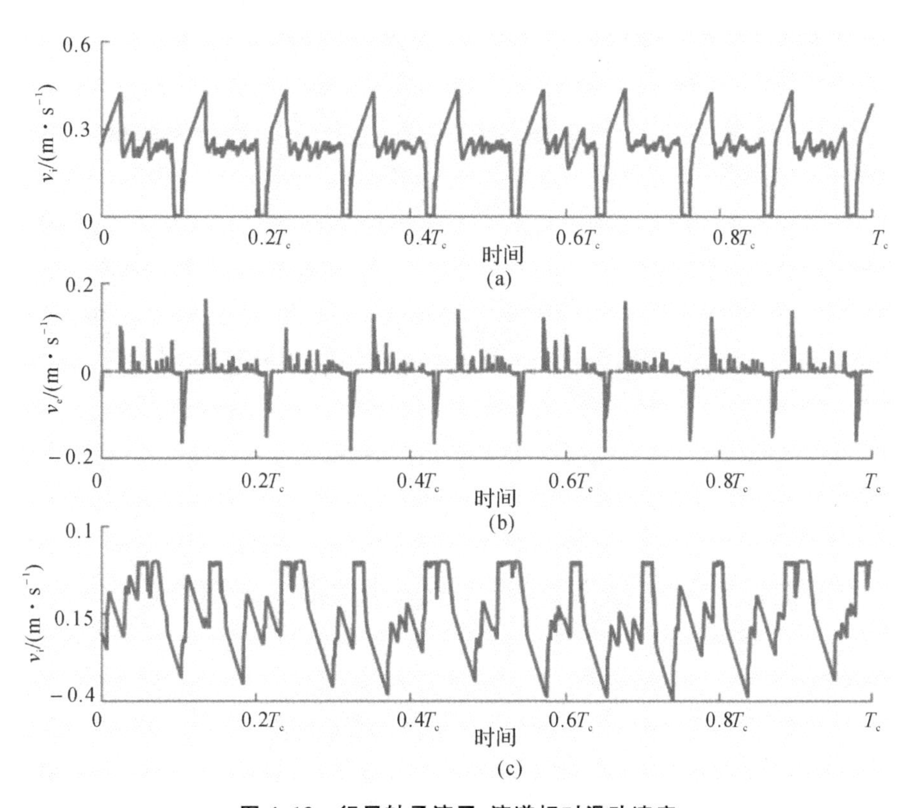

图 4.13　行星轴承滚子-滚道相对滑动速度

(a)内行星轴承滚子-内圈滑动速度；(b) 内行星轴承滚子-外圈滑动速度；(c)内行星轴承滚子-内圈滑动速度

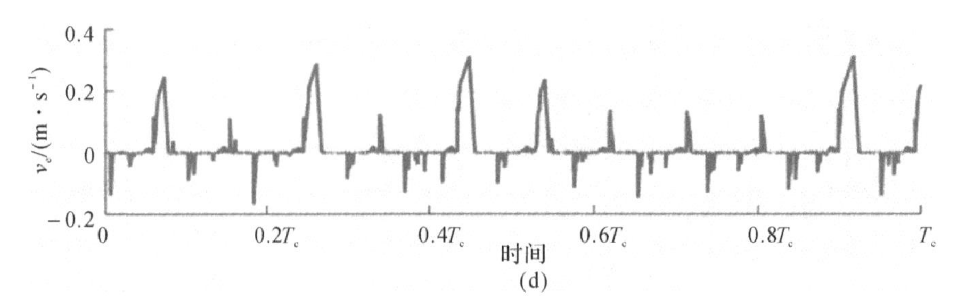

续图 4.13 行星轴承滚子-滚道相对滑动速度

(d) 内行星轴承滚子-外圈滑动速度

4.6.2 双星行星轴承振动特性分析

内、外行星轴承滚子 x、y 方向振动加速度如图 4.14 所示，从图中可以看出内、外行星轴承滚子 x、y 方向振动加速度具有明显的周期性，其中：内行星轴承滚子 x 方向振动加速度最大值和 RMS 值分别为 $1.416\ 3\times10^4\ \mathrm{m/s^2}$ 和 $1.966\ 9\times10^3\ \mathrm{m/s^2}$；内行星轴承滚子 y 方向振动加速度最大值和 RMS 值分别为 $-1.284\ 7\times10^4\ \mathrm{m/s^2}$ 和 $2.047\ 5\times10^3\ \mathrm{m/s^2}$；外行星轴承滚子 x 方向振动加速度最大值和 RMS 值分别为 $-4.488\ 6\times10^4\ \mathrm{m/s^2}$ 和 $4.038\ 7\times10^3\ \mathrm{m/s^2}$；外行星轴承滚子 y 方向振动加速度最大值和 RMS 值分别为 $-5.779\ 5\times10^4\ \mathrm{m/s^2}$ 和 $4.168\ 6\times10^3\ \mathrm{m/s^2}$。

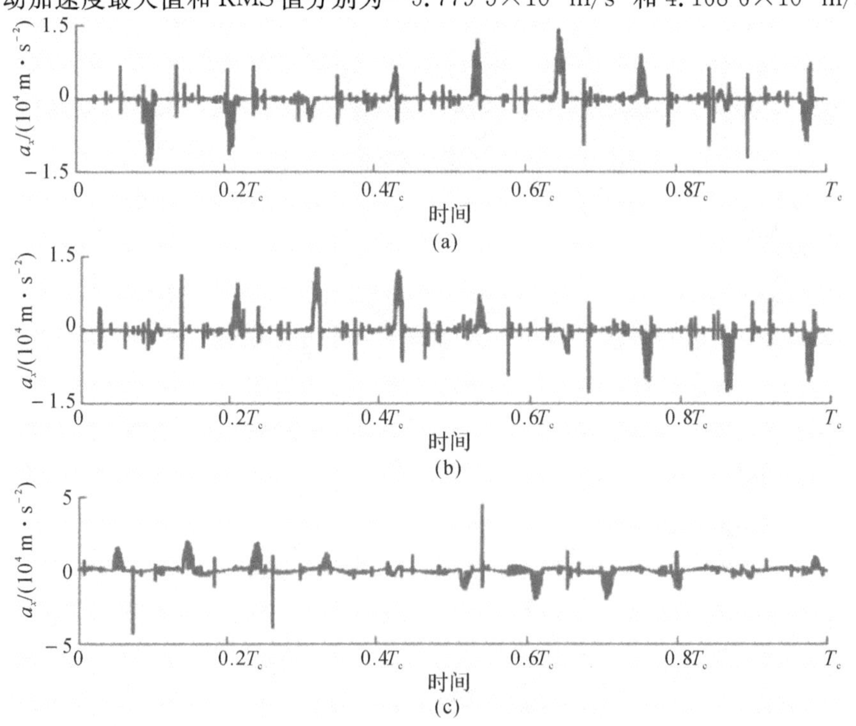

图 4.14 行星轴承滚子振动特性分析

(a)内行星轴承滚子 x 方向加速度；(b) 内行星轴承滚子 y 方向加速度；(c)外行星轴承滚子 x 方向加速度

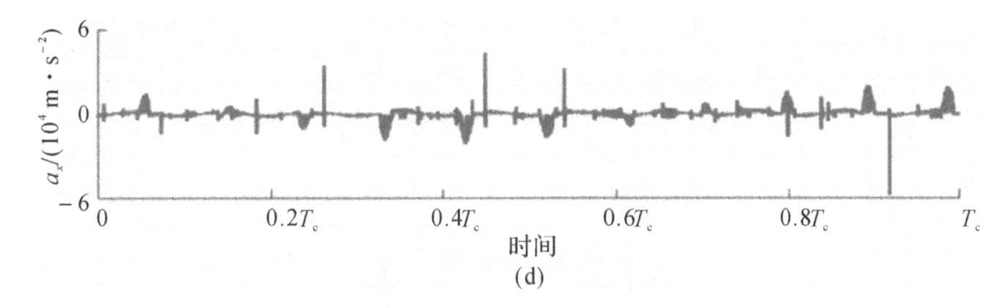

(d)

续图 4.14　行星轴承滚子振动特性分析

(d) 外行星轴承滚子 y 方向加速度

行星架 x、y 方向振动加速度如图 4.15 所示，从图中可以看出行星架 x、y 方向振动加速度具有明显的周期性，其中：行星架 x 方向振动加速最大值和 RMS 值分别为 13.558 6 m/s^2 和 3.926 7 m/s^2；行星架 y 方向振动加速最大值和 RMS 值分别为 14.923 8 m/s^2 和 4.057 m/s^2。

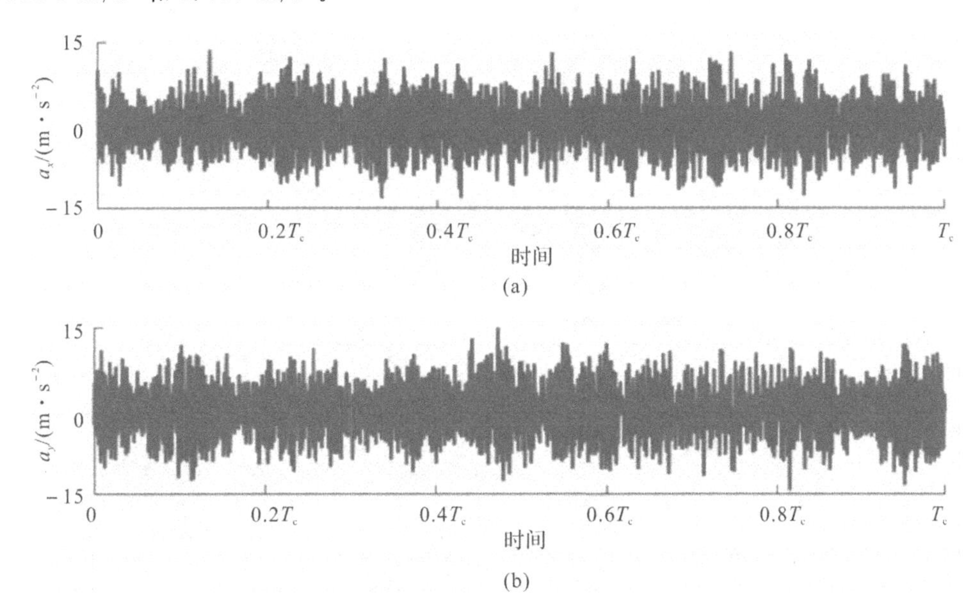

(b)

图 4.15　行星架振动特性分析

(a)行星架 x 方向加速度；(b)行星架 y 方向加速度

内、外行星轮 x、y 方向振动加速度如图 4.16 所示，从图中可以看出内、外行星轮 x、y 方向振动加速度具有明显的周期性，其中：内行星轮 x 方向振动加速度最大值和 RMS 值分别为 97.039 3 m/s^2 和 25.622 9 m/s^2；内行星轮 y 方向振动加速度最大值和 RMS 值分别为 99.232 3 m/s^2 和 25.664 1 m/s^2；外行星轮 x 方向振动加速度最大值和 RMS 值分别为 128.235 6 m/s^2 和 24.734 9 m/s^2；外行星轮 y 方向振动加速度最大值和 RMS 值分别为 −159.692 9 m/s^2 和 26.375 5 m/s^2。

内、外行星轴承保持架 x、y 方向振动加速度如图 4.17 所示，从图中可以看出内、外行星轴承保持架 x、y 方向振动加速度具有明显的周期性，其中：内行星轴承保持架 x 方向振动加速度最大值和 RMS 值分别为 $-2.287\ 7\times10^3$ m/s^2 和 202.648 8 m/s^2；内行星轴承保

持架 y 方向振动加速度最大值和 RMS 值分别为 2.789×10^3 m/s^2 和 206.979 3 m/s^2；外行星轴承保持架 x 方向振动加速度最大值和 RMS 值分别为 2.069×10^3 m/s^2 和 192.847 4 m/s^2；外行星轴承保持架 y 方向振动加速度最大值和 RMS 值分别为 -2.798×10^3 m/s^2 和 196.678 m/s^2。

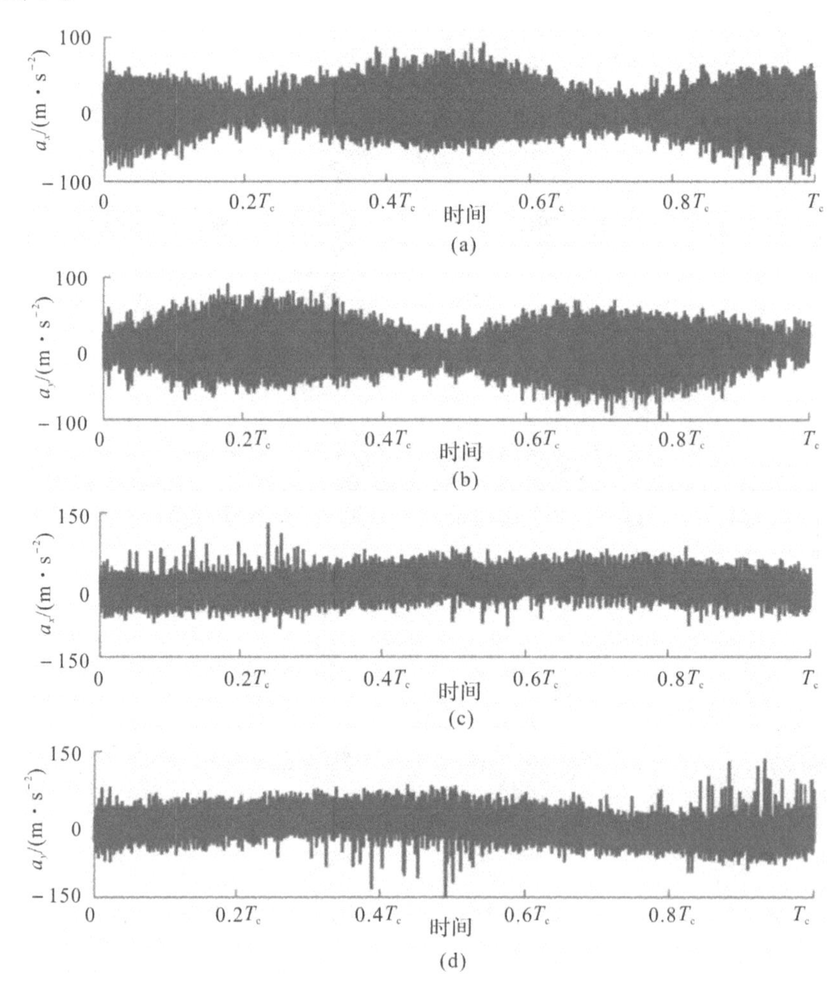

图 4.16 行星轮振动分析

(a)内行星轮 x 方向加速度；(b) 内行星轮 y 方向加速度；(c)外行星轮 x 方向加速度；(d) 外行星轮 y 方向加速度

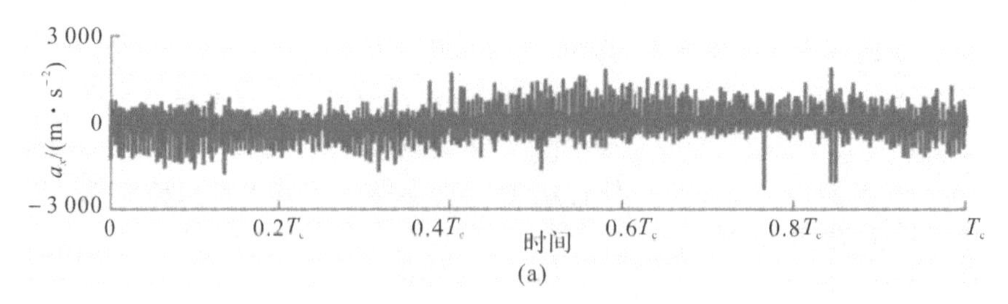

图 4.17 行星轴承保持架振动分析

(a)内行星轴承保持架 x 方向加速度

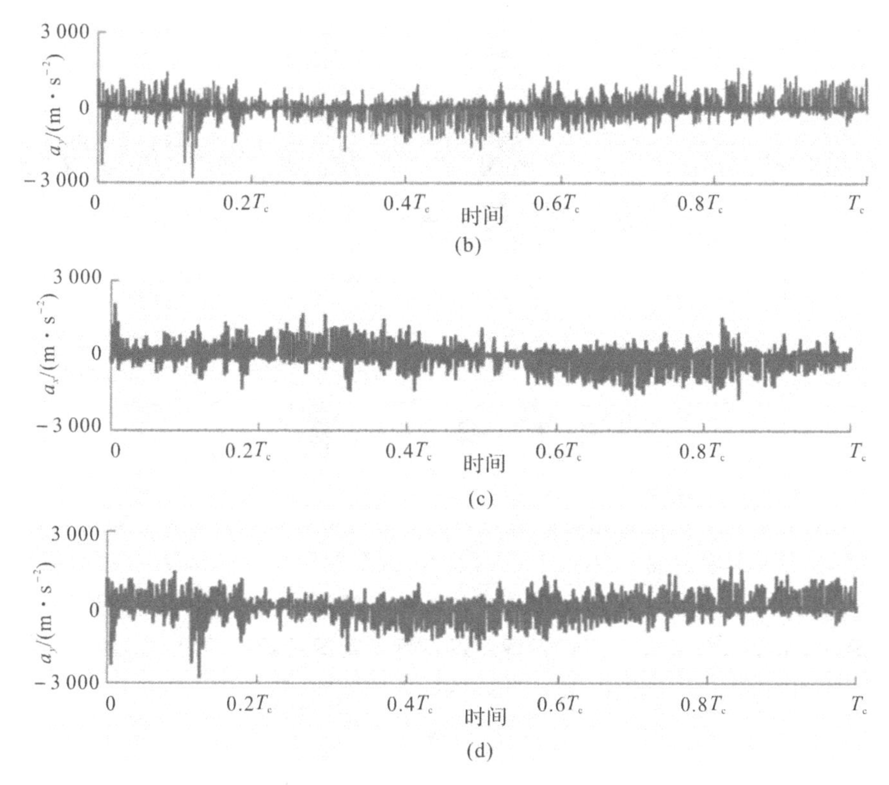

续图 4.17　行星轴承保持架振动分析

(b)内行星轴承保持架 y 方向加速度;(c)外行星轴承保持架 x 方向加速度;(d)外行星轴承保持架 y 方向加速度

4.7　本 章 小 结

针对双星行星轴承系统,本章考虑了齿轮-齿轮、行星轮-行星轴承-机架以及行星轴承滚子-保持架之间的相互作用,建立了双星行星轮系统动力学模型;通过双星行星轮系振动测试试验,对比了试验频谱和计算频谱的特征频率以及时域信号的幅值大小,验证了提出的双星行星轮系统动力学模型的正确性;研究了行星轮系的接触特性以及振动特性。主要结论如下:

(1)通过对比试验频谱和计算频谱的特征频率以及试验时域信号和仿真时域信号,可知双星行星轮系统动力学模型计算得到振动特性和试验测试信号基本一致,验证了所提出模型的正确性。

(2)行星轴承接触力、滚子-保持架碰撞力、滚子-滚道滑动速度、滚子振动加速度、行星架振动加速度、行星轮振动加速度及行星轴承保持架振动加速度均具有明显的周期性。

第5章　行星轴承滚道磨损动力学建模方法

5.1　引　　言

由轴承的工作特点可知，滚道磨损是轴承中最常见的故障之一，滚道磨损会导致轴承产生异常振动，降低机器的性能。相比于定轴轴承，行星轴承空间运动关系和承载更加复杂。在空间运动关系上，行星轴承既存在绕自身轴线的自转运动，也存在绕行星架轴线的公转运动。在承载上，由于齿轮啮合力的时变特性以及行星轮的公转运动，行星轴承的承载力大小和方向是不断变化的。因此，行星轴承滚道磨损更加复杂，如图5.1所示。

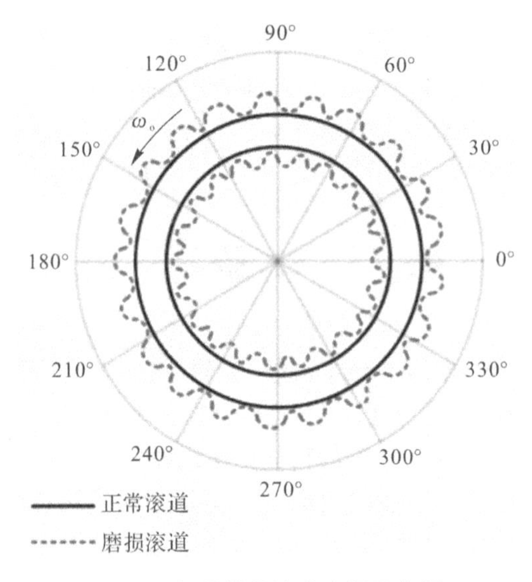

图5.1　行星轴承滚道磨损示意图

针对行星轴承滚道磨损机理建模及其诱发滚道行星轴承位移激励表征问题，基于Archard模型，建立行星轴承滚道时变磨损表征模型，获得滚道磨损产生的位移激励，耦合第4章建立的双星行星轴承系统动力学模型，提出时变磨损激励的双星行星轴承系统动力学模型，分析了磨损后的滚道轮廓及其振动特性，为行星轴承的状态监测和性能退化分析提供理论支撑。

5.2　行星轴承滚道磨损建模

磨损率是磨损计算的一个基本量，根据摩擦学原理可知，磨损率不仅取决于材料本身的性能，还与工况条件有密切关系。在计算宏观磨损时应用最广泛的模型为 Archard 模型，磨损率的表达式[135-137]为

$$w = K\frac{Qu}{H} \tag{5.1}$$

式中：w 为瞬时磨损率；K 为 Archard 磨损系数；Q 为瞬时法向负载；u 为瞬时滑动速度；H 为洛氏硬度。

内、外圈各位置的法向载荷和滑动速度并不是连续的，而是一个分段函数，可以表示为

$$Q_{\mathrm{im}} = \begin{cases} Q_{\mathrm{i}}(\theta_j), & \mathrm{mod}(\theta_j, 2\pi) = \mathrm{mod}\left[\theta_{\mathrm{m}} + 2\pi - \dfrac{2\pi}{Z}(j-1)\right] \\ 0, & \mathrm{mod}(\theta_j, 2\pi) \neq \mathrm{mod}\left[\theta_{\mathrm{m}} + 2\pi - \dfrac{2\pi}{Z}(j-1)\right] \end{cases} \tag{5.2}$$

$$u_{\mathrm{im}} = \begin{cases} u_{\mathrm{i}}(\theta_j), & \mathrm{mod}(\theta_j, 2\pi) = \mathrm{mod}\left[\theta_{\mathrm{m}} + 2\pi - \dfrac{2\pi}{Z}(j-1)\right] \\ 0, & \mathrm{mod}(\theta_j, 2\pi) \neq \mathrm{mod}\left[\theta_{\mathrm{m}} + 2\pi - \dfrac{2\pi}{Z}(j-1)\right] \end{cases} \tag{5.3}$$

$$Q_{\mathrm{om}} = \begin{cases} Q_{\mathrm{o}}(\theta_j), & \mathrm{mod}(\theta_j - \theta_{\mathrm{p}}, 2\pi) = \mathrm{mod}\left[\theta_{\mathrm{m}} + 2\pi - \dfrac{2\pi}{Z}(j-1)\right] \\ 0, & \mathrm{mod}(\theta_j - \theta_{\mathrm{p}}, 2\pi) \neq \mathrm{mod}\left[\theta_{\mathrm{m}} + 2\pi - \dfrac{2\pi}{Z}(j-1)\right] \end{cases} \tag{5.4}$$

$$u_{\mathrm{om}} = \begin{cases} u_{\mathrm{o}}(\theta_j), & \mathrm{mod}(\theta_j - \theta_{\mathrm{p}}, 2\pi) = \mathrm{mod}\left[\theta_{\mathrm{m}} + 2\pi - \dfrac{2\pi}{Z}(j-1)\right] \\ 0, & \mathrm{mod}(\theta_j - \theta_{\mathrm{p}}, 2\pi) \neq \mathrm{mod}\left[\theta_{\mathrm{m}} + 2\pi - \dfrac{2\pi}{Z}(j-1)\right] \end{cases} \tag{5.5}$$

根据式(5.1)可知，内、外圈的磨损率与瞬时法向负载及瞬时滑动速度有关，因此可以通过行星轮转动一个周期内、外圈各位置的法向载荷之和及滑动速度之和确定内、外圈各位置的相对磨损率。

对于行星轴承，轴承的内圈是固定的，外圈旋转。因此，可以认为外圈的磨损是均匀的。

假设在时间 t 到 $t+\mathrm{d}t$ 内轴承滚道的磨损率不变，由此可得轴承滚道在时间 t 到 $t+\mathrm{d}t$ 内的沟道磨损量 $\mathrm{d}W$ 为

$$\mathrm{d}W = \frac{KQ(t)u(t)}{H}\mathrm{d}t \tag{5.6}$$

行星轮系一个周期 T_{c} 总的磨损量为

$$W_{\mathrm{T}} = \int_0^{T_{\mathrm{c}}} \frac{KQ(t)u(t)}{H}\mathrm{d}t \tag{5.7}$$

在 $\mathrm{d}t$ 时间内的滚子相对滑动面积 $\mathrm{d}A$ 可以认为是

$$\mathrm{d}A = 2bl \tag{5.8}$$

从而可得在时间 t 到 $t+\mathrm{d}t$ 时的磨损深度 $\mathrm{d}h$ 为

$$\mathrm{d}h=\frac{KQ(t)u(t)}{2blH}\mathrm{d}t \tag{5.9}$$

因此，行星轮系一个转动周期 T_{c} 总的磨损深度为

$$h_{T_{\mathrm{c}}}=\int_0^{T_{\mathrm{c}}}\frac{KQ(t)u(t)}{2blH}\mathrm{d}t \tag{5.10}$$

由于磨损是离散的，因此行星轮系各位置一个转动周期 T_{c} 的磨损深度可表示为

$$h_{T_{\mathrm{c}}}(\theta)=\sum\frac{KQ(\theta)u(\theta)}{2blH} \tag{5.11}$$

运行时长 T 总的磨损深度可表示为

$$h_T(\theta)=\frac{T}{T_{\mathrm{c}}}h_{T_{\mathrm{c}}}(\theta) \tag{5.12}$$

5.3 滚道磨损激励的行星轮系动力学建模

内、外滚道磨损后轴承游隙增加，因此可以将磨损量考虑为轴承游隙。轴承滚子与内、外圈的接触变形可以表示为

$$\left.\begin{aligned}\delta_{\mathrm{i}j}&=(x_{\mathrm{c}}-x_j)\cos\theta_j+(y_{\mathrm{c}}-y_j)\sin\theta_j-\frac{C_{\mathrm{r}}}{2}-h_{\mathrm{i}}-h_{\mathrm{o}}\\\delta_{\mathrm{o}j}&=(x_j-x_{\mathrm{p}})\cos\theta_j+(y_j-y_{\mathrm{p}})\sin\theta_j\end{aligned}\right\} \tag{5.13}$$

代入双星行星轴承内、外圈的接触力方程中，从而可得轴承滚道磨损激励的双星行星轴承动力学模型。根据式(5.13)可知，磨损深度会影响内、外圈的接触力，而接触力反过来也会影响磨损深度，即

$$\begin{cases}h=f(Q,u)\\Q=f(h)\end{cases}\quad 即\quad h=f[f(h),u] \tag{5.14}$$

根据式(5.14)可知，磨损深度是一个随时间不断变化的量。磨损深度可以通过磨损量来进行衡量，磨损量与瞬时法向速度和滑动速度成正比，因此需分析内、外圈各位置处的接触力以及滑动速度，本节取行星轮系一个转动周期时内外圈各位置的接触力和滑动速度之和来研究内、外圈各位置磨损情况。

5.4 轴承磨损对双星行星轴承接触和振动特性的影响规律

5.4.1 双行星轴承磨损预测

一个行星架旋转周期内、外行星轮滚道磨损深度如图 5.2 和图 5.3 所示。图 5.2 和图 5.3 显示，内行星轴承在磨损初期和磨损后期的磨损速度较大，而外行星轴承磨损速度随着

时间的增加有所增加。对比图 5.2 和图 5.3 可以看出，内行星轮磨损速度要比外行星轮大。不同工作时间的内、外行星轴承滚道轮廓如图 5.4 和图 5.5 所示。图 5.4 和图 5.5 显示，内行星轴承内滚道在工作 100 h 后磨损深度在 11.22 μm 左右，最大磨损深度为 11.59 μm，最小磨损深度为 10.87 μm，最大磨损深度和最小磨损深度之间相差 0.72 μm；工作 300 h 后的磨损深度在 29.39 μm 左右，最大磨损深度为 30.07 μm，最小磨损深度为 28.61 μm，最大磨损深度和最小磨损深度之间相差 1.46 μm；工作 500 h 后的磨损深度在 48.12 μm 左右，最大磨损深度为 49.12 μm，最小磨损深度为 46.76 μm，最大磨损深度和最小磨损深度之间相差 2.36 μm。内行星轴承外滚道在工作 100 h 后磨损深度在 11.65 μm 左右，最大磨损深度为 11.96 μm，最小磨损深度为 11.29 μm，最大磨损深度和最小磨损深度之间相差 0.67 μm；工作 300 h 后的磨损深度在 30.12 μm 左右，最大磨损深度为 30.54 μm，最小磨损深度为 29.5 μm，最大磨损深度和最小磨损深度之间相差 1.04 μm；工作 500 h 后的磨损深度在 49.5 μm 左右，最大磨损深度为 50.15 μm，最小磨损深度为 48.43 μm，最大磨损深度和最小磨损深度之间相差 1.72 μm。外行星轴承内滚道在工作 100 h 后磨损深度在 7.1 μm 左右，最大磨损深度为 7.215 μm，最小磨损深度为 6.814 μm，最大磨损深度和最小磨损深度之间相差 0.401 μm；工作 300 h 后的磨损深度在 19 μm 左右，最大磨损深度为 19.29 μm，最小磨损深度为 18.49 μm，最大磨损深度和最小磨损深度之间相差 0.80 μm；工作 500 h 后的磨损深度在 30.62 μm 左右，最大磨损深度为 31.21 μm，最小磨损深度为 29.93 μm，最大磨损深度和最小磨损深度之间相差 1.28 μm。外行星轴承外滚道在工作 100 h 后磨损深度在 8.34 μm 左右，最大磨损深度为 8.517 μm，最小磨损深度为 8.127 μm，最大磨损深度和最小磨损深度之间相差 0.390 μm；工作 300 h 后的磨损深度在 22.27 μm 左右，最大磨损深度为 22.61 μm，最小磨损深度为 21.69 μm，最大磨损深度和最小磨损深度之间相差 0.92 μm；工作 500 h 后的磨损深度在 36 μm 左右，最大磨损深度为 36.63 μm，最小磨损深度为 35.15 μm，最大磨损深度和最小磨损深度之间相差 1.48 μm。综上所述，随着工作时间的增加，行星轴承滚道磨损的波动性会显著增加。

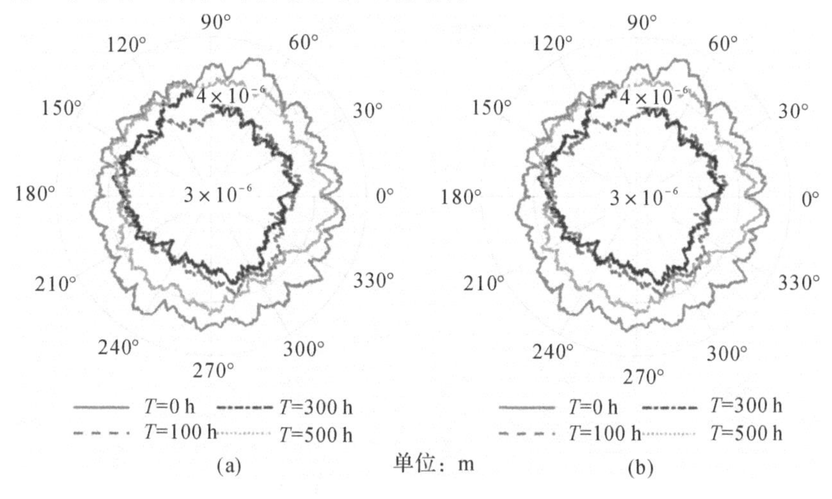

图 5.2　一个行星架旋转周期内行星轴承滚道磨损深度

(a)内滚道；(b)外滚道

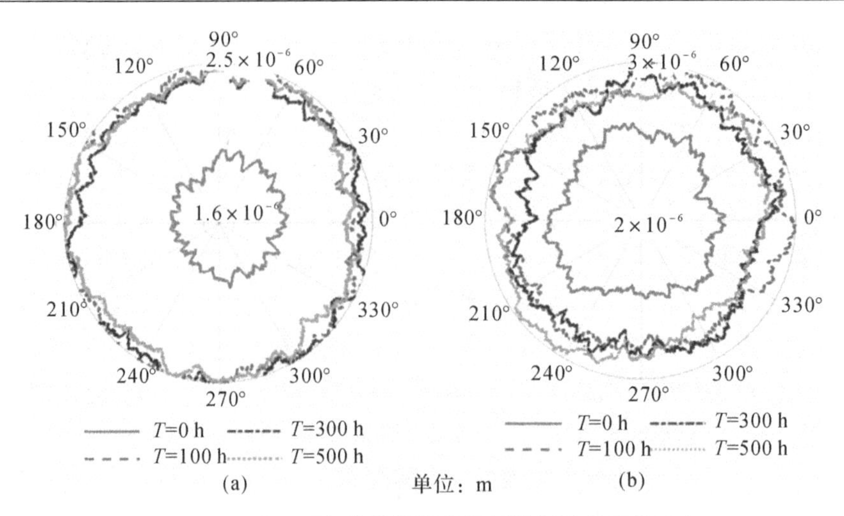

图 5.3　一个行星架旋转周期外行星轴承滚道磨损深度

(a)内滚道;(b)外滚道

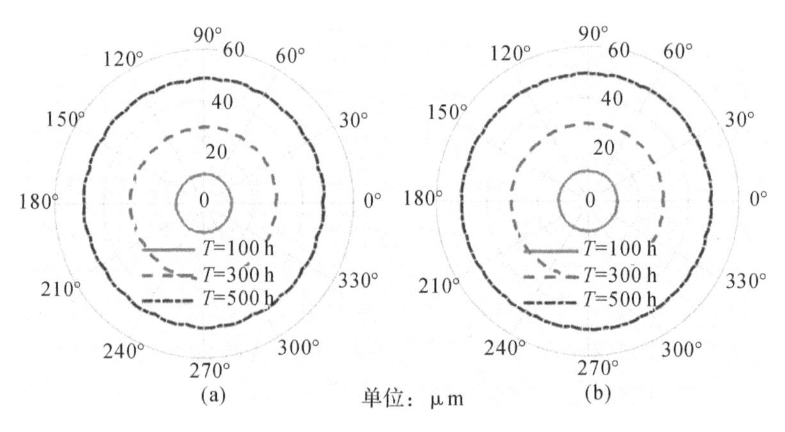

图 5.4　内行星轴承滚道表面轮廓

(a)内圈轮廓;(b)外圈轮廓

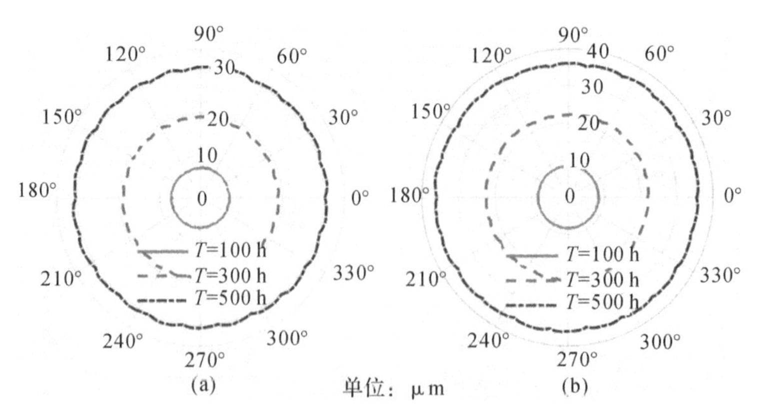

图 5.5　外行星轴承表面轮廓

(a)内圈轮廓;(b)外圈轮廓

5.4.2　行星轴承滚道磨损对行星轴承接触状态的影响

行星轴承滚道磨损对行星轴承接触力的影响如图5.6和图5.7所示。图中显示，随着工作时间的增加，内、外行星轴承接触力峰值均有所增加，且峰值相位会发生变化，这可能是由于磨损深度的增加导致行星轴承游隙增加，打滑加剧。图5.8显示，整体来看，随着工作时间的增加，内、外行星轴承的接触力RMS值均增加，其中在磨损初期的增加量最大。当工作时间由0增加到500 h时，内行星轴承内圈接触力RMS值由42.064 7 N增大到46.276 4 N，内行星轴承外圈接触力RMS值由46.817 7 N增大到49.894 1N；外行星轴承内圈接触力RMS值由81.219 6 N增大到82.174 2 N，外行星轴承外圈接触力RMS值由85.991 7 N增大到86.899 9 N。

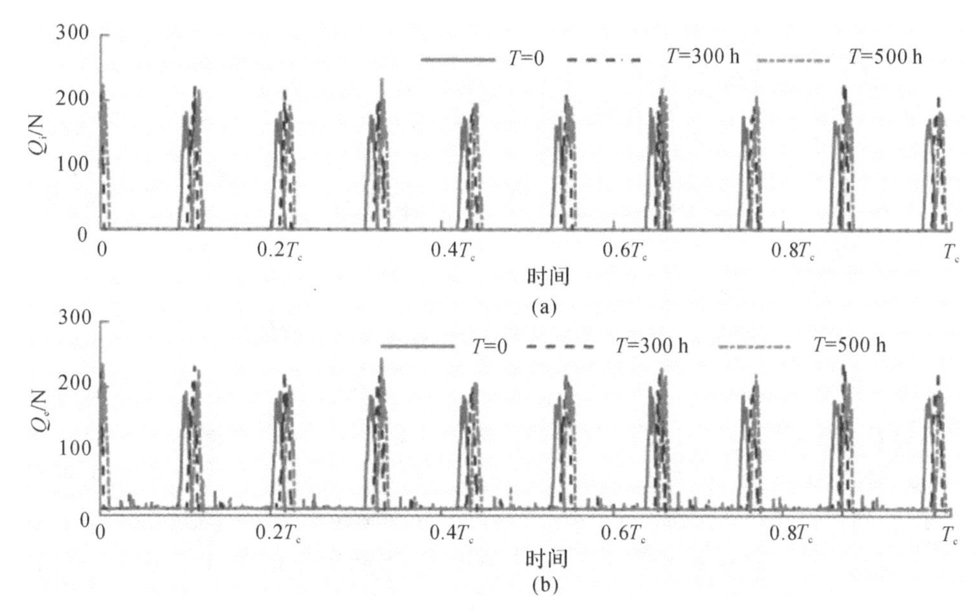

图5.6　行星轴承滚道磨损对内行星轴承接触力的影响

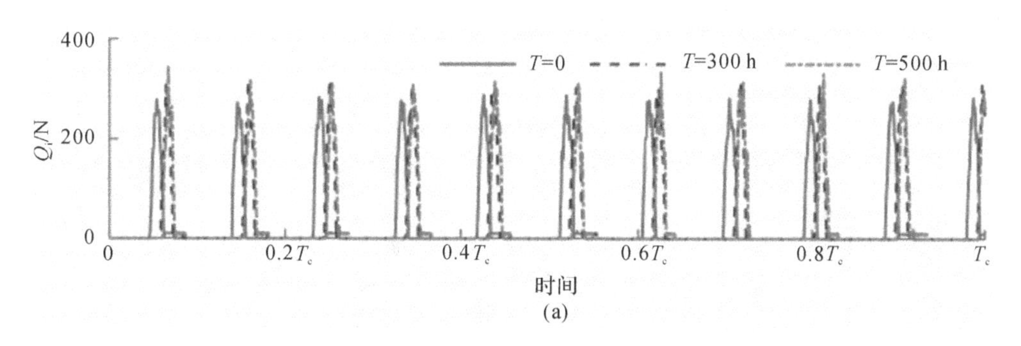

图5.7　行星轴承滚道磨损对外行星轴承接触力的影响

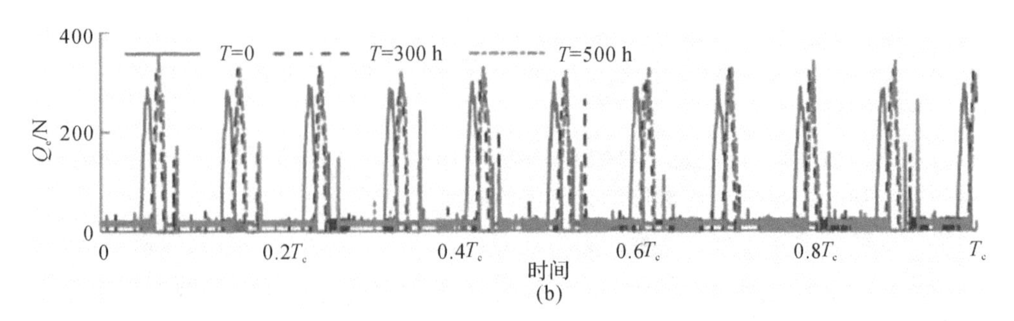

(b)

续图 5.7 行星轴承滚道磨损对外行星轴承接触力的影响

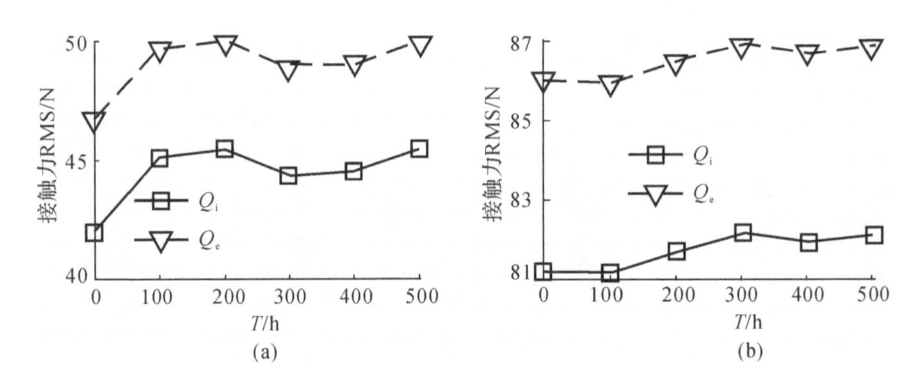

图 5.8 行星轴承滚道磨损对接触力 RMS 值的影响

(a)内行星轴承;(b)外行星轴承

行星轴承滚道磨损对行星轴承滚子-保持架碰撞力的影响如图 5.9 和图 5.10 所示。图中显示,随着工作时间的增加,内、外行星轴承滚子-保持架碰撞力峰值均有所增加,且峰值相位会发生变化,这可能是由于磨损深度的增加导致行星轴承游隙增加,打滑加剧。图 5.11 显示,整体来看,内、外行星轴承滚子-保持架碰撞力 RMS 值随着工作时间的增加而增大,在磨损初期内、外行星轴承滚子-保持架碰撞力 RMS 值增大较快。当工作时间由 0 增加到 500 h 时,内行星轴承滚子-保持架碰撞力 RMS 值由 1.763 6 N 增大到 1.958 N,外行星轴承滚子-保持架碰撞力 RMS 值由 1.611 4 N 增大到 1.738 4 N。

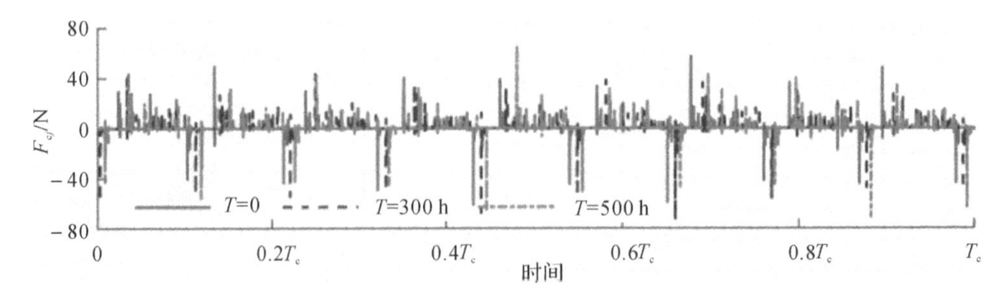

图 5.9 行星轴承滚道磨损对内行星轴承滚子-保持架碰撞力的影响

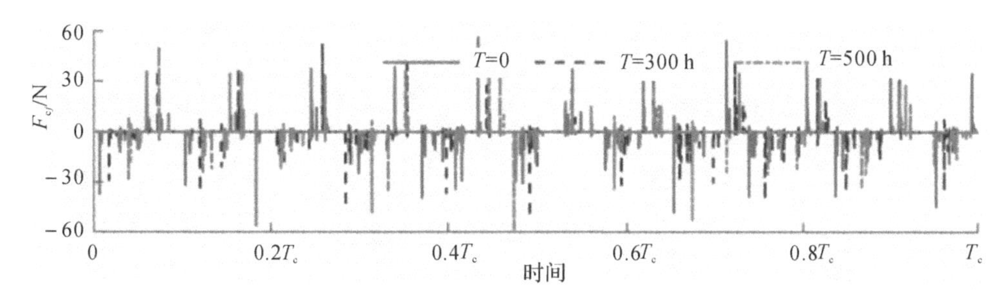

图 5.10 行星轴承滚道磨损对外行星轴承滚子-保持架碰撞力的影响

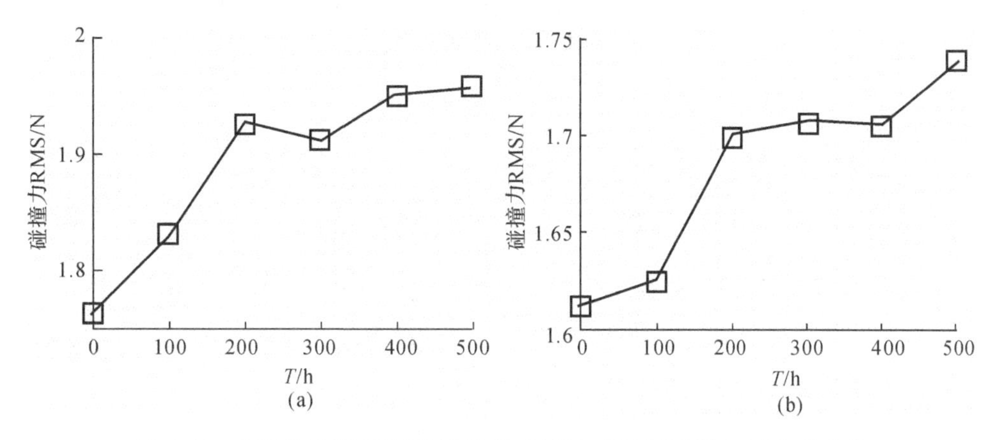

图 5.11 行星轴承滚道磨损对行星轴承滚子-保持架碰撞力 RMS 的影响

(a)内行星轮;(b)外行星轮

行星轴承滚道磨损对行星轴承滚子-滚道滑动速度的影响如图 5.12 和图 5.13 所示,图 5.12 和图 5.13 显示,随着工作时间的增加,内、外行星轴承滚子-滚道滑动速度峰值均有所增加,且峰值相位会发生变化,这可能是由于磨损深度的增加导致行星轴承游隙增加,打滑加剧。图 5.14 显示,整体来看,随着工作时间的增加,内、外行星轴承滚子-滚道滑动速度 RMS 值均增加。当工作时间由 0 增加到 500 h 时,内行星轴承滚子-内圈滑动速度 RMS 值由 0.256 8 m/s 增大到 0.275 5 m/s,内行星轴承滚子-外圈滑动速度 RMS 值由 0.022 7 m/s 增大到 0.025 7 m/s;外行星轴承滚子-内圈滑动速度 RMS 值由 0.190 2 m/s 增大到 0.199 1 m/s,外行星轴承滚子-外圈滑动速度 RMS 值由 0.067 8 m/s 增大到 0.084 6 m/s。

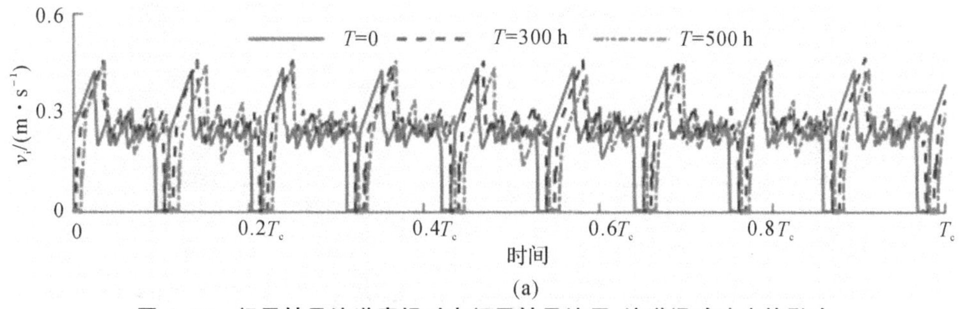

图 5.12 行星轴承滚道磨损对内行星轴承滚子-滚道滑动速度的影响

(a)滚子-内滚道滑动速度;

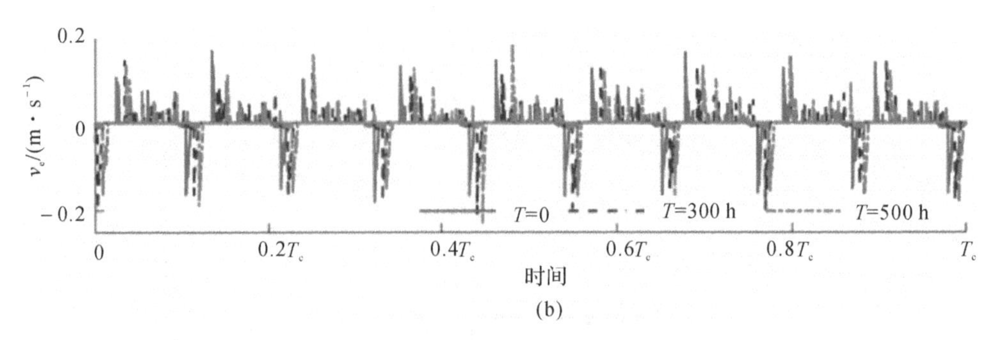

(b)

续图 5.12　行星轴承滚道磨损对内行星轴承滚子-滚道滑动速度的影响

(b)滚子-外滚道滑动速度

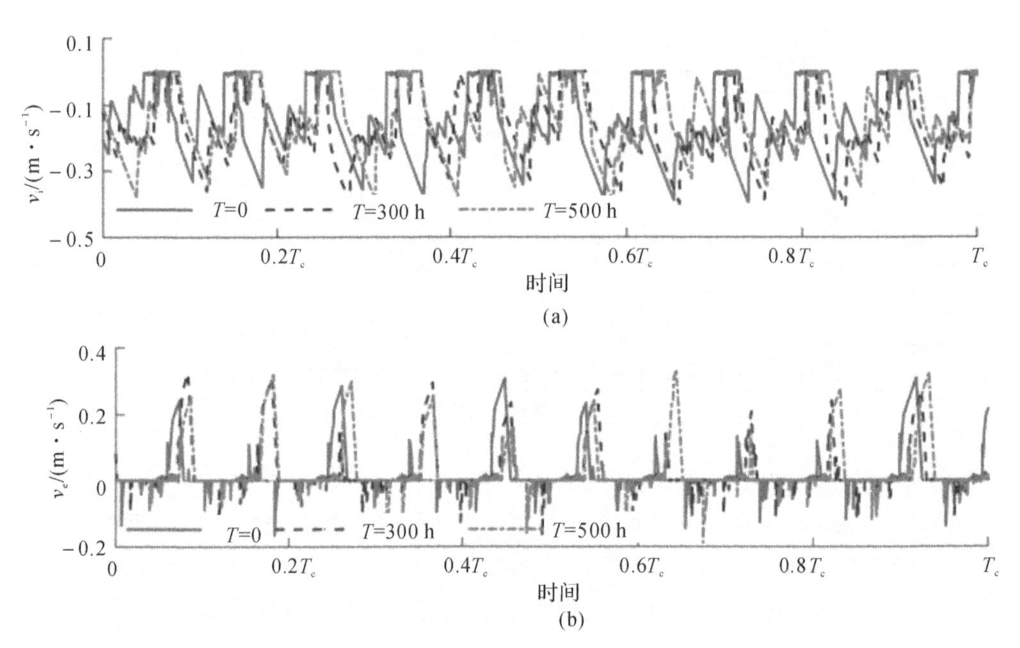

(b)

图 5.13　行星轴承滚道磨损对外行星轴承滚子-滚道滑动速度的影响

(a)滚子-内滚道滑动速度；(b)滚子-外滚道滑动速度

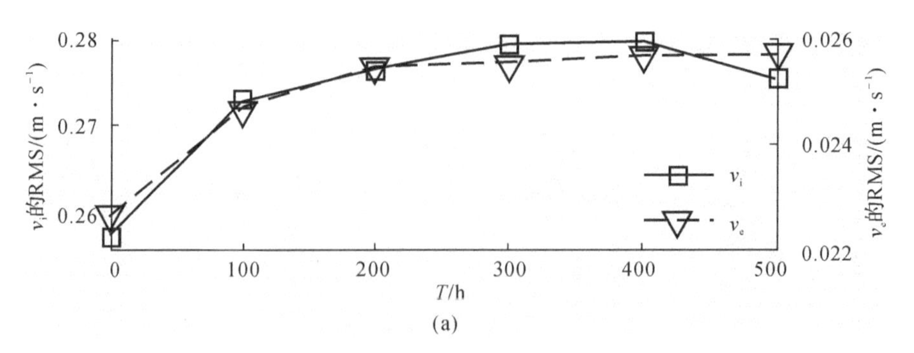

(a)

图 5.14　行星轴承滚道磨损对行星轴承滚子-滚道滑动速度 RMS 值的影响

(a)内行星轮

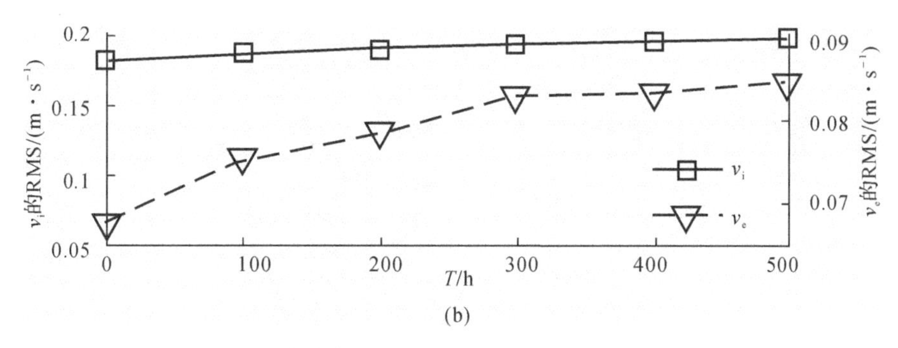

(b)

续图 5.14 行星轴承滚道磨损对行星轴承滚子-滚道滑动速度 RMS 值的影响

(b)外行星轮

5.4.3 行星轴承滚道磨损对行星轴承振动特性的影响

行星轴承滚道磨损对行星轴承滚子 x 和 y 方向振动加速度的影响如图 5.15 和图 5.16 所示。图中显示，整体来看，随着工作时间的增加，滚子 x 和 y 方向振动加速度峰值均有所增加，且峰值相位会发生变化，这可能是由于磨损深度的增加导致行星轴承游隙增加，打滑加剧。图 5.17 显示，整体来看，随着工作时间的增加，内、外行星轴承滚子 x 和 y 方向振动加速度 RMS 值均增加。当工作时间由 0 增加到 500 h 时，内行星轴承滚子 x 方向振动加速度 RMS 值由 1.9669×10^3 m/s^2 增大到 2.2745×10^3 m/s^2，内行星轴承滚子 y 方向振动加速度度 RMS 值由 2.0475×10^3 m/s^2 增大到 2.2647×10^3 m/s^2；外行星轴承滚子 x 方向振动加速度 RMS 值由 4.0387×10^3 m/s^2 增大到 4.3466×10^3 m/s^2，外行星轴承滚子 y 方向振动加速度 RMS 值由 4.1686×10^3 m/s^2 增大到 4.3857×10^3 m/s^2。

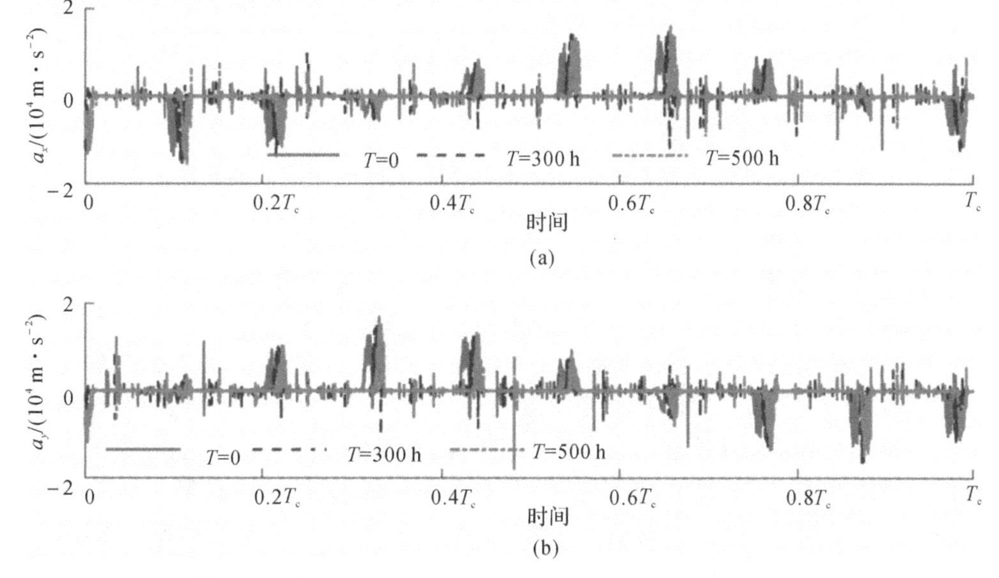

图 5.15 行星轴承滚道磨损对内行星轴承滚子振动加速度的影响

(a)x 方向振动加速度；(b)y 方向振动加速度

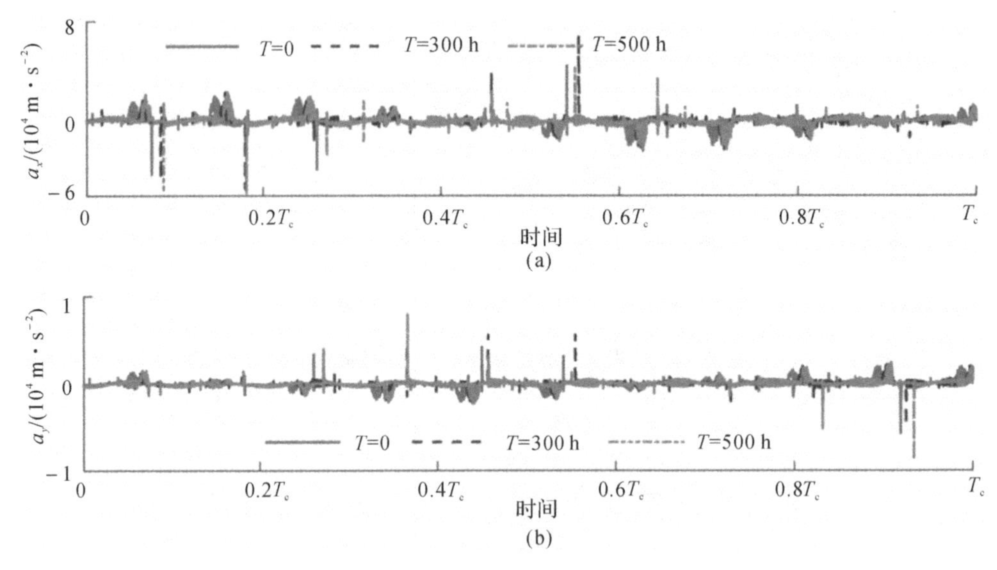

图 5.16　行星轴承滚道磨损对外行星轴承滚子振动加速度的影响

(a)x 方向振动加速度；(b)y 方向振动加速度

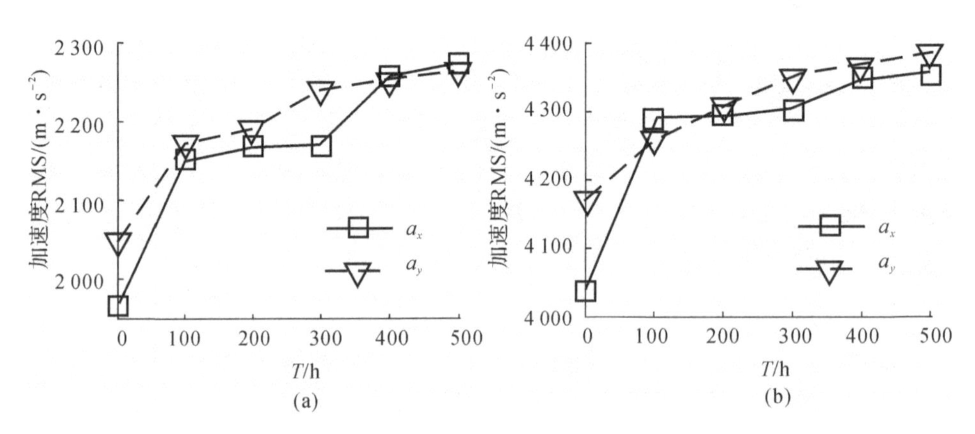

图 5.17　行星轴承滚道磨损对外行星轴承滚子振动加速度 RMS 值的影响

(a)内行星轮；(b)外行星轮

行星轴承滚道磨损对行星架 x 和 y 方向振动加速度的影响如图 5.18 和图 5.19 所示。图 5.18 显示，部分时间 $T=300$ h 的行星架振动加速度大于 $T=500$ h 时的振动加速度，这可能是因为磨损导致行星轴承的游隙也是时变的，而在 $T=300$ h 的某些时刻行星轴承游隙要大于 $T=500$ h 时的游隙，因此会导致部分时间 $T=300$ h 的行星架振动加速度大于 $T=500$ h 时的振动加速度。但是整体来看，随着工作时间的延长，行星架振动加速度峰值均有所增加。图 5.18 显示，整体来看，随着工作时间的延长，行星架 x 和 y 方向振动加速度 RMS 值均增加。当工作时间由 0 增加到 500 h 时，行星架 x 方向振动加速度 RMS 值由 3.926 7 m/s^2 增大到 6.967 9 m/s^2，行星架 y 方向振动加速度度 RMS 值由 4.057 m/s^2 增大到 6.906 9 m/s^2。

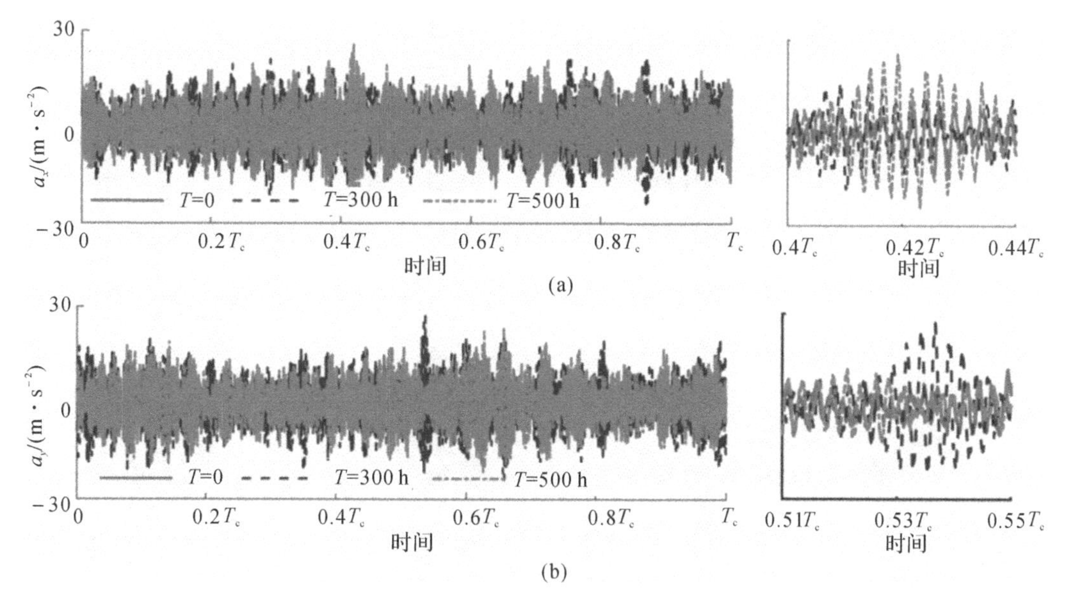

图 5.18 行星轴承滚道磨损对行星架振动加速度的影响

(a)x 方向振动加速度;(b)y 方向振动加速度

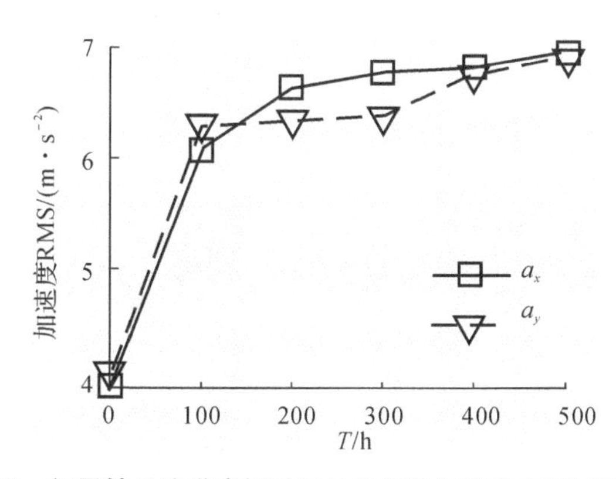

图 5.19 行星轴承滚道磨损对行星架振动加速度 RMS 值的影响

行星轴承滚道磨损对行星轮 x 和 y 方向振动加速度的影响如图 5.20 和图 5.21 所示。图 5.20 和图 5.21 显示,虽然部分时间 $T=300$ h 的行星轮振动加速度大于 $T=500$ h 的行星轮振动加速度,这可能是因为磨损导致行星轴承的游隙也是时变的,但在 $T=300$ h 的某些时刻行星轴承游隙要大于 $T=500$ h 的游隙,因此会导致部分时间 $T=300$ h 的行星轮振动加速度大于 $T=500$ h 的振动加速度。但是整体来看,随着工作时间的延长,行星轮振动加速度峰值均有所增加。图 5.22 显示,整体来看,随着工作时间的延长,内、外行星轮 x 和 y 方向振动加速度 RMS 值均增加。当工作时间由 0 增加到 500 h 时,内行星轮 x 方向振动加速度 RMS 值由 25.622 9 $\mathrm{m/s^2}$ 增大到 31.229 $\mathrm{m/s^2}$,内行星轮 y 方向振动加速度度 RMS 值由 25.664 1 $\mathrm{m/s^2}$ 增大到 30.744 8 $\mathrm{m/s^2}$;外行星轮 x 方向振动加速度 RMS 值由 24.734 9 $\mathrm{m/s^2}$ 增大到 33.117 3 $\mathrm{m/s^2}$,外行星轮 y 方向振动加速度 RMS 值由 26.375 5 $\mathrm{m/s^2}$ 增大到 31.186 2 $\mathrm{m/s^2}$。

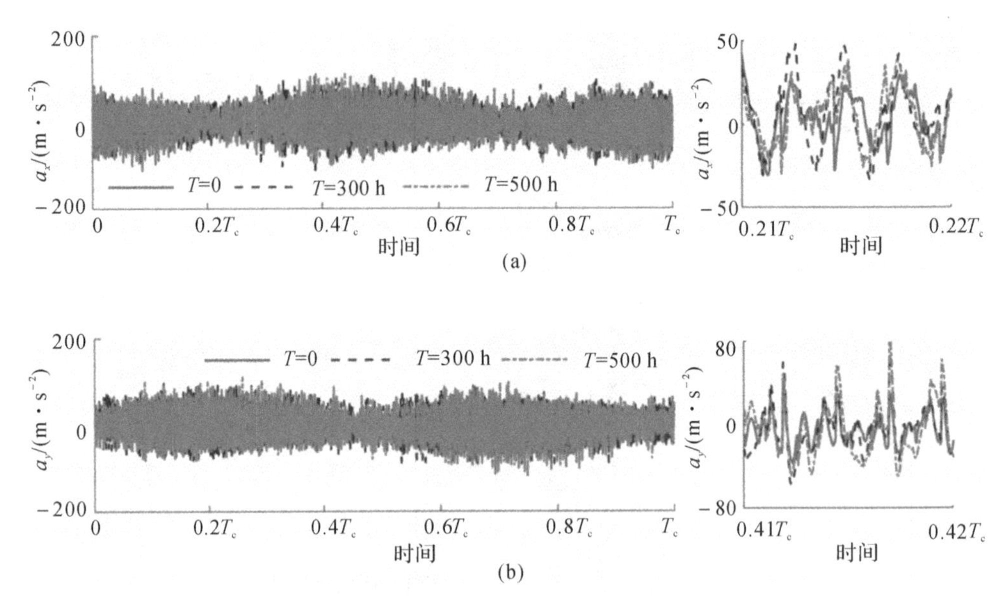

图 5.20 行星轴承滚道磨损对内行星轮振动加速度的影响

(a)x 方向振动加速度;(b)y 方向振动加速度

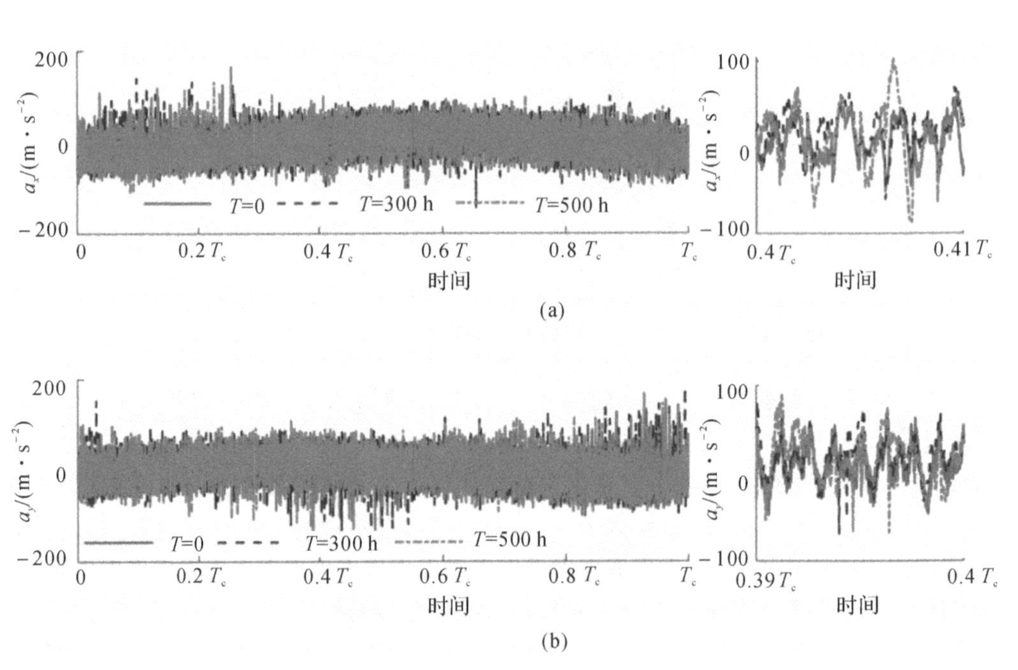

图 5.21 行星轴承滚道磨损对外行星轮振动加速度的影响

(a)x 方向振动加速度;(b)y 方向振动加速度

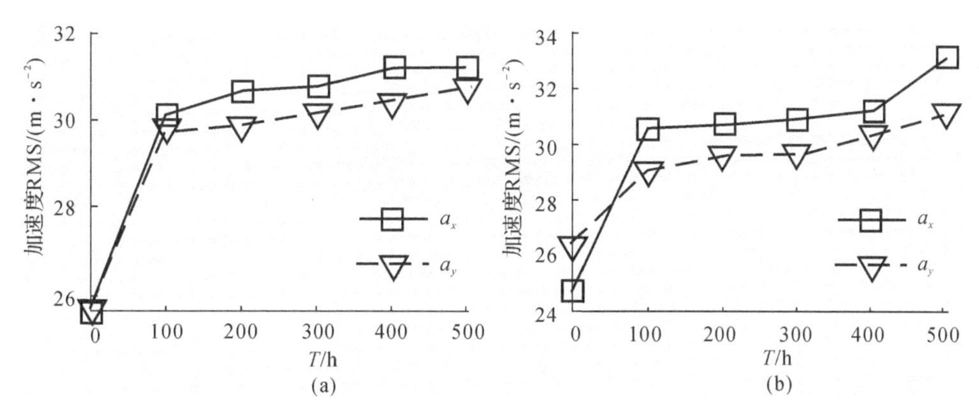

图 5.22　行星轴承滚道磨损对行星轮振动加速度 RMS 值的影响

(a)内行星轮；(b)外行星轮

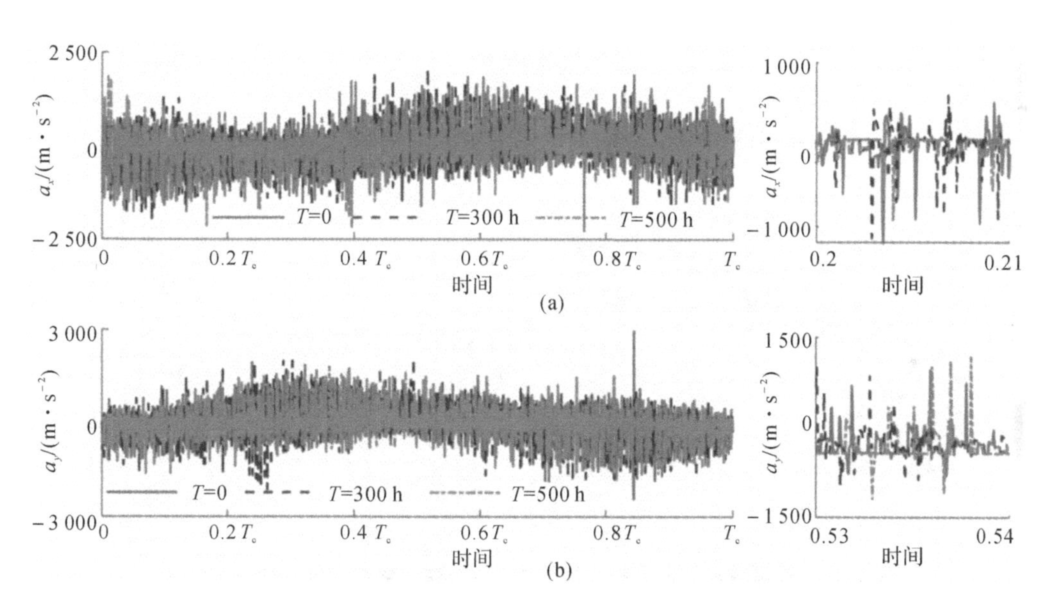

图 5.23　行星轴承滚道磨损对内行星轴承保持架振动加速度的影响

(a)x 方向振动加速度；(b)y 方向振动加速度

行星轴承滚道磨损对行星轴承保持架 x 和 y 方向振动加速度的影响如图 5.23 和图 5.24 所示。图中显示，行星轴承滚道磨损对行星轴承保持架振动加速度的大小影响较小，但是随着磨损时间的增加，行星轴承保持架振动加速度的峰值特征也会发生明显变化。图 5.25 显示，行星轴承滚道磨损对行星轴承保持架振动加速度 RMS 值的大小影响较小，整体来看，随着工作时间的增加，内、外行星轴承保持架 x 和 y 方向振动加速度 RMS 值均有所增加。当工作时间由 0 增加到 500 h 时，内行星轴承保持架 x 方向振动加速度 RMS 值由 202.648 2 m/s^2 增大到 228.746 3 m/s^2，内行星轴承保持架y 方向振动加速度度 RMS 值由 206.979 3 m/s^2 增大到 225.395 9 m/s^2；外行星轴承保持架 x 方向振动加速度 RMS 值由 192.847 4 m/s^2 增大到 213.537 m/s^2，外行星轴承保持架 y 方向振动加速度 RMS 值由

196.678 m/s^2 增大到 218.83 m/s^2。

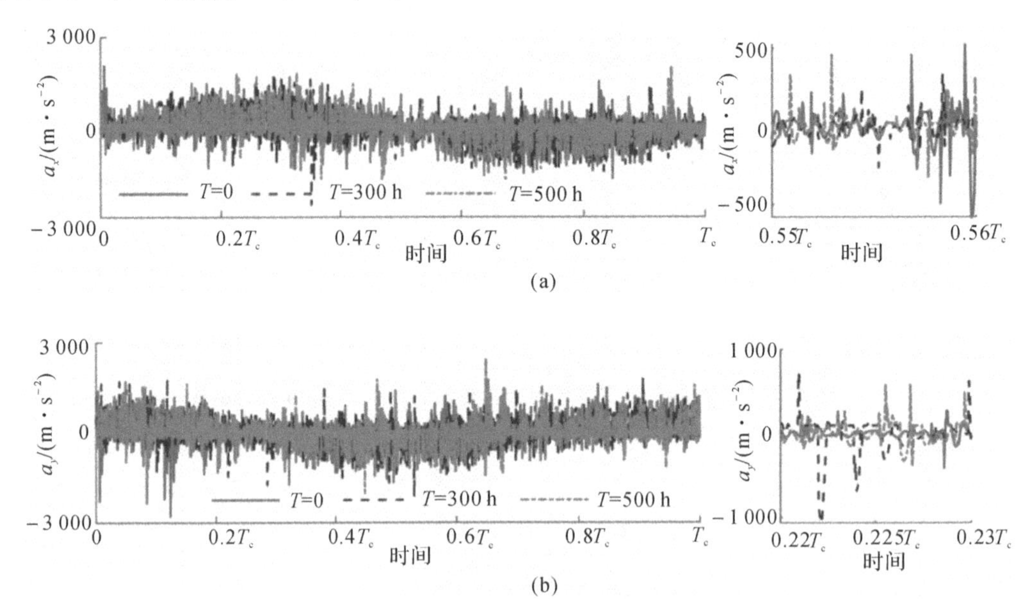

图 5.24　行星轴承滚道磨损对外行星轴承保持架振动加速度的影响

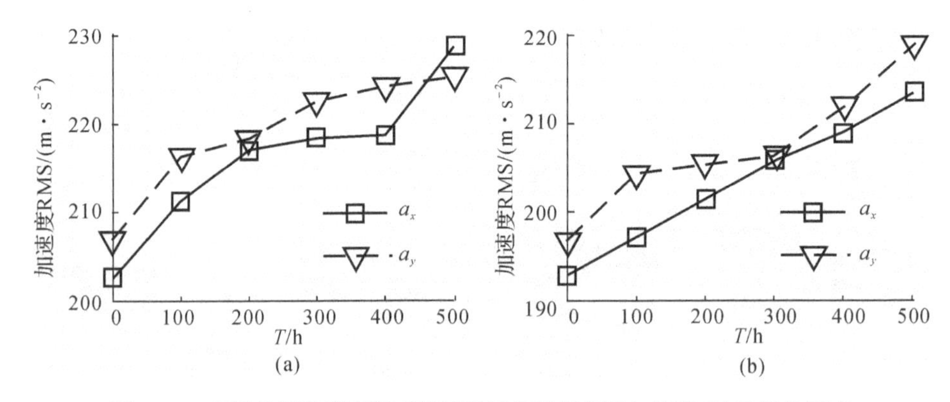

图 5.25　行星轴承滚道磨损对行星轴承保持架振动加速度 RMS 值的影响

(a)内行星轮；(b)外行星轮

5.5　本 章 小 结

针对行星轴承滚道磨损问题，本章考虑行星轴承滚道磨损的时变特性，建立了行星轴承滚道时变磨损激励的行星轮系动力学方程，研究了行星轴承滚道磨损深度与工作时间的关系，分析了行星轴承滚道磨损对行星轴承接触状态的影响规律，分析了行星轴承滚道磨损对行星轴承振动特性的影响规律。主要结论如下：

(1)内行星轴承在磨损初期和磨损后期的磨损速度较大，而外行星轴承磨损速度随着时间的延长有所增加；内行星轮磨损速度要比外行星轮大；随着工作时间的延长，行星轴承滚道磨损的波动性会显著增加。

(2)随着工作时间的延长,内外行星轴承接触力、滚子-滚道滑动速度以及滚子-保持架碰撞力峰值均有所增加,且峰值相位会发生变化,这可能是由于磨损深度的增加导致行星轴承游隙增加,打滑加剧。

(3)整体来看,随着工作时间的延长,滚子振动加速度峰值均有所增加,且峰值相位会发生变化,这可能是由于磨损深度的增加导致行星轴承游隙增加,打滑加剧。

(4)整体来看,行星架以及内外行星轮的振动加速度峰值随着工作时间的延长均有所增加。

(5)整体来看,随着工作时间的延长,内外行星轴承滚子、内外行星轮、行星架及内外行星轴承保持架振动加速度 RMS 值均增加。

第6章　行星轴承裂纹保持架冲击碰撞载荷与振动特征仿真

6.1　引　　言

行星轴承保持架是用于隔离滚动体并随滚动体转动的轴承零件，在行星轴承高速运转工况下，保持架要承受很大的离心力、冲击和振动，保持架和滚动体之间存在较大的滑动摩擦，并产生大量的热量。力和热共同作用的结果会导致保持架故障，严重时会造成保持架烧伤和断裂。保持架裂纹在萌生与扩展过程中，其结构刚度与兜孔间隙会发生变化，导致滚动体周向排列位置变化，从而改变行星轴承内部载荷分布，加剧行星轴承与行星传动系统振动，影响行星轴承服役性能与服役寿命。

本章针对行星轴承保持架裂纹萌生与扩展引起的保持架结构刚度减小与振动加剧问题，提出保持架横梁等效刚度模型，分析裂纹深度与位置对保持架结构刚度和冲击碰撞力的影响规律；提出裂纹保持架动力学模型，研究不同裂纹深度影响下的行星轴承振动响应特征；获得裂纹影响下的行星轴承振动信号频谱特征，为行星轴承的振动特征分析和振动信号监测提供理论依据和手段。

6.2　裂纹保持架等效刚度计算模型

在行星轴承中，滚动体在兜孔内以高速度冲击碰撞保持架，保持架裂纹常出现在横梁末端，如图6.1所示。在每一次冲击碰撞过程中，由于滚动体与保持架之间相对速度较高，可假设保持架转动自由度被约束，滚动体在兜孔内部可冲击碰撞每个横梁的前、后表面。因此，可以将保持架横梁等效为简支铁木辛柯梁，裂纹位于 $x=x_0$ 处，裂纹深度为 d，载荷沿横梁长度方向分布，且均布载荷 q 的长度与滚动体有效接触长度相等。其中，横梁截面为矩形，其长度与高度分别为 b 和 h，如图6.2所示。裂纹缺口对其的影响可等效为一个非线性的单向旋转弹簧[138-139]，而缺口在横梁裂纹一端转向角度 $\theta=M_0/K$ 后发生闭合，此处 M_0 表示裂缝闭合的临界弯矩，K 表示单向旋转弹簧的弹性刚度。对于行星轴承中的保持架，裂纹缺口会在冲击碰撞载荷的作用下张开或闭合，而同一保持架横梁前、后表面会承受其周向前后两个滚动体的冲击，在刚度计算中应同时考虑。

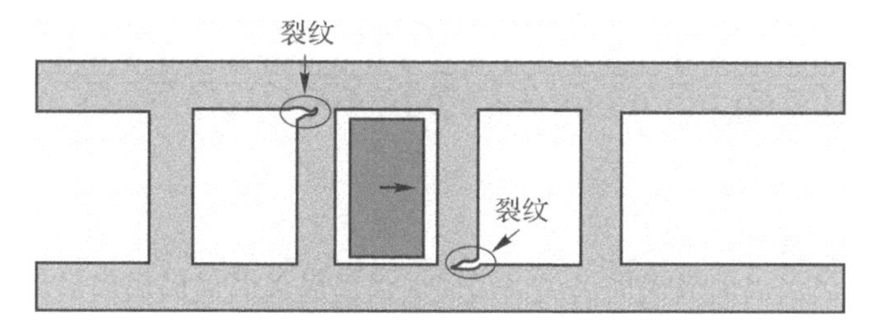

图 6.1　滚动体与保持架横梁冲击碰撞示意图

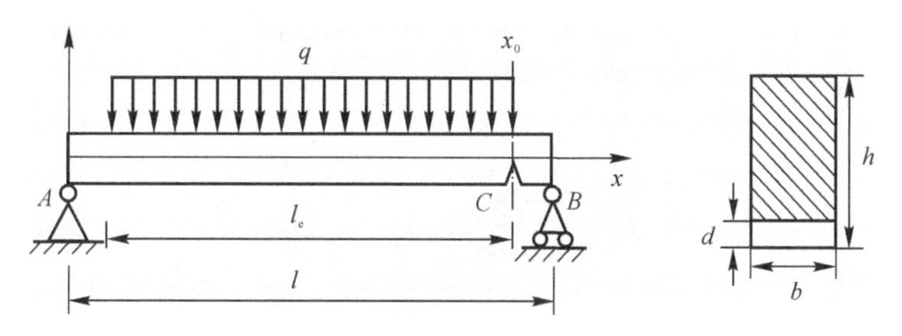

图 6.2　横梁受力及截面示意图

对于图 6.2 中所示的裂纹，其缺口处旋转弹簧的弹性刚度[140-142]为

$$K=\frac{l}{h}\ \frac{0.9(d/h-l)^2}{(d/h)(2-d/h)} \tag{6.1}$$

则保持架横梁的等效结构刚度[142]为

$$\frac{1}{K_e}=\frac{1}{(EI)_e}=\frac{1}{(EI)_e}+\frac{\alpha}{K}\delta(x-x_0) \tag{6.2}$$

式中：E 表示弹性模量；I 表示横梁的极惯性矩；α 用来判断裂纹缺口是否处于闭合状态，若裂纹闭合状态下的弯矩为 M_0 且裂纹缺口处的弯矩为 M，则 α 可表示为

$$\alpha=\begin{cases}-\dfrac{M_0}{M}+\left(1+\dfrac{M_0}{M}\right)H(M+M_0)\text{，前表面裂纹}\\ 1-\left(1-\dfrac{M_0}{M}\right)H(M-M_0)\text{，后表面裂纹}\end{cases} \tag{6.3}$$

式中：H 表示 Heaviside 函数[142-143]。

在该状态下，保持架横梁的变形表达式为

$$\frac{\mathrm{d}}{\mathrm{d}x}\left[\kappa(GA)_0\left(\frac{\mathrm{d}w}{\mathrm{d}x}-\phi\right)\right]+q=0 \tag{6.4}$$

式中：w 表示弯曲变形；ϕ 表示裂纹铁木辛柯梁的截面转动角度；κ 表示铁木辛柯梁的剪切修正系数。对于截面为矩形的铁木辛柯梁，其无量纲系数[143-144]为

$$\kappa=\frac{10(1+\nu)}{12+11\nu},\quad (GA)_0=\frac{6EI}{(1+\nu)h^2} \tag{6.5}$$

式中：ν 表示横梁材料的泊松比。

6.3 行星轴承裂纹保持架动力学建模方法

单排行星齿轮传动系统如图 6.3 所示，行星轴承安装于行星轮轴孔中，由行星架支撑，对于结构紧凑或空间较小的滚针和保持架组件，行星架支撑臂可作为行星轴承内圈滚道，行星轮内孔作为外圈滚道。为了方便研究行星轴承，可将行星传动系统动力学模型简化，将轮齿啮合力作为边界条件，内圈滚道固定，行星轮内孔作为外圈滚道转动，建立内外圈滚道、滚动体和保持架的动力学模型，考虑内外圈滚道在平面内的两个平动自由度，滚动体与保持架的平动和转动自由度，包括滚动体的公转和自转。

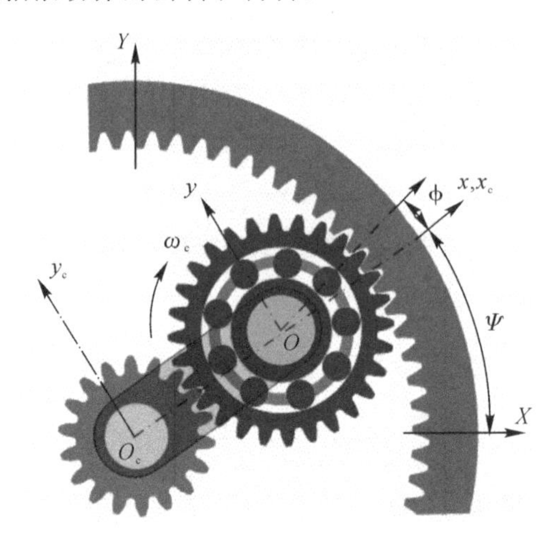

图 6.3　行星轴承动力学模型示意图

由于行星架输出转矩相对稳定，所以模型不考虑齿轮啮合载荷幅值轻微变化对行星轴承内部载荷的影响[145-146]。在行星轴承中，保持架主要与滚动体发生冲击碰撞，其冲击碰撞载荷主要受其刚度与兜孔间隙的影响[147]。在 Oxy 参考坐标系中，行星轴承内圈滚道的动力学方程表达式为

$$m_i\ddot{x}_i + c_s\dot{x}_i + k_s x_i + F_x^{in} + F_{dx}^{in} = F \tag{6.6}$$

$$m_i\ddot{y}_i + c_s\dot{y}_i + k_s y_i + F_y^{in} + F_{dy}^{in} = 0 \tag{6.7}$$

式中：m_i 表示行星轴承内圈滚道与支撑臂质量；F 表示行星轮和行星架作用在行星轴承上的外部载荷；k_s 和 c_s 分别表示支撑臂的支撑刚度与阻尼；x_i 和 y_i 分别表示 x 和 y 方向的位移。

行星轴承外圈滚道的动力学方程为

$$m_o\ddot{x}_o + c_h\dot{x}_o + k_h x_o - F_x^{out} - F_{dx}^{out} = 0 \tag{6.8}$$

$$m_o\ddot{y}_o + c_h\dot{y}_o + k_h y_o - F_y^{out} - F_{dy}^{out} = 0 \tag{6.9}$$

式中：m_o 表示外圈滚道的质量；k_h 表示行星轮啮合提供的支撑刚度；c_h 表示齿轮啮合产生的阻尼；x_o 和 y_o 分别表示外圈在 x 和 y 方向的位移；F_x、F_y、F_{dx} 和 F_{dy} 分别表示滚动体

与滚道之间的接触力和阻尼力，符号 in 和 out 分别表示内、外圈滚道。

行星轴承滚动体的动力学方程为

$$m_{\mathrm{r}}\ddot{x}_j^{\mathrm{r}} - c_{\mathrm{i}}(\dot{x}_{\mathrm{i}} - \dot{x}_j^{\mathrm{r}}) + c_{\mathrm{o}}(\dot{x}_j^{\mathrm{r}} - \dot{x}_{\mathrm{o}}) + F_x^{\mathrm{out}} - F_x^{\mathrm{in}} - F_{\mathrm{c}x} = 0 \tag{6.10}$$

$$m_{\mathrm{r}}\ddot{y}_j^{\mathrm{r}} - c_{\mathrm{i}}(\dot{y}_{\mathrm{i}} - \dot{y}_j^{\mathrm{r}}) + c_{\mathrm{o}}(\dot{y}_j^{\mathrm{r}} - \dot{y}_{\mathrm{o}}) + F_y^{\mathrm{out}} - F_y^{\mathrm{in}} - F_{\mathrm{c}y} = 0 \tag{6.11}$$

$$I_{\mathrm{b}}\ddot{\varphi}_{\mathrm{b}j} = 0.5(\mu_{\mathrm{b}}F^{\mathrm{in}} - \mu_{\mathrm{b}}F^{\mathrm{out}} - f_{\mathrm{c}j})D \tag{6.12}$$

$$I_{\mathrm{c}}\ddot{\theta}_{\mathrm{b}j} = 0.5d_{\mathrm{m}}\mu_{\mathrm{b}}F^{\mathrm{out}} + 0.5d_{\mathrm{m}}\mu_{\mathrm{b}}F^{\mathrm{in}} - 0.5d_{\mathrm{m}}F_{\mathrm{c}j} \tag{6.13}$$

式中：m_{r} 表示滚动体质量；I_{b}和 I_{c} 分别表示滚动体在自转和公转方向的惯性矩；$\phi_{\mathrm{b}j}$ 和 $\theta_{\mathrm{b}j}$ 分别表示滚动体自转与公转角位移；$F_{\mathrm{c}j}$ 和 $f_{\mathrm{c}j}$ 分别表示第 j 个滚动体与保持架横梁之间的冲击碰撞力与摩擦力；$F_{\mathrm{c}x}$ 和 $F_{\mathrm{c}y}$ 分别表示作用于滚动体上的离心力。

保持架用于隔离滚动体在周向的分布，其动力学方程为

$$m_{\mathrm{c}}\ddot{x}_{\mathrm{c}} = \sum_{j=1}^{N_{\mathrm{b}}}[-F_{\mathrm{c}j}\sin(\theta_j + \alpha) + f_{\mathrm{c}j}\cos(\theta_j + \alpha)] \tag{6.14}$$

$$m_{\mathrm{c}}\ddot{y}_{\mathrm{c}} = \sum_{j=1}^{N_{\mathrm{b}}}[-F_{\mathrm{c}j}\cos(\theta_j + \alpha) - f_{\mathrm{c}j}\sin(\theta_j + \alpha)] \tag{6.15}$$

$$I_{\mathrm{cage}}\ddot{\theta}_{\mathrm{c}} = \sum_{j=1}^{N_{\mathrm{b}}}(-F_{\mathrm{c}j} \times 0.5d_{\mathrm{m}}) \tag{6.16}$$

式中：m_{c} 表示保持架质量；I_{cage} 表示保持架转动惯性矩。

由于滚动体会冲击碰撞保持架横梁的前后表面，因此作用载荷决定了保持架上的应力分布形态。滚动体与保持架之间的作用关系可采用一个弹簧进行简化描述，滚动体动能可转化为弹性势能以产生冲击载荷，如图 6.4 所示，则滚动体与保持架之间的冲击碰撞关系可描述为

$$\left.\begin{aligned} K_{\mathrm{h}}(x_{\mathrm{a}} - x_{\mathrm{b}})^n + m_{\mathrm{a}}\frac{\mathrm{d}^2 x_{\mathrm{a}}}{\mathrm{d}t^2} = 0 \\ -K_{\mathrm{h}}(x_{\mathrm{a}} - x_{\mathrm{b}})^n + K_{\mathrm{s}}x_{\mathrm{b}} + m_{\mathrm{b}}\frac{\mathrm{d}^2 x_{\mathrm{b}}}{\mathrm{d}t^2} = 0 \end{aligned}\right\} \tag{6.17}$$

式中：K_{h} 表示赫兹接触刚度；n 表示载荷-变形系数；K_{s} 表示保持架横梁结构刚度；x_{a} 和 x_{b} 分别表示一次冲击过后滚动体与保持架横梁的位移；m_{a} 和 m_{b} 分别表示滚动体与保持架横梁的质量。

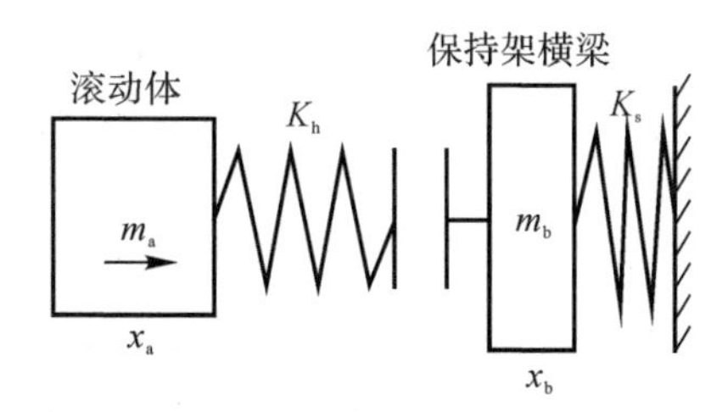

图 6.4　滚动体-保持架横梁冲击碰撞示意图

裂纹出现在保持架横梁表面，并经过滚动体多次冲击后出现扩展，从而引起保持架兜孔间隙的增大或减小。一般来说，保持架横梁前兜孔间隙的增大会导致后兜孔间隙的减小，如

图 6.5 所示，当前兜孔间隙宽度从 C_p减小为 C_{p1} 时，后兜孔间隙宽度从 C_p 增大为 C_{p2}。

对于钢制保持架，其结构刚度通常小于其赫兹接触刚度，根据上述描述，当结构刚度数值小于赫兹接触刚度时，可采用结构刚度计算保持架横梁承受的冲击载荷，滚动体与保持架之间的冲击载荷可表示为

$$F_{cj} = K_e \delta_{cj} \tag{6.18}$$

式中：δ_{cj} 表示与第 j 个滚动体相邻的保持架横梁在冲击载荷下发生的弹性变形，其值[148]为

$$\delta_{cj} = \begin{cases} z_{cj} - C_{p1/2}, & |z_{cj} - C_{p1/2}| > 0 \\ 0, & \text{其他} \end{cases} \tag{6.19}$$

式中：z_{cj} 表示第 j 个滚动体与其兜孔中心位置的相对距离，即

$$z_{cj} = (\theta_{cage} - \theta_j)\frac{d_m}{2} \tag{6.20}$$

式中：θ_{cage} 表示保持架兜孔周向位置角；θ_j 表示第 j 个滚动体的位置角；d_m 表示行星轴承节圆直径。

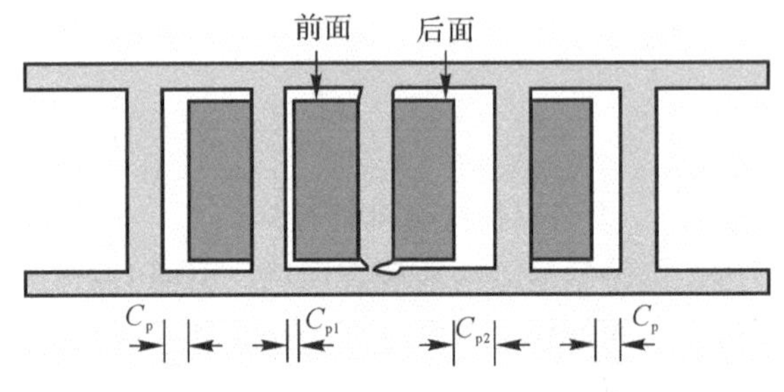

图 6.5　保持架兜孔间隙宽度变化

6.4　裂纹对保持架结构刚度的影响规律分析

为了验证保持架等效刚度模型的正确性，建立如图 6.6 所示的有限元(FE)模型，行星轴承即滚动体与保持架组件的型号为 K38×46×32，其中包括一个滚动体和一个保持架横梁，载荷 F 施加在滚动体上。有限元模型与理论模型计算的结构刚度结果如图 6.7 所示，结构刚度最大值为 1.2×10^8 N/m，两者计算结果基本一致，验证了保持架横梁刚度等效模型的正确性与有效性。

对于有裂纹保持架横梁，当其弯曲载荷大于临界值$\{Q_{cr}=2m_0/[\xi_0(1-\xi_0)], \xi_0=x_0/l\}$时，裂纹缺口闭合，临界弯矩值为 $m_0=K\theta_0$。假设保持架横梁裂纹缺口角度 $\theta_0=0.5°$，位于保持架横梁末端位置。图 6.8 所示为裂纹保持架横梁在载荷作用下的弯曲变形与转动角度，该工况下保持架裂纹位置在冲击载荷同侧，裂纹具体位置为 $\xi=x/l=0.8$，且裂纹深度为 0.5 h。计算结果显示，弯曲变形与转角随施加载荷的增大而增大，且在裂纹缺口位置其数值均出现了突变。

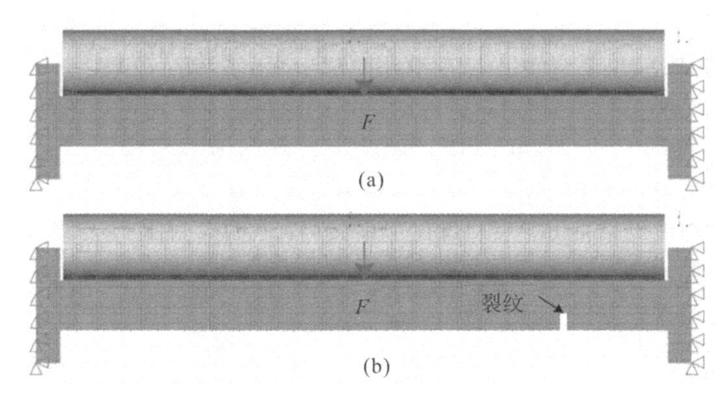

图 6.6　保持架横梁有限元模型

(a) 正常工况保持架横梁；(b) 有裂纹保持架横梁

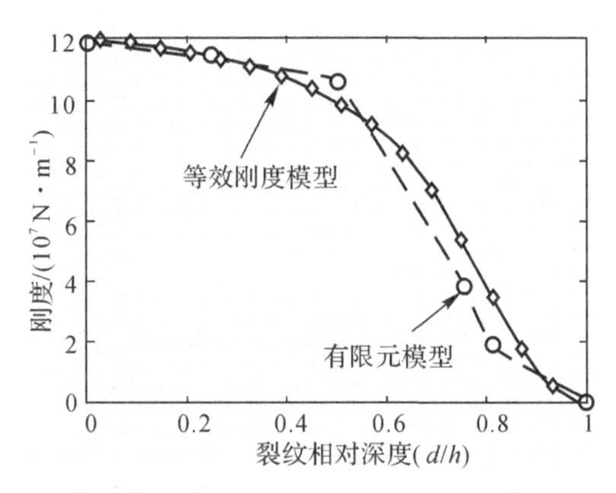

图 6.7　有限元模型与等效刚度模型计算结果对比分析

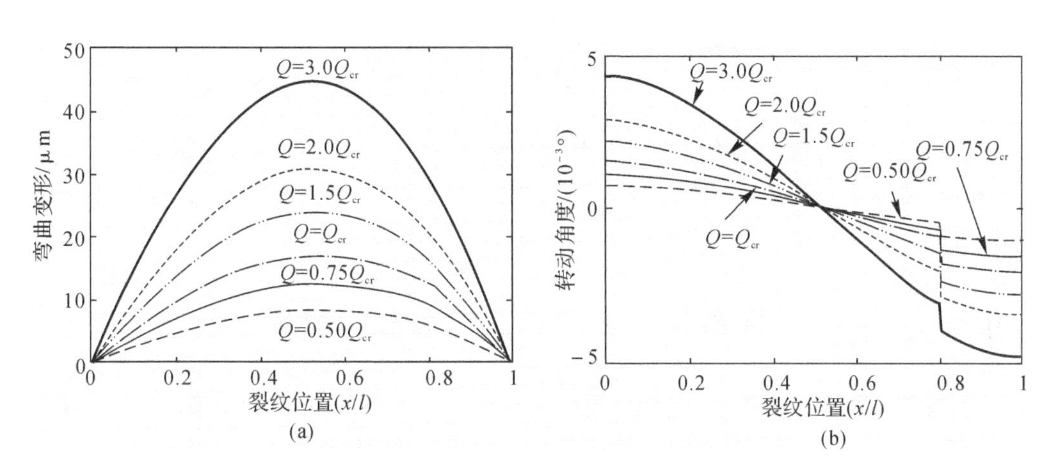

图 6.8　裂纹保持架横梁弯曲变形与转动角度

裂纹深度与位置均可以影响保持架横梁的结构刚度，图 6.9 所示为开口裂纹和闭口裂纹的结构刚度。结果显示，当裂纹位置和裂纹深度分别为 $x/l=0.8$ 和 $d/h=0.5$ 时，保持架横梁结构刚度随着裂纹深度和裂纹位置的增加而减小。另外，上述两种工况下的闭口裂纹保持架横梁结构刚度均大于开口裂纹保持架横梁结构刚度，当裂纹位置为0.8l，裂纹深度从0.03h增大到0.99h后，裂纹保持架横梁结构刚度从1.2×10^8 N/m减小为1.12×10^5 N/m。当裂纹深度为0.4 h时，开口裂纹保持架横梁结构刚度从1.2×10^8 N/m减小为7.18×10^7 N/m，而闭口裂纹保持架横梁结构刚度的下降幅度则明显小于开口裂纹保持架横梁结构刚度。结果表明，裂纹会显著降低保持架横梁结构刚度，且裂纹深度对结构刚度的影响大于裂纹位置的影响，对于同一保持架横梁，载荷作用在裂纹缺口同侧时会导致裂纹开口闭合，使横梁表现为闭口裂纹保持架横梁结构刚度，冲击载荷作用下的结构变形量较小。

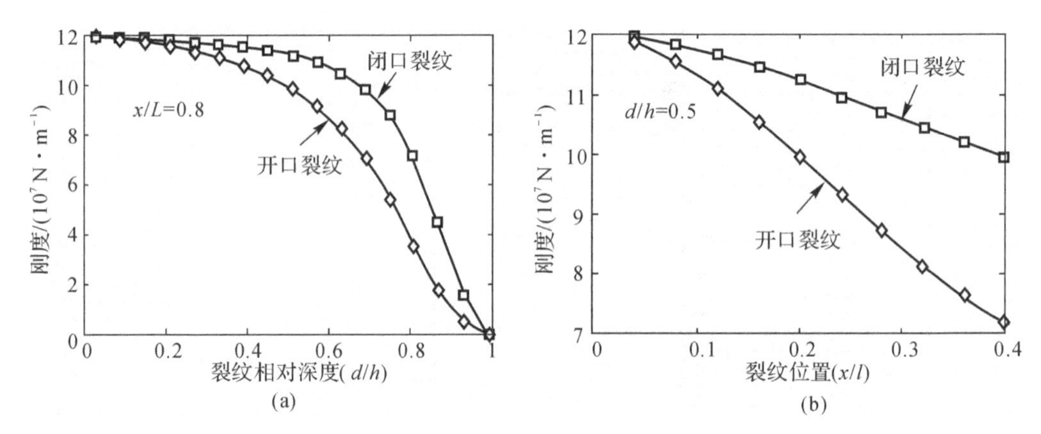

图6.9　裂纹保持架结构刚度

(a) 裂纹深度影响分析；(b) 裂纹位置影响分析

6.5　裂纹对保持架冲击碰撞载荷与振动特征的影响规律分析

行星轴承裂纹保持架动力学模型采用4阶龙格-库塔法进行求解，行星架节圆半径为120 mm，行星轴承外圈转速为12 000 r/min，外部载荷为8 000 N，兜孔间隙为0.05 mm，保持架横梁的宽度和高度分别为3 mm和3.2 mm。

6.5.1　裂纹对保持架冲击碰撞载荷的影响规律分析

为了探究不同裂纹对应的保持架横梁结构刚度在动力学模型中对保持架冲击碰撞力的影响规律，图6.10中计算了不同横梁结构刚度对应的前、后面承受的冲击碰撞力，共4种工况：工况1，$K_e=1.2\times10^8$ N/m；工况2，$K_e=1.0\times10^7$ N/m；工况3，$K_e=1.0\times10^6$ N/m；工况4，$K_e=1.0\times10^5$ N/m。其中，工况1计算正常保持架横梁的冲击碰撞力，其他3种工况计算不同深度裂纹保持架的冲击碰撞力。结果表明，正常保持架横梁前、后表面承受的冲击碰撞力幅值分别为73.65 N和68.81 N，而裂纹保持架深度会显著降低保持架横梁冲击碰撞力。

裂纹扩展与冲击作用会导致保持架兜孔间隙发生异常变化，假设裂纹保持架横梁前后的兜孔间隙分别为 30 μm 和 70 μm，对一个开口裂纹，工况 2、工况 3 和工况 4 对应的裂纹深度分别为 0.86 h、0.96 h 和 0.992 h。由于小裂纹深度对保持架横梁结构刚度影响较小，且闭口裂纹对裂纹深度的响应不明显，本节研究上述较大开口裂纹深度对冲击碰撞力的影响。图 6.10(b)～(d)显示，3 种裂纹对应的横梁正面冲击碰撞力分别为 48.51 N、17.93 N 和 6.85 N，而横梁后面冲击碰撞力分别为 21.41 N、7.8 N 和 2.5 N，幅值变化如图 6.11 所示。结果表明，保持架横梁上裂纹会显著降低保持架冲击碰撞力，且横梁正面承受的冲击碰撞力要大于横梁后面，这是由于横梁结构刚度的显著降低使横梁结构变形对冲击碰撞力的影响效果下降，冲击碰撞力幅值由结构刚度主导，且兜孔间隙的变化导致该处滚动体的行程范围发生变化，对其冲击碰撞力也有一定影响。

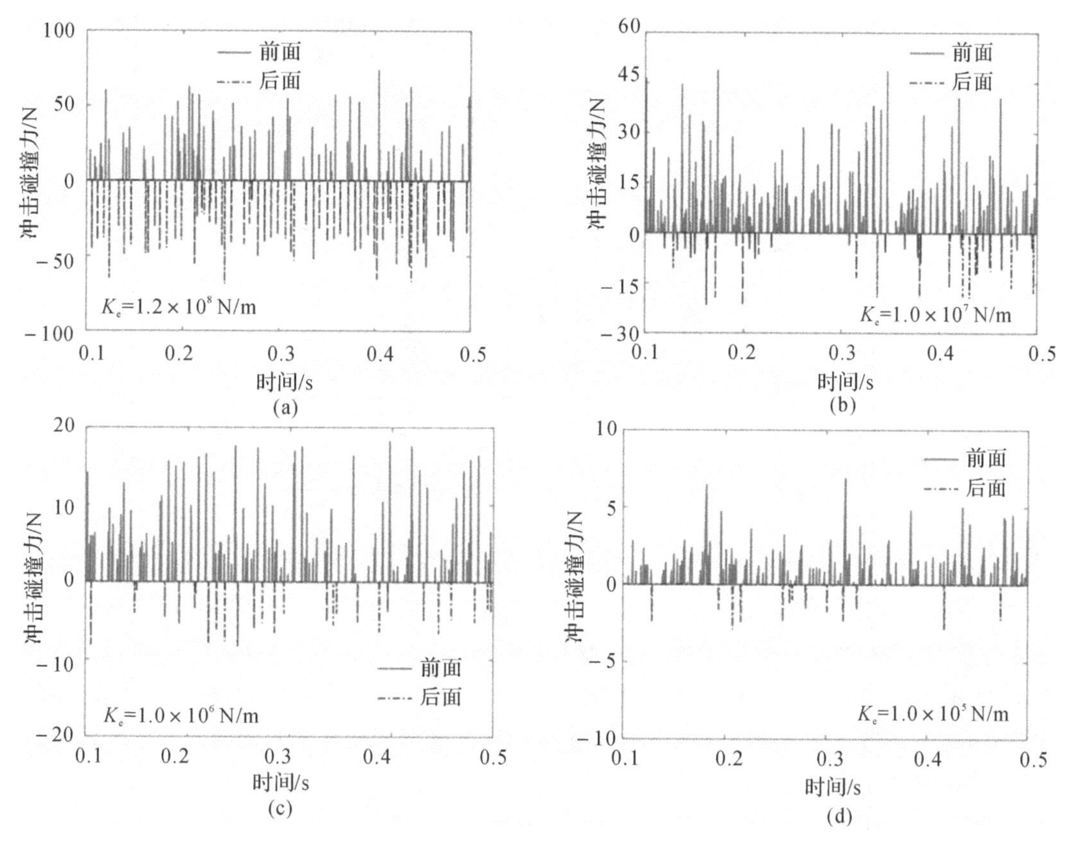

图 6.10　不同裂纹下保持架横梁结构刚度在动力学模型中对保持架冲击碰撞力的影响规律

(a)工况 1，$K_c=1.2\times10^8$ N/m；(b)工况 2，$K_c=1.0\times10^7$ N/m；

(c)工况 3，$K_c=1.0\times10^6$ N/m；(d)工况 4，$K_c=1.0\times10^5$ N/m

图 6.12 所示为裂纹横梁及邻近横梁的载荷冲击表面 a、b、c、d、e 和 f，其中 a 和 b 面为裂纹横梁的前后表面，c、d、e 和 f 为相邻正常横梁的表面，计算与提取上述工况下的 c、d、e 和 f 面上的冲击碰撞力进行分析。图 6.13 所示为 c、d、e 和 f 面在不同工况下的冲击碰撞力。结果显示，c 面冲击碰撞力幅值与 b 面接近，这是因为 b 和 c 面所在兜孔间隙大于正常

兜孔间隙，导致此处滚动体可活动空间大。另外，d 面冲击碰撞力与 e 面相似，这是由于这两个受力面远离裂纹保持架横梁，与其他区域横梁相比受裂纹影响小。然而，a 与 f 面所在兜孔间隙减小，导致该处滚动体活动空间受限制，f 面冲击载荷大于其他受力面，冲击载荷导致保持架横梁的塑性变形，使滚动体在受限空间里高频冲击，加剧了保持架破坏失效。

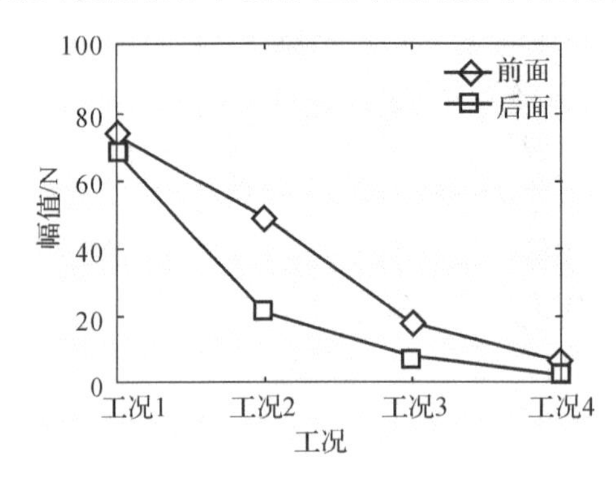

图 6.11　裂纹保持架横梁前后表面冲击碰撞力幅值变化规律

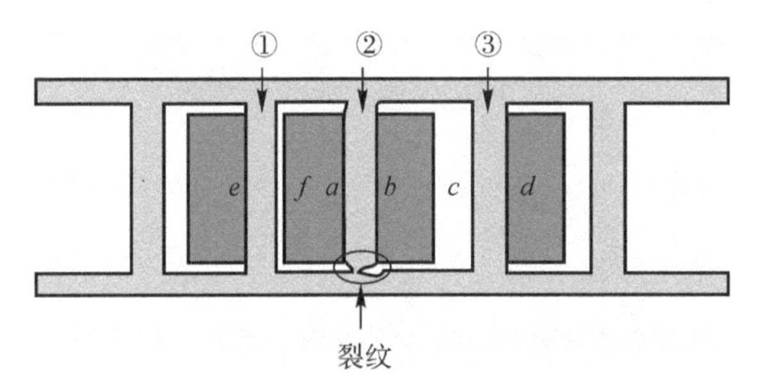

图 6.12　裂纹保持架横梁处滚动体冲击碰撞位置示意图

图 6.14 所示为 a 面冲击碰撞力的频谱特征，正常保持架碰撞力的主频和二倍频对应的载荷幅值远小于同条件下的裂纹保持架，裂纹的萌生与扩展改变了滚动体与保持架之间的接触关系，滚动体以保持架旋转频率 f_c 及其倍频 $Nf_c(N=2,3,\cdots)$ 冲击碰撞保持架横梁。然而，在正常保持架冲击碰撞载荷频谱中不容易发现其特征频率。因此，保持架冲击载荷导致裂纹的萌生与扩展，并导致裂纹保持架横梁的塑性变形与兜孔间隙的改变，使滚动体活动空间受限，进而促进裂纹扩展。

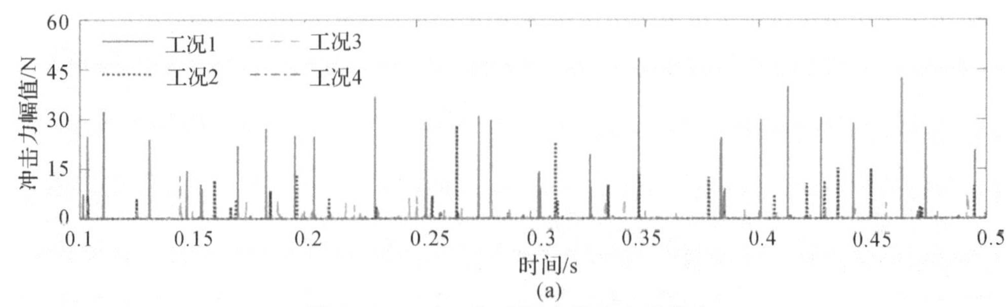

图 6.13　c、d、e 和 f 面上的冲击碰撞力

(a)c 面冲击力

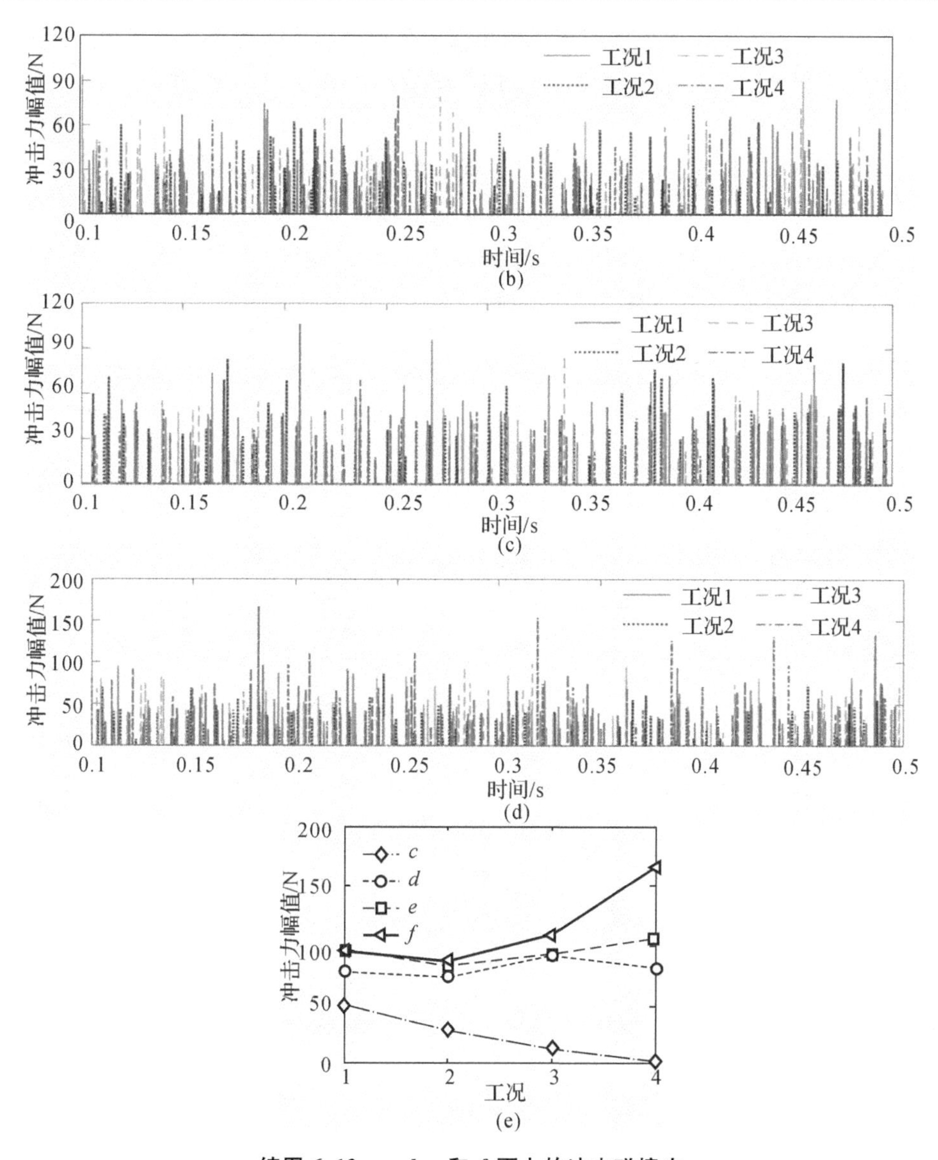

续图 6.13　c、d、e 和 f 面上的冲击碰撞力

(b)d 面冲击力；(c)e 面冲击力；(d)f 面冲击力；(e)冲击力变化趋势

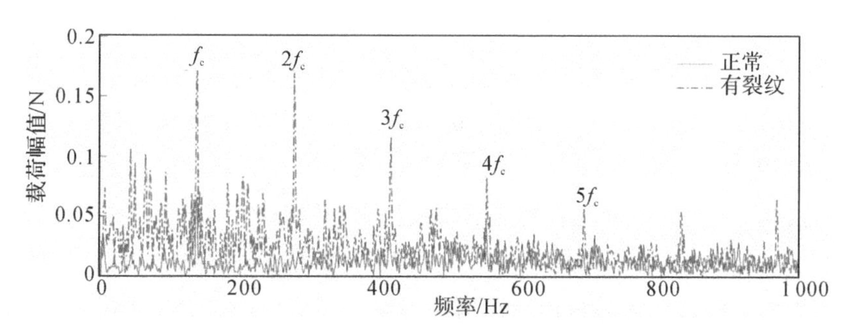

图 6.14　滚动体冲击保持架载荷频谱特征

6.5.2 裂纹对行星轴承振动特征的影响规律分析

保持架横梁裂纹诱发的冲击会引起行星轴承振动特征的改变，图 6.15 所示为行星轴承元件振动位移信号 A。如图 6.15(a)(b)所示，行星轴承内圈滚道振动位移幅值在 x 方向大于轴承外圈滚道，但在 y 方向它们的幅值接近，这是由于行星轴承在 x 方向为弹性支撑，而 y 方向与行星轴承公转方向一致。

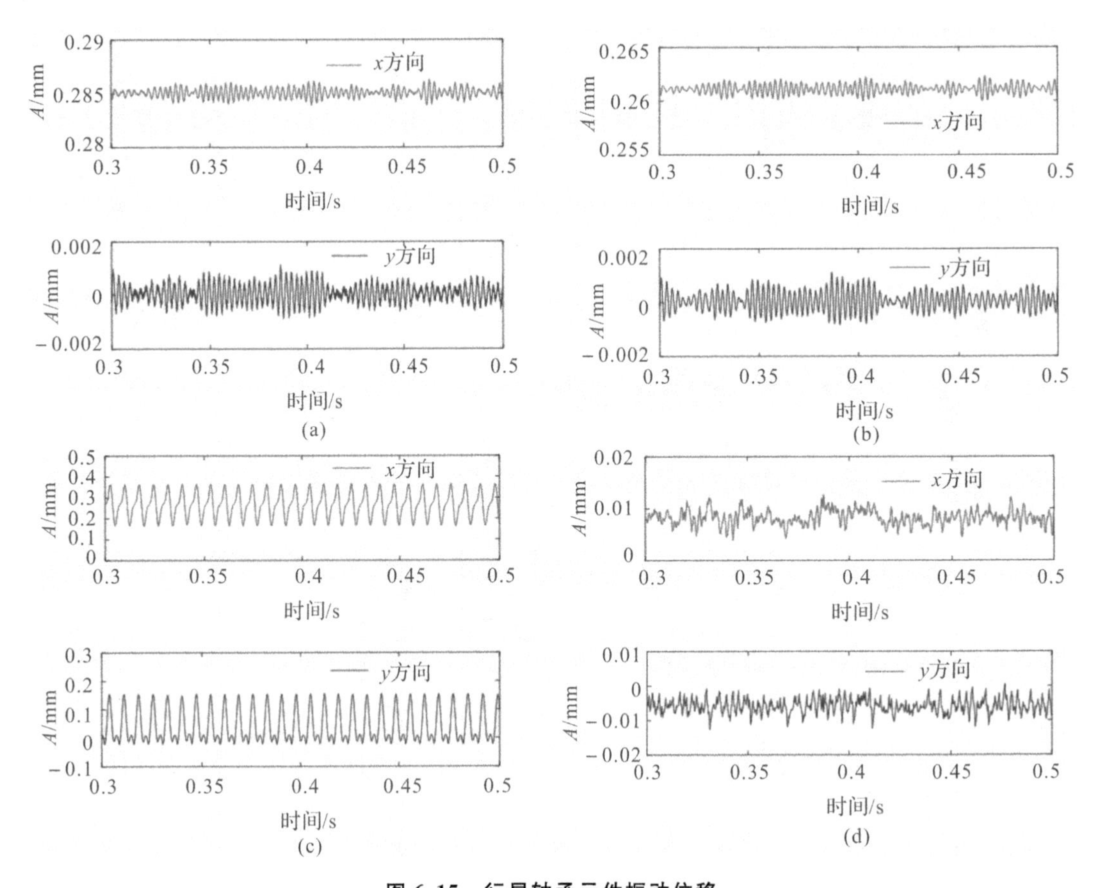

图 6.15 行星轴承元件振动位移

(a)内圈滚道；(b)外圈滚道；(c)滚动体；(d)保持架

图 6.15(c)所示为行星轴承滚动体的振动位移，滚动体在内、外圈滚道之间转动，径向游隙导致其位移空间增大，且滚动体能随、内外圈的振动而发生位移，因此滚动体振动位移表现出明显的周期性，并且幅值较大。图 6.15(d)所示为行星轴承保持架的振动位移信号，保持架振动位移在 x 和 y 方向具有明显的随机性，且其幅值在－0.012～ 0.012 mm 之间，远小于其他元件的振动位移。另外，图 6.16(a)所示为行星轴承内圈滚道振动加速度的频谱，可以观察到明显的滚动体通过内圈滚道的频谱特征信号(f_{bpfi})以及其倍频信号，与行星轴承的理论计算特征频率[149-150]一致，即

$$f_{\mathrm{bpfi}}=\frac{n(f_{\mathrm{o}}-f_{\mathrm{i}})\left(1+\frac{D}{d_{\mathrm{m}}}\cos\alpha\right)}{2} \tag{6.21}$$

式中：f_{o} 表示外圈转动频率；f_{i} 表示内圈转动频率；α 表示接触角。在动力学模型中内圈固定，因此 $f_{\mathrm{i}}=0$。滚动体振动加速度频谱如图 6.16(b)所示，转动频率 f_{c} 及其倍频信息明显，其理论计算公式为

$$f_{\mathrm{c}}=\frac{f_{\mathrm{i}}\left(1-\frac{D}{d_{\mathrm{m}}}\cos\alpha\right)+f_{\mathrm{o}}\left(1+\frac{D}{d_{\mathrm{m}}}\cos\alpha\right)}{2} \tag{6.22}$$

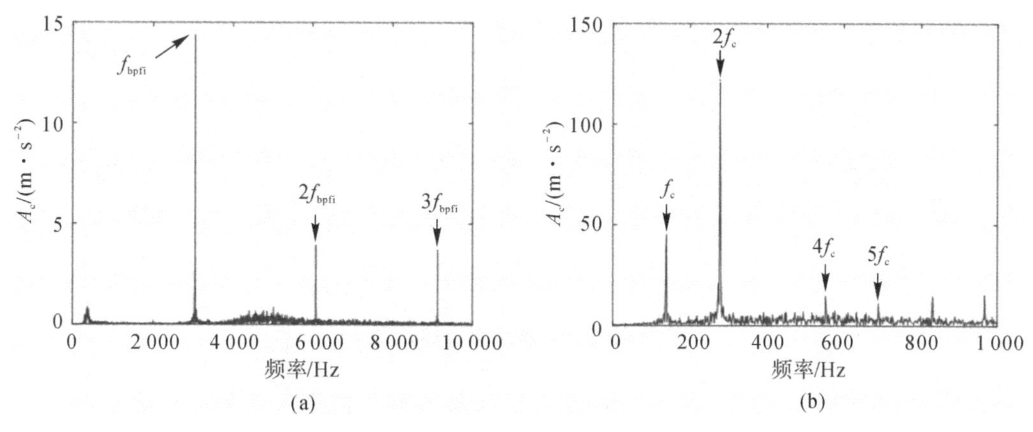

图 6.16　振动信号频谱特征

(a)内圈滚道；(b)滚动体

图 6.17 所示为行星轴承保持架的振动加速度信号，将正常轴承保持架振动信号与工况 4 有裂纹保持架的振动加速度信号(A_{c})进行对比分析。结果显示，正常保持架在冲击作用下的振动加速度幅值为 1 846 m/s²，而有裂纹保持架的振动加速度幅值为 2 461 m/s²，工况 4 裂纹深度导致振动加速度增加了 33.3%。然而，同转速与外部载荷工况下，裂纹对行星轴承内圈滚道的振动信号影响较为轻微，如图 6.18 所示，正常保持架工况下行星轴承内圈滚道的振动加速度幅值为 45.44 m/s²，裂纹工况下对应的振动加速度幅值为 51.27 m/s²。

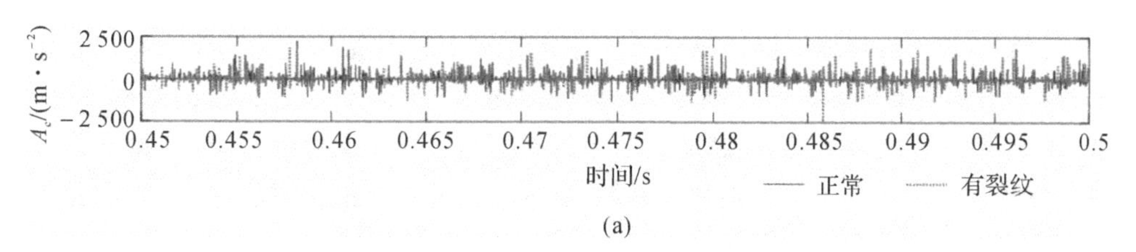

图 6.17　保持架振动加速度

(a)x 方向

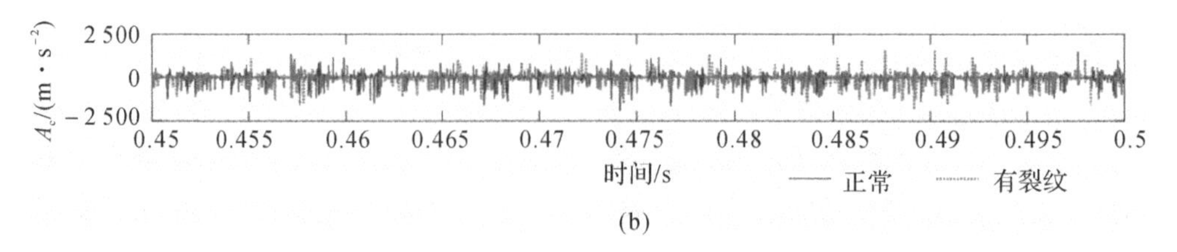

续图 6.17 保持架振动加速度

(b) y 方向

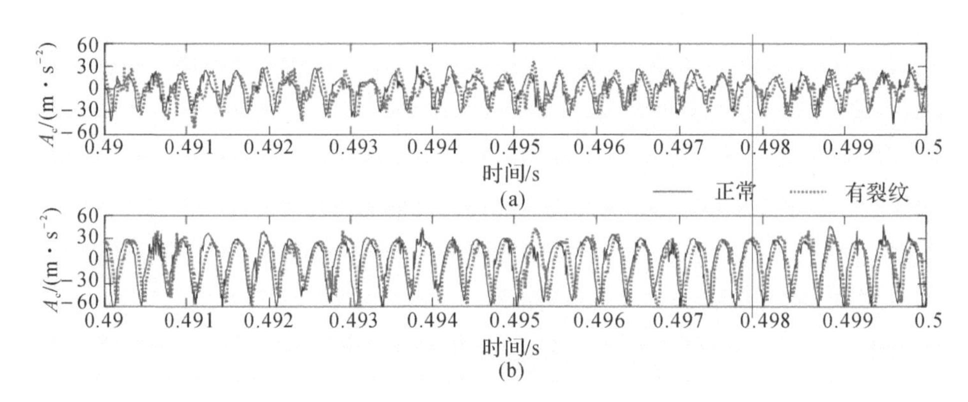

图 6.18 内滚道振动加速度

采用均方根值(Root Mean Square, RMS)计算裂纹对内圈滚道和保持架的振动的影响,结果列于表 6.1 中,内圈滚道振动加速度的 RMS 值在 x 和 y 方向的变化幅度分别为−1.08% 和 1.11%,而保持架振动加速度的 RMS 值在 x 和 y 方向的变化幅度分别为 12.53%和 5.83%。结果表明,保持架横梁裂纹对保持架的振动影响更为直接,对其幅值影响更大,而由于保持架与内圈滚道没有直接接触,对轴承内圈滚道的影响较小。

表 6.1 内圈滚道与保持架的振动加速度均方根值

	内圈滚道振动加速度/(m·s^{-2})		保持架振动加速度/(m·s^{-2})	
	x 方向	y 方向	x 方向	y 方向
正常	188.15	27.98	354.4	548.5
有裂纹	186.11	28.29	398.7	580.5
增加率	−1.08%	1.11%	12.53%	5.83%

图 6.19 所示为行星轴承保持架振动信号频谱(采用低通滤波方法),结果显示正常保持架在 x 和 y 方向没有明显的特征频谱信息,然而,裂纹扩展降低了保持架的结构强度,滚动体以转频 f_c 冲击保持架横梁,强制加剧了保持架振动。对于裂纹保持架,其振动信号有明显的频率特征信号,并且在 x 方向位于转频 f_c 处的信号具有最大幅值,在 y 方向位于转频 $2f_c$ 处的信号具有最大幅值。另外,在 x 方向可以观测到明显的 $0.5f_c$ 信号,这是由于保持架周向冲击碰撞力的不平衡分布导致保持架的质心发生了偏心,当裂纹改变保持架兜孔间隙时,形心与保持架质心之间出现错位。

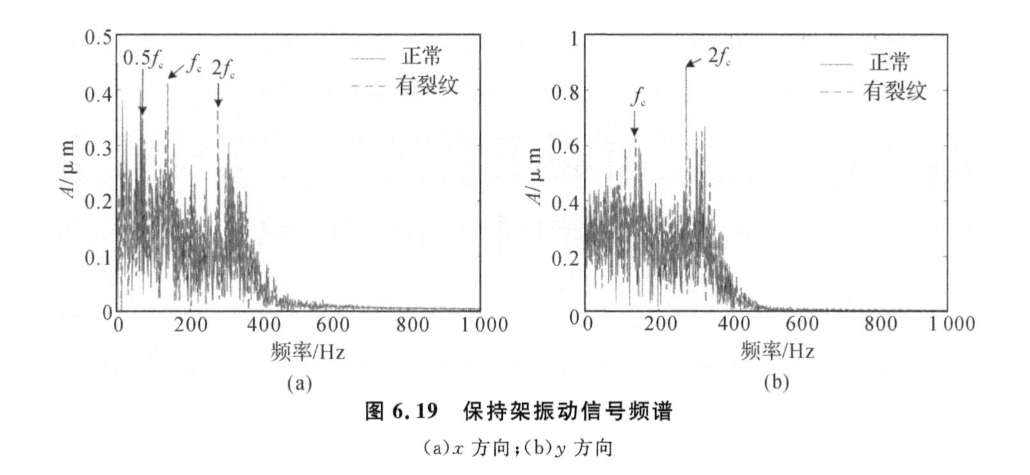

图 6.19　保持架振动信号频谱

(a)x 方向；(b)y 方向

6.6　本章小结

本章建立了考虑保持架横梁裂纹的等效刚度计算模型，将其集成到行星轴承动力学模型中，分析了裂纹深度与几何位置对保持架横梁等效结构刚度的影响规律，获得了不同裂纹深度影响下的保持架冲击碰撞力及其频谱特征，并研究了裂纹深度对行星轴承元件振动特征的影响规律，主要结论如下：

(1)当裂纹深度由 $0.03h$ 增大到 $0.99h$ 时，保持架横梁结构刚度从 1.2×10^{8} N/m 减小到 1.12×10^{5} N/m。

(2)保持架横梁冲击碰撞力随其结构刚度的降低而减小，裂纹导致横梁附近的兜孔间隙发生变化，且冲击碰撞力在前兜孔随着间隙的减小而增加，在后兜孔随着间隙的增加而减小。

(3)保持架横梁上的裂纹导致了保持架的振动加剧。在给定的裂纹深度下，保持架在 x 和 y 方向上的加速度分别提高了 12.53%和 5.83%。

(4)考虑裂纹的情况下，保持架在 x 方向位于转动频率 f_c 处的信号具有最大幅值，在 y 方向位于转动频率 $2f_c$ 处的信号具有最大幅值。

第7章　柔性齿圈激励建模方法及行星系统振动响应特征分析

7.1 引　　言

行星排传动机构采用多个行星轮均匀分担载荷，使其具有体积小、重量轻、承载能力高等优点。然而，由于制造和安装误差的存在，各行星轮之间载荷分配存在差异，需要采用均载装置改善各行星齿轮之间的载荷分配。针对这一问题，常采用具有弹性变形能力的柔性齿圈改善行星轮系中的载荷分配不均现象，但是，柔性齿圈的弹性变形会改变各行星轮与齿圈之间的啮合刚度和啮合力，并通过传递路径影响行星轴承的载荷分布特征，改变行星轴承的振动特征和服役寿命。

本章针对柔性齿圈结构中的行星轴承载荷分布和振动传递问题，提出柔性齿圈激励下的行星轴承动力学建模方法，分析柔性齿圈结构对行星轮-齿圈啮合刚度的影响规律，研究柔性齿圈、行星轴承滚道局部故障和行星轮偏心误差影响下的行星轴承振动传递与振动响应特征，为行星齿轮结构中行星轴承的振动特征传递问题和振动信号监测提供理论依据和手段。

7.2 柔性齿圈激励分析与行星轮系动力学建模

7.2.1 内齿圈-行星轮综合啮合刚度计算方法

对于柔性齿圈，其内部弹性引起的附加变形经常在行星轮系动力学建模中被忽略，然而柔性齿圈基础弹性诱发的附加变形较大，对齿圈啮合刚度具有较大影响，且具有较强的时变特征，因此，对于齿圈厚度较小的应用，必须考虑其弹性变形。如图7.1所示，考虑柔性齿圈的实际约束边界条件，采用弯曲铁木辛柯梁理论[151]，将外部载荷与约束作为边界条件，并将实际复杂结构齿圈简化为光滑齿圈。假设齿圈有 n 个约束点，且有1个外部载荷作用在齿圈上，可将齿圈划分为 $n+1$ 个组成部分，对于其中一段，如图7.1(b)所示，其径向变形

(w)、圆周变形($u_{\theta 0}$)和围绕质心的横截面旋转量(ϕ)[151-152]分别为

$$\frac{\partial^5 w}{\partial\theta^5}+2\frac{\partial^3 w}{\partial\theta^3}+\frac{\partial w}{\partial\theta}=\frac{R^2b(R^2EA+EI)}{EIEA}\frac{\mathrm{d}q_r}{\mathrm{d}\theta}-\frac{R^2b\mathrm{d}^3q_r}{\mathrm{d}\theta}+\frac{R^4b}{EI}q_\theta-\frac{R^2b(EA+GA)}{GAEA}\frac{\mathrm{d}^2q_\theta}{\mathrm{d}\theta^2}$$

$$\frac{\mathrm{d}u_{\theta 0}}{\mathrm{d}\theta}=-P_1\left(\frac{\mathrm{d}^4w}{\mathrm{d}\theta^4}+\frac{\mathrm{d}^2w}{\mathrm{d}\theta^2}\right)-w+\frac{R^2b}{EA}q_r-P_1\frac{R^2b}{GA}\frac{\mathrm{d}^2q_r}{\mathrm{d}\theta^2}-P_1\frac{R^2b(EA+GA)}{GAEA}\frac{\mathrm{d}q_\theta}{\mathrm{d}\theta}$$

$$\phi=\frac{1}{R}\left[u_{\theta 0}-\left(1+\frac{EA}{GA}\right)\frac{\mathrm{d}w}{\mathrm{d}\theta}\right]-\frac{EA}{RGA}\frac{\mathrm{d}^2u_{\theta 0}}{\mathrm{d}\theta^2}-\frac{Rb}{GA}q_\theta \tag{7.1}$$

式中:E和G分别为弹性模量和剪切模量;I和A分别为截面惯性矩和截面面积;θ表示计算截面角位置;R和b分别为齿圈中性面的半径和宽度;q_r和q_θ分别表示径向和周向分布载荷。另外,$P_1=EIGA/(R^2EAGA+EIGA+EIEA)$。

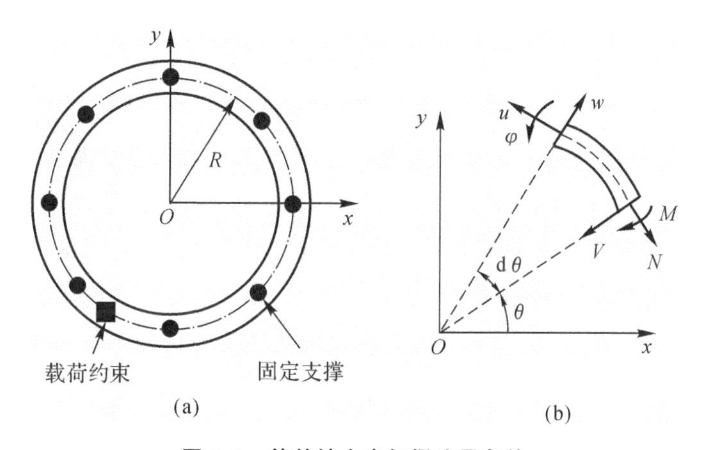

图7.1 等效铁木辛柯梁边界条件

(a)齿圈;(b)齿圈局部边界条件

假设齿圈分布载荷为零,给出了均匀弯曲铁木辛柯梁方程[见式(7.1)]的一般齐次解[151],即

$$\left.\begin{aligned}
w(\theta)=&-C_2-C_3\cos\theta+C_4\sin\theta-\\
&C_5\left(\theta\cos\theta+\sin\theta\frac{R^2GAEA+EIEA-EIGA}{R^2GAEA+EIEA+EIGA}\right)+\\
&C_6\left(\theta\sin\theta-\cos\theta\frac{R^2GAEA+EIEA-EIGA}{R^2GAEA+EIEA+EIGA}\right)\\
u_{\theta 0}(\theta)=&C_1+C_2\theta+C_3\sin\theta+C_4\cos\theta+C_5\theta\sin\theta+C_6\theta\cos\theta\\
\phi(\theta)=&C_1\frac{1}{R}+C_2\frac{\theta}{R}+C_5\frac{2RGAEA}{R^2GAEA+EIEA+EIGA}\cos\theta-\\
&C_6\frac{2RGAEA}{R^2GAEA+EIEA+EIGA}\sin\theta
\end{aligned}\right\} \tag{7.2}$$

式中:$Ck(1\leqslant k\leqslant 6)$表示由齿轮轮圈边界条件确定的系数。

另外,图7.1(b)所示的齿圈局部截面位置的内力N、V和力矩M分别为

$$\left.\begin{aligned}N(\theta)&=\frac{2EIGAEA}{(R^2GAEA+EIEA+EIGA)R}(C_5\sin\theta+C_6\cos\theta)\\V(\theta)&=\frac{2EIGAEA}{(R^2GAEA+EIEA+EIGA)R}(-C_5\cos\theta+C_6\sin\theta)\\M(\theta)&=C_2\frac{EI}{R^2}-\frac{2EIGAEA}{R^2GAEA+EIEA+EIGA}(C_5\sin\theta+C_6\cos\theta)\end{aligned}\right\}\tag{7.3}$$

假设齿圈螺栓孔处的径向与周向位移被完全约束,在啮合力作用下的边界条件为

$$\left.\begin{aligned}u_k&=u_{k+1}\\w_k&=w_{k+1}\\\varphi_k&=\varphi_{k+1}\\M_{k+1}-M_k&=m_0\\V_{k+1}-V_k&=F_r\\N_{k+1}-N_k&=F_t\end{aligned}\right\}\tag{7.4}$$

如图 7.2 所示,作用于点 A 上的径向力和切向力以及力矩可以表示为

$$F_{\mathrm{r}}=F\cos\gamma,\quad F_{\mathrm{t}}=F\sin\gamma,\quad m_0=F_{\mathrm{t}}|OB|-F_{\mathrm{r}}|AB|\tag{7.5}$$

对于在允许旋转时限制横向运动的固定支撑位置,边界条件可以描述为

$$u_k=0,u_{k+1}=0,w_k=0,\ w_{k+1}=0,\ \varphi_k=\varphi_{k+1},\ M_k=M_{k+1}\tag{7.6}$$

根据柔性齿圈的变形及其边界条件,采用齿圈柔性变形引起的位移 δ_{r} 计算齿圈啮合刚度,即

$$K_{\mathrm{ring}}=F/\delta_{\mathrm{r}}\tag{7.7}$$

式中:δ_{r} 的计算公式[153-154]为

$$\delta_{\mathrm{r}}=\left[-\left(1+\frac{h_{\mathrm{r}}}{r_{\mathrm{f}}}\right)\left(v^g(\theta_1)-\frac{h}{2}\varphi^g(\theta_1)\right)-\frac{h_{\mathrm{r}}}{r_{\mathrm{f}}}\frac{\partial u^g(\theta_1)}{\partial\theta}\right]\cos\alpha_1+u^g(\theta_1)\sin\alpha_1\tag{7.8}$$

式中:r_{f} 表示齿圈内圆半径;θ_1 表示齿圈-行星轮的第 j 个啮合齿对在基体圆环第 g 段位置角度;h_{r} 表示啮合线与轮齿中心线交点到齿圈齿顶圆的距离,如图 7.2 所示。

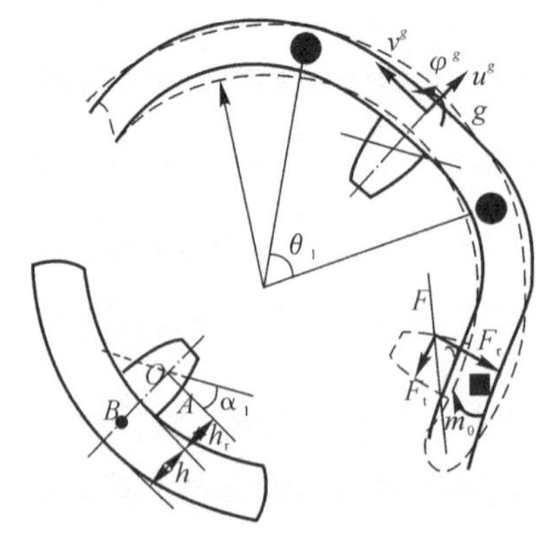

图 7.2　齿轮啮合力作用下的齿圈附加变形

对于刚性齿圈，其啮合刚度可根据势能原理获得[155]。齿轮整体刚度综合了齿轮的弯曲、剪切和轴向压缩刚度，表达式为

$$\frac{1}{K}=\frac{1}{K_{\mathrm{b}}}+\frac{1}{K_{\mathrm{s}}}+\frac{1}{K_{\mathrm{a}}} \tag{7.9}$$

式中：K_{b}、K_{s} 和 K_{a} 分别表示齿轮弯曲、剪切和轴向压缩刚度，且有

$$U_{\mathrm{b}}=\frac{F^2}{2K_{\mathrm{b}}},\quad U_{\mathrm{s}}=\frac{F^2}{2K_{\mathrm{s}}},\quad U_{\mathrm{a}}=\frac{F^2}{2K_{\mathrm{a}}} \tag{7.10}$$

式中：U_{b}、U_{s} 和 U_{a} 分别表示由弯曲变形、剪切变形和轴向压缩刚度产生的能量；F 表示齿轮啮合力。

因此，内齿圈与行星轮之间的总啮合刚度可表示为

$$k_{\mathrm{rp}}=\frac{K_{\mathrm{ring}}K}{K_{\mathrm{ring}}+K} \tag{7.11}$$

7.2.2 柔性齿圈激励与行星轮系动力学建模

图7.3所示为柔性齿圈的行星轮系统动力学模型，系统含有 N 个行星轮。由于该系统为直齿轮传动方式，故假设该系统为平面传动系统，系统构件为刚体，且太阳轮、行星轮和行星架等均构建有3个自由度。齿轮间的啮合关系简化为弹簧和阻尼系统，啮合力作用在齿轮副间的啮合线上，行星轮均布，太阳轮端力矩与转速输入，行星架为转矩和转速输出端。对于柔性齿圈，根据式(7.1)～式(7.11)计算其时变啮合刚度。图7.3中 k 和 c 分别表示系统中采用的刚度和阻尼，符号 s、p、r 和 c 分别表示太阳轮、行星轮、齿圈和行星架，且符号 x、y 和 t 分别表示 x 方向、y 方向和转向自由度。另外，该模型中考虑行星轴承的完整动力学响应，行星轴承内孔和行星架支撑臂分别作为行星轮轴内外圈滚道。

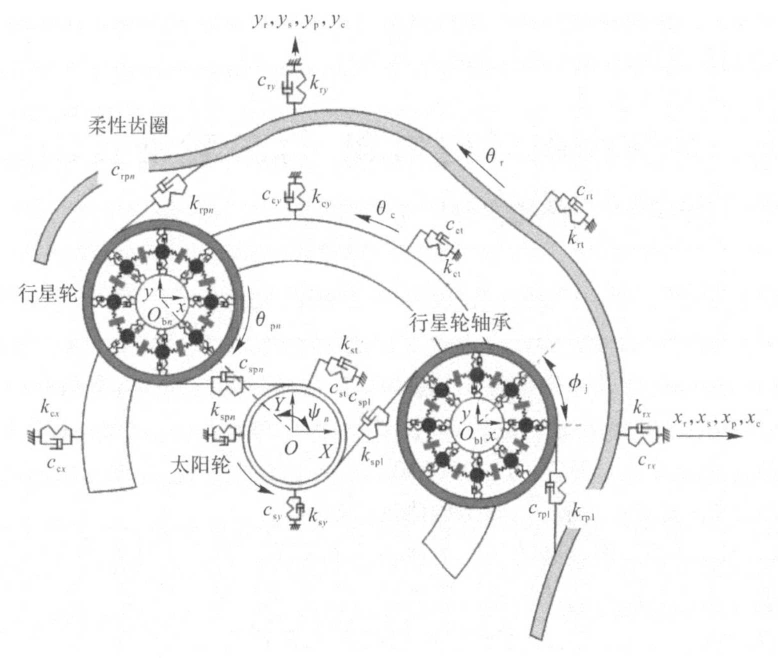

图7.3 柔性齿圈的行星齿轮系统动力学模型

柔性齿圈的行星齿轮传动系统动力学方程与第 3 章式(3.12)～式(3.52)一致，且建模方法相同，在柔性齿圈的行星排系统动力学模型求解时，用式(7.11)所示综合啮合刚度替代刚性齿圈模型中的齿轮啮合刚度，采用 4 阶龙格-库塔法进行数值求解，并对行星架时变转速信号进行数据分析。

7.2.3 行星轴承滚道局部故障与行星轮偏心误差建模

对于行星轴承滚道点蚀与剥落等故障，滚动体进入局部故障后立刻离开，局部故障产生的时变位移激励由半正弦函数表示，即

$$H_d=\begin{cases}\Delta d\sin\left[\dfrac{\pi}{\theta_{\mathrm{d}}}(\mathrm{mod}(\theta_{\mathrm{d}i},2\pi)-\theta_{\mathrm{d}0})\right], & 0\leqslant \mathrm{mod}(\theta_{\mathrm{d}i},2\pi)-\theta_{\mathrm{d}0}\leqslant\theta_{\mathrm{d}}\\ 0, & \text{其他}\end{cases}\tag{7.12}$$

式中：Δd 表示滚动体落入局部故障的最大深度；θ_{d} 表示局部故障沿滚道方向尺寸对应角度的弧度值；mod 表示求余函数；$\theta_{\mathrm{d}i}$ 表示滚动体相对于 X 轴的角位置；$\theta_{\mathrm{d}0}$ 表示局部故障初始位置对应角度。

行星轮安装孔需要较高的位置度要求，加工难度较大，因此行星轮容易产生偏心误差，影响行星排滚针轴承的振动特性。偏心误差的存在，会对行星排的振动特性产生影响。忽略偏心误差带来的啮合角以及啮合刚度变化，仅考虑行星轮的安装轴线误差，则有

$$\begin{aligned}\delta_{\mathrm{sp}n}=&(x_{\mathrm{s}}-x_{\mathrm{sp}n}-E_{\mathrm{p}n}\cos\Psi_n)\cos\Psi_{\mathrm{s}n}+(y_{\mathrm{s}}-y_{\mathrm{sp}n}-E_{\mathrm{p}n}\sin\Psi_n)\sin\Psi_{\mathrm{s}n}+\\&r_{\mathrm{s}}\theta_{\mathrm{s}}+r_{\mathrm{p}n}\theta_{\mathrm{p}n}-r_{\mathrm{c}}\theta_{\mathrm{c}}\cos\alpha\end{aligned}\tag{7.13}$$

$$\begin{aligned}\delta_{\mathrm{rp}n}=&(x_{\mathrm{r}}-x_{\mathrm{p}n}-E_{\mathrm{p}n}\cos\Psi_n)\cos\Psi_{\mathrm{r}n}+(y_{\mathrm{r}}-y_{\mathrm{p}n}-E_{\mathrm{p}n}\sin\Psi_n)\sin\Psi_{\mathrm{r}n}+\\&r_{\mathrm{r}}\theta_{\mathrm{r}}-r_{\mathrm{p}n}\theta_{\mathrm{p}n}-r_{\mathrm{c}}\theta_{\mathrm{c}}\cos\alpha\end{aligned}\tag{7.14}$$

式中：$E_{\mathrm{p}n}$ 表示第 n 个行星轮偏心误差值。

7.3 柔性齿圈对内齿轮-行星轮啮合刚度的影响规律分析

图 7.4 所示为柔性齿圈不同厚度对应的结构刚度，齿圈周向有 6 个支撑点。当齿圈厚度 h 为 10 mm 时，柔性齿圈结构刚度在两支撑点位置最大，其值为 5.664×10^{10} N/m，靠近齿圈圆环一段的中部位置结构刚度最小，其值为 9.703×10^{8} N/m；当齿圈厚度 h 为 20 mm 时，柔性齿圈结构刚度在两支撑点位置最大，其值为 1.236×10^{11} N/m，靠近齿圈圆环一段的中部位置结构刚度最小，其值为 1.905×10^{9} N/m。结果显示，柔性齿圈的厚度会显著影响齿圈结构刚度，且齿圈厚度越大，其结构刚度也越大。

采用式(7.11)将结构刚度和轮齿啮合刚度进行耦合，获得齿圈柔性变形影响下的轮齿啮合综合刚度。图 7.5 所示为不考虑齿圈柔性变形的啮合刚度，图 7.6 所示为行星轮与齿圈啮合的综合刚度。图 7.6 显示，不同齿圈厚度下的螺栓支撑点位置的综合刚度数值变化小，远离支撑点的综合刚度呈减小的趋势，当齿圈厚度 h 为 10 mm 时，齿圈综合刚度的最大

值为 9.245×10^8 N/m，最小值为 3.587×10^8 N/m；当齿圈厚度 h 为 20 mm 时，齿圈综合刚度的最大值为 9.376×10^8 N/m，最小值为 4.376×10^8 N/m。

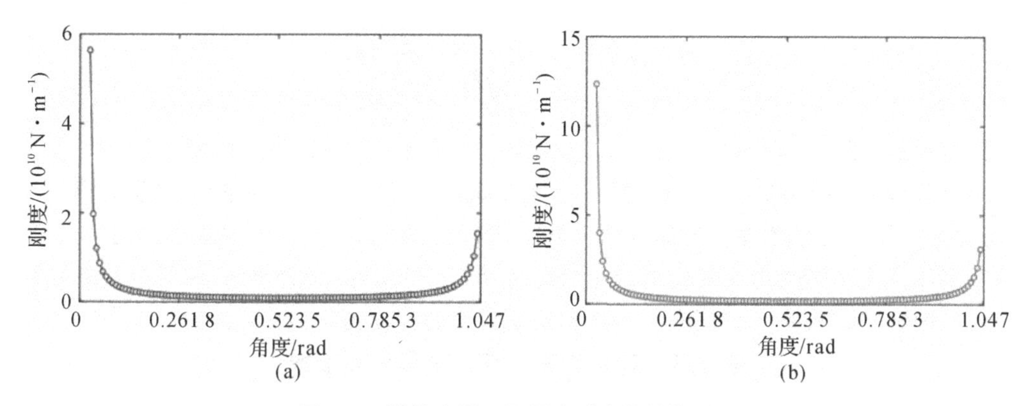

图 7.4　柔性齿圈不同厚度对应的结构刚度

(a)h=10 mm；(b)h=20 mm

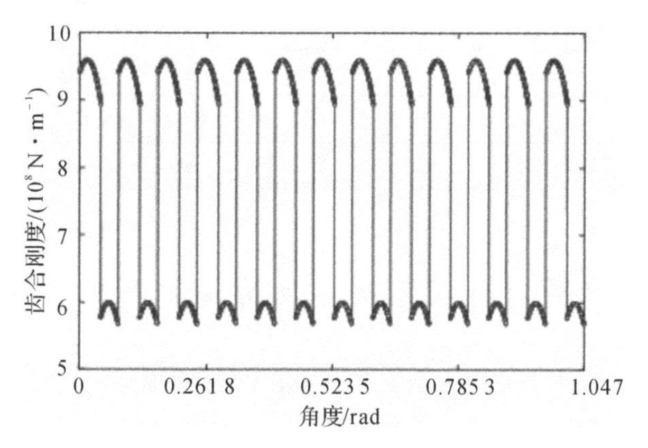

图 7.5　不考虑齿圈柔性变形的啮合刚度

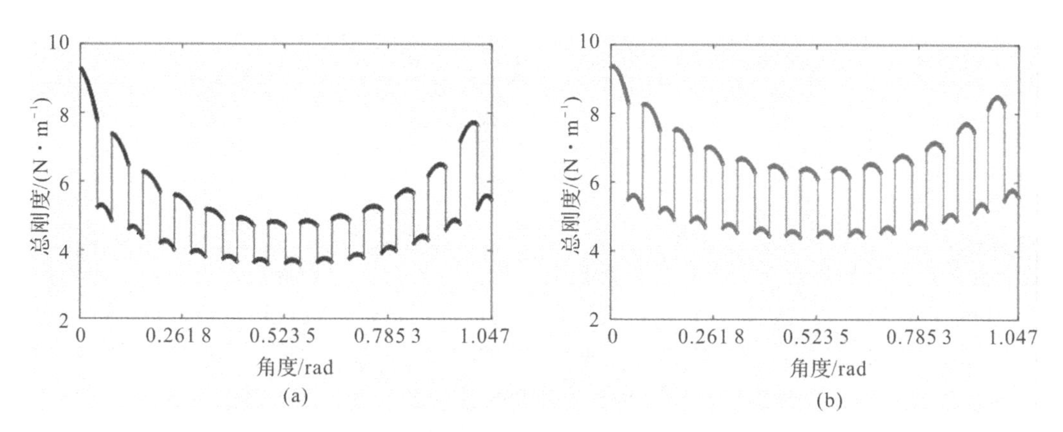

图 7.6　柔性齿圈不同厚度对应的综合刚度

(a)h=10 mm；(b)h=20 mm

7.4 行星轮内外部耦合激励与振动响应特征之间的关系

选取行星齿轮传动参数，见表7.1。行星轴承为滚针与保持架组件，型号为SKF K32×40×25，行星轴承的游隙为10 μm，保持架兜孔间隙为50 μm。行星轮系参数与第3章相同，考虑齿圈柔性变形条件下的综合啮合刚度，建立单排行星轮系刚-柔耦合动力学模型，对比分析刚体齿圈和柔性齿圈对应的行星齿轮传动系统振动特征的异同，同时分析行星轴承滚道波纹度和局部故障等内部激励对行星轴承系统的振动特征的影响规律。

表7.1 行星轮系和行星轴承尺寸参数

参数	数值	参数	数值
内圈滚道直径(d_i)/mm	32	外圈滚道直径(d_o)/mm	40
公称直径(d_m)/mm	36	滚动体直径(D)/mm	4
保持架兜孔间隙(C_p)/μm	50	径向游隙(C_r)/μm	10
保持架质量(m_c)/kg	0.08	滚动体数量(n)	17
滚动体有效接触长度(l)/mm	28.8	摩擦因数(μ)	0.002

7.4.1 柔性齿圈对行星系统振动特征的影响研究

图7.7所示为柔性齿圈与刚性齿圈工况下的滚动体-滚道接触力对比分析。结果显示，柔性齿圈工况下的接触力幅值小于刚性齿圈工况下的接触力幅值，然而，齿圈柔性对于接触力的幅值具有较轻微的影响，因此在计算行星轴承内部接触载荷时不考虑齿圈柔性变形是合理的。

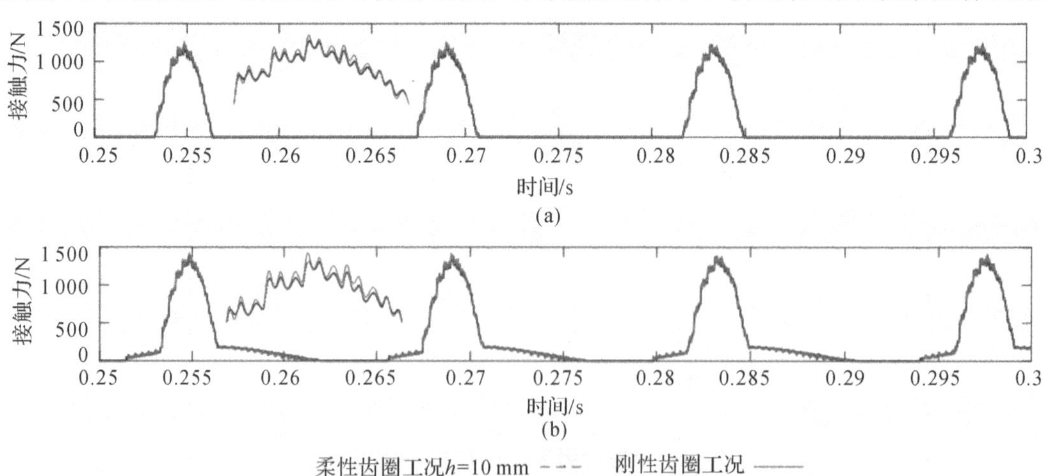

图7.7 柔性齿圈与刚性齿圈工况下的滚动体-滚道接触力对比分析

(a)内圈滚道；(b)外圈滚道

图 7.8 所示为柔性齿圈与刚性齿圈工况下的滚动体-保持架冲击碰撞力对比分析，由于滚动体与保持架横梁的冲击载荷幅值具有较大的随机性，且受到转速、摩擦因数与兜孔间隙等影响因素的约束，故柔性齿圈与刚性齿圈工况下的滚动体-保持架冲击碰撞力幅值相差较大。当太阳轮输入力矩为 200 N·m、转速为 6 000 r/min、齿厚为 10 mm 时，在 0.3～0.4 s 的计算时间段内，刚性工况下的保持架冲击力幅值为 226.8 N，柔性工况下的保持架冲击力幅值为 365.4 N，幅值差异为 37.93%。因此，保持架冲击载荷对齿圈柔性相对敏感，齿圈柔性变形对行星轴承滚动体与保持架之间的冲击碰撞载荷影响比较大，易使行星轴承表现出明显的冲击特征，且在行星轴承的长时间服役周期中，诱发保持架裂纹萌生以及断裂失效，导致行星轴承振动加剧与服役寿命缩短，影响行星排服役性能。

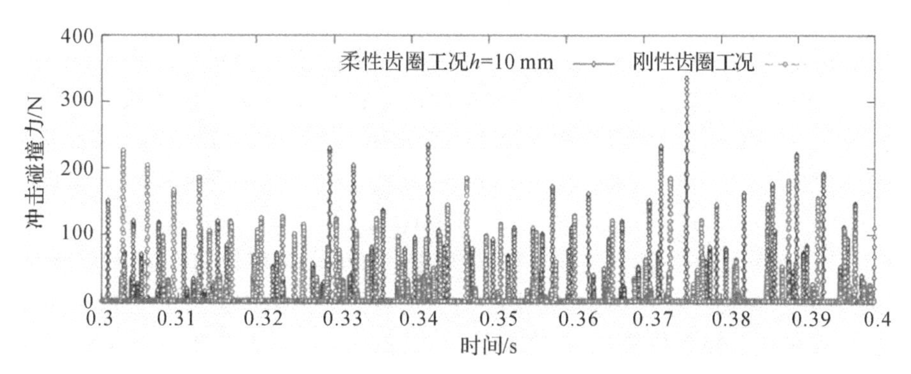

图 7.8　柔性齿圈与刚性齿圈工况下的保持架冲击碰撞力对比分析

图 7.9 所示为第 1 个行星轮在 x 和 y 方向的振动加速度。结果显示：在 x 方向，刚性与柔性工况下的振动加速度幅值分别为 436.2 m/s^2 和 420.5 m/s^2，两幅值之间的差异比较小；在 y 方向，刚性与柔性工况下的振动加速度幅值分别为 1 810 m/s^2 和 1 312 m/s^2，相对于刚性工况，柔性齿圈变形下的振动加速度幅值减小了 27.51%。结果表明，柔性齿圈影响下的行星轮振动加速度幅值在 y 方向显著减小，这是由于齿圈在柔性变形过程中综合刚度减小，降低了齿轮传动过程中的刚度激励，减小了齿轮啮合振动冲击。

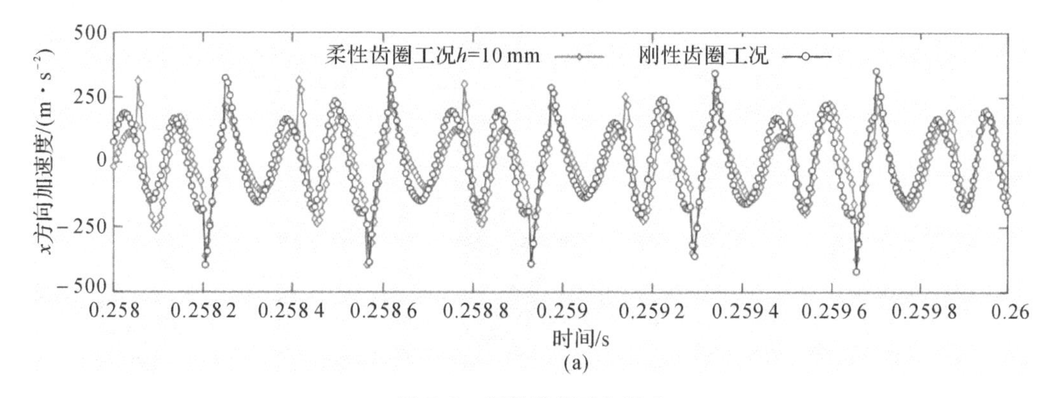

图 7.9　行星轮振动加速度

(a) x 方向

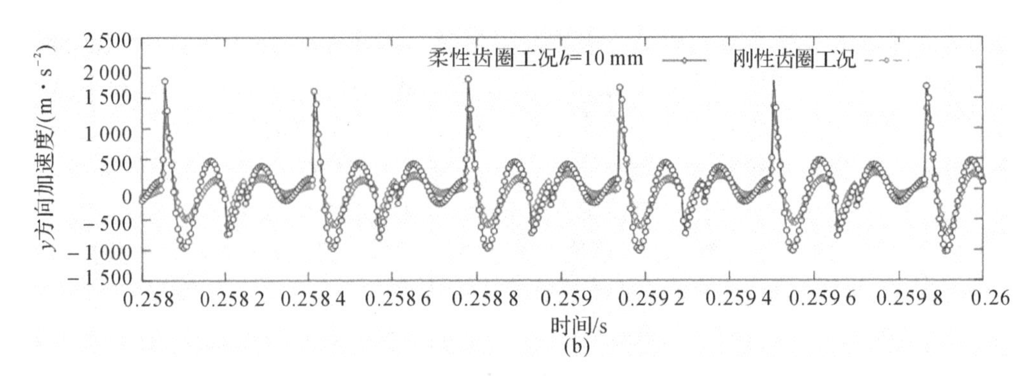

续图 7.9 行星轮振动加速度

(b) y 方向

图 7.10 所示为齿圈在 x 和 y 方向的振动加速度频谱对比分析。结果显示，在 x 方向，相对于刚性工况，柔性工况下的齿圈振动加速度信号在啮合频率及倍频成分位置的幅值出现了变化，在啮合频率位置，加速度幅值由 25.23 m/s^2 增大为 26.74 m/s^2，在 2 倍啮合频率处，加速度幅值由 23.64 m/s^2 减小为 15.11 m/s^2。同时，2 倍啮合频率位置出现了明显的边带，即 $lf_m \pm mnf_c(l,m=\cdots,-3,-2,-1,0,1,2,3,\cdots)$，$n$ 表示齿圈上约束点个数，该工况下 $n=6$，齿圈柔性变形导致行星架转频成分与啮合频率幅值调制，而特征频率成分与齿圈支撑点数目相关。在 y 方向，齿圈振动加速度的频谱频率成分及幅值与 x 方向振动信号相似，并且在啮合频率位置，加速度幅值由 24.80 m/s^2 增大为 26.67 m/s^2，在 2 倍啮合频率处，加速度幅值由 23.63 m/s^2 减小为 15.08 m/s^2。

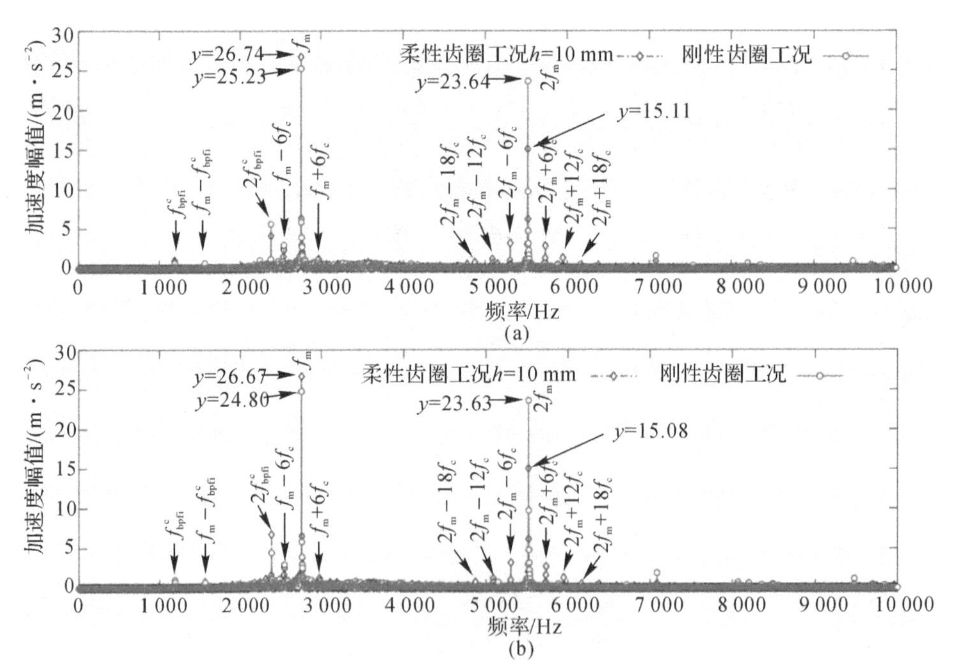

图 7.10 齿圈振动加速度频谱

(a) x 方向；(b) y 方向

图 7.11 所示为行星轮、行星架和齿圈质心轨迹图，相对于刚性齿圈，柔性变形对其质心轨迹的影响小，行星架在两种工况下的质心轨迹范围基本一致，呈近似多边形形状，而齿圈质心轨迹则更加复杂，呈不规则形状。然而，行星轮在齿圈柔性变形的影响下，其质心轨迹范围在水平和竖直方向都有扩大的迹象，这是由于齿圈柔性变形导致行星轮在平动自由度上的振动位移增大，引起行星轮的活动范围变大。

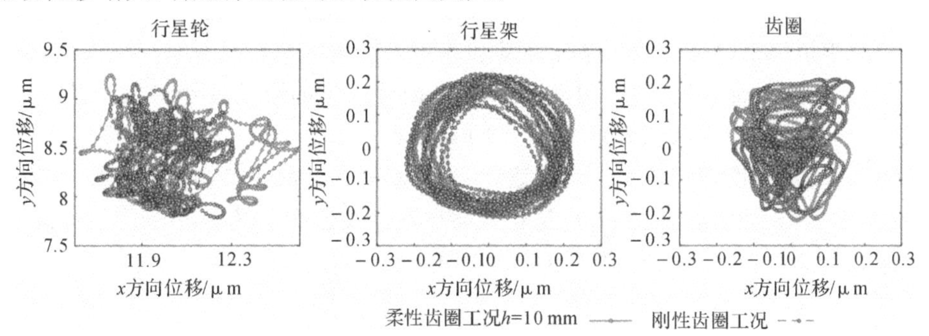

图 7.11　行星轮、行星架和齿圈质心轨迹图

对于行星轴承保持架，其冲击碰撞与振动受转速、载荷、兜孔间隙和润滑状态等多因素的影响，如 6.5 节所述，正常行星轴承保持架与多个滚动体同时相互作用，且冲击强度大小不同，其冲击载荷与振动特征具有随机性，不易观测到周期冲击信号。图 7.12 所示为行星轴承滚动体-保持架冲击碰撞载荷频谱，在其中可以观测到保持架转动频率（f_{cgc}）及倍频信息，然而保持架转动频率对应的碰撞载荷幅值较小，且频率成分被噪声干扰，不易检测。图 7.13 所示为第一个行星轴承保持架振动加速度频谱，由于滚动体与保持架之间具有随机碰撞行为，从其振动加速度频谱上并不能直接观测到明显的特征频率成分。然而，在齿圈柔性变形影响下，保持架振动加速度在 0～8 000 Hz 范围内的幅值略大于刚性齿圈工况下的振动加速度信号幅值。

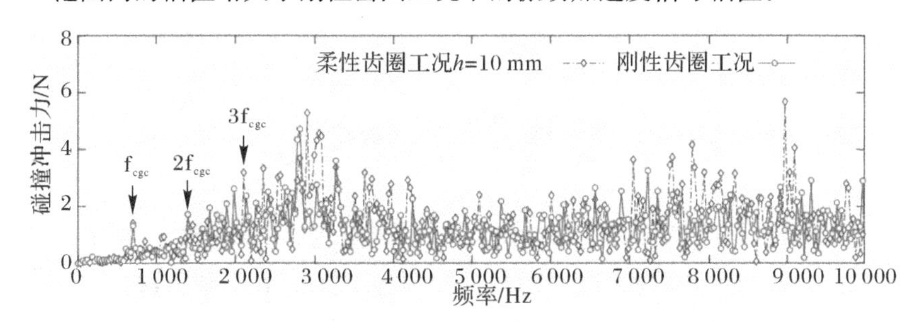

图 7.12　行星轴承滚动体-保持架冲击碰撞载荷频谱

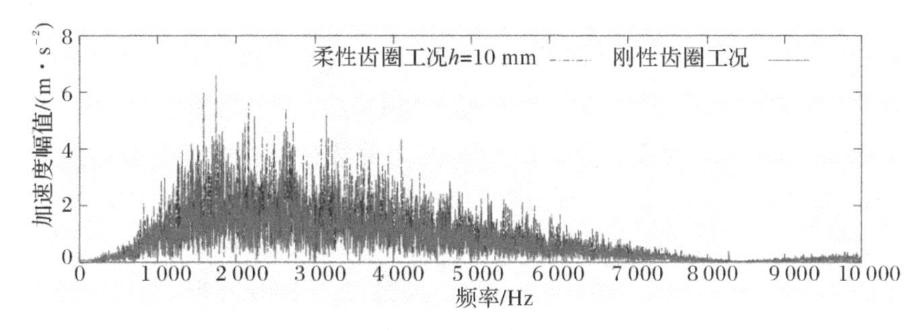

图 7.13　行星轴承保持架 X 方向振动加速度频谱

7.4.2 齿圈柔性变形与行星轴承局部故障耦合激励对行星系统振动的影响分析

图 7.14 所示为第 1 个行星轮在 x 和 y 方向的振动加速度，其中，行星轴承局部故障分布在外圈滚道，故障宽度为 0.6 mm，深度为 2 mm，柔性齿圈厚度为 10 mm。结果显示，在 x 方向，外圈滚道局部故障导致行星轮振动加速度幅值从 420.5 m/s^2 增大到 2724 m/s^2，显著增大了行星轮振动加速度幅值，且齿圈柔性对振动幅值的影响变小。在 y 方向，刚性与柔性工况下的振动加速度幅值分别为 2 583 m/s^2 和 1 801 m/s^2，相对于刚性工况，柔性齿圈变形下的振动加速度幅值较小。结果表明：行星轴承局部故障会引起振动加速度冲击，使其幅值显著增大；柔性齿圈工况下，行星轮振动加速度幅值在 y 方向小于刚性齿圈工况，因此，齿圈柔性变形对振动有一定程度的抑制作用。

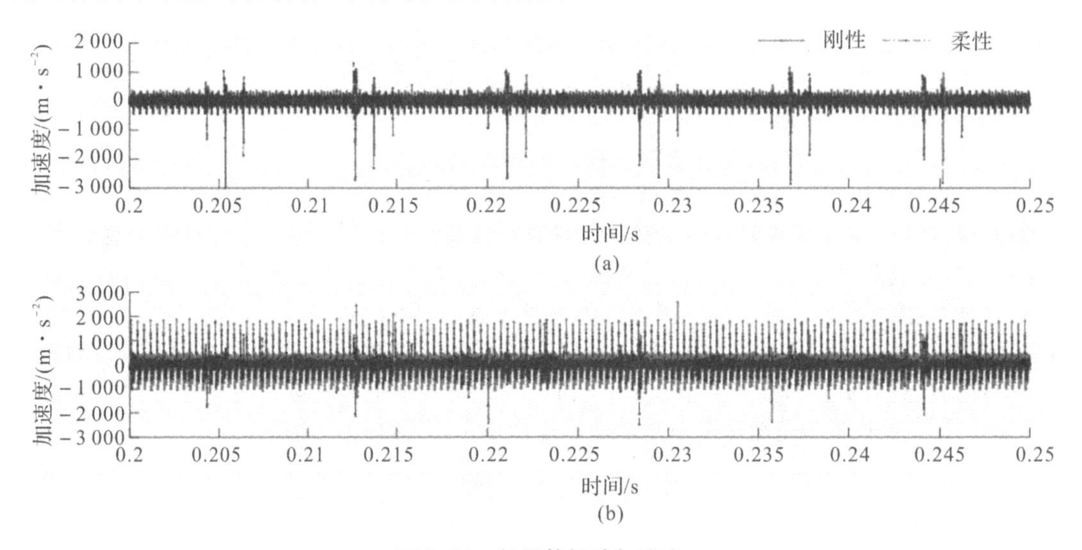

图 7.14 行星轮振动加速度

(a)x 方向；(b)y 方向

图 7.15 所示为行星轴承滚道局部故障工况下行星轮、行星架和齿圈在 x 方向的振动加速度频谱对比分析，包括刚性齿圈和柔性齿圈两种工况。结果显示，在 x 方向，相对于刚性工况，柔性工况下的行星轮、行星架和齿圈的振动加速度信号在特征频率及倍频成分位置的幅值出现了变化。对于行星轮，当行星轴承外圈滚道出现局部故障时，其振动信号频谱中出现了明显的外圈滚道相对于行星架的转动频率（f_{o}^{c}）、保持架相对转动频率（f_{cg}^{c}）、滚动体外圈故障特征频率（f_{bpfo}^{c}）及二倍频、齿轮啮合频率（f_{m}）及二倍频。

如图 7.15(b)(c)所示，对于行星架和齿圈，其主要特征频率为齿轮啮合频率（f_{m}）及倍频，而行星轴承特征频率对应的频率成分的振动加速度幅值较小。另外，对比刚性工况，柔性齿圈在啮合频率位置，加速度幅值由 25.47 m/s^2 增大为 27.15 m/s^2，在 2 倍啮合频率处，加速度幅值由 24.54 m/s^2 减小为 15.81 m/s^2。同时，对比刚性工况，柔性工况中 2 倍啮合频率位置出现了明显的边带，其间距为 nf_{c}，n 表示齿圈上约束点个数，该工况下 $n=6$。

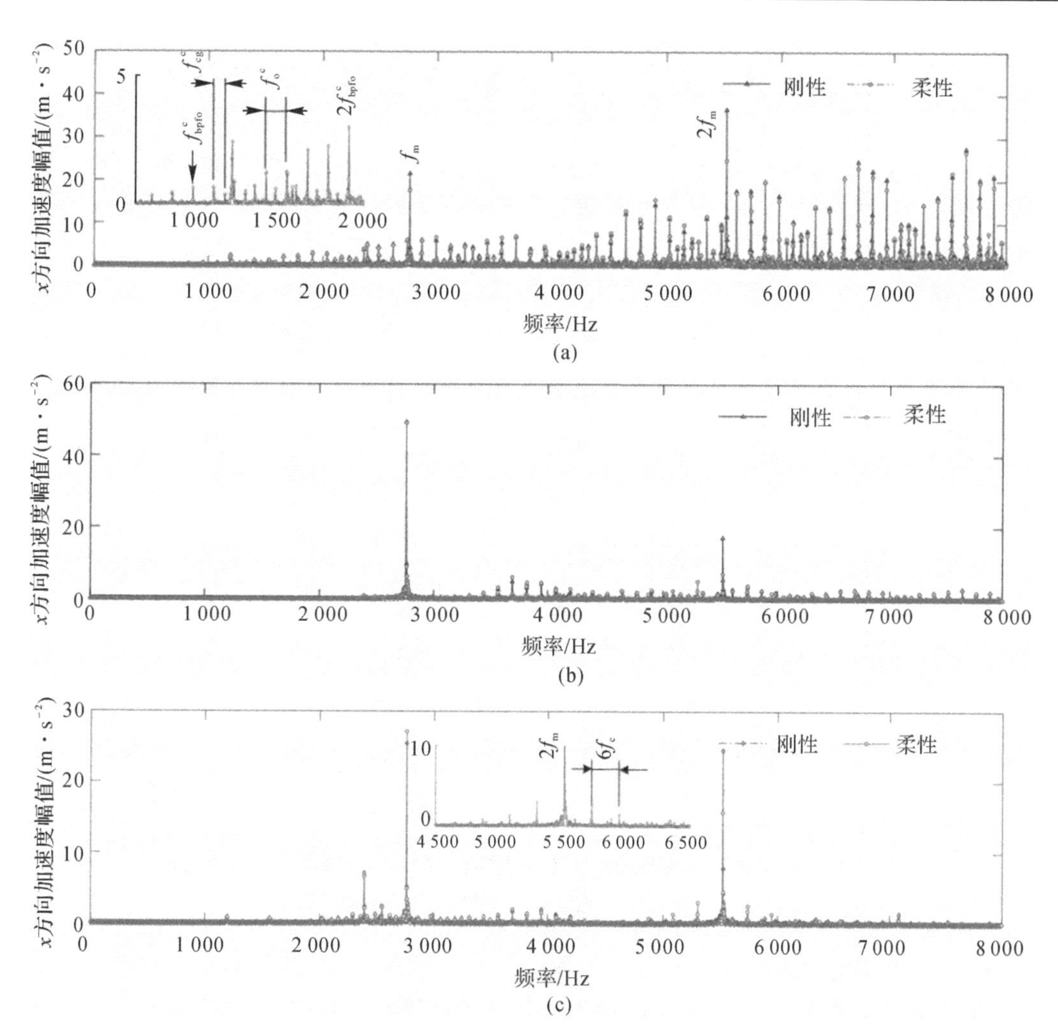

图 7.15　行星轮系 x 方向振动加速度

(a)行星轮;(b)行星架;(c)齿圈

图 7.16 所示为行星轮、行星架和齿圈质心轨迹图,两工况下的质心轨迹差异较小,且柔性工况下的质心轨迹范围更小。对比图 7.11 所示的健康工况下的质心轨迹可知,行星轴承外圈滚道故障对行星轮、行星架和齿圈的质心位移有一定的扰动。

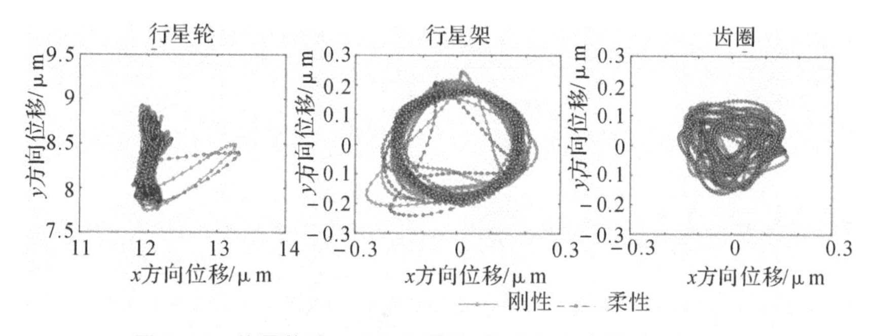

图 7.16　外圈故障工况下行星轮、行星架和齿圈质心轨迹图

7.4.3 齿圈柔性变形与行星轮偏心误差耦合激励分析

图 7.17 所示为健康行星轮与行星轮偏心工况下的滚动体-滚道接触力对比分析，行星轮偏心误差 $E_{p1}=10\ \mu m$。结果显示，健康行星轮工况下的接触力幅值小于行星轮偏心误差影响下的接触力幅值。对于滚动体与内圈滚道接触载荷，其幅值从 1 212 N 增大为 1 549 N，增幅为 27.8%；对于滚动体与外圈滚道接触载荷，其幅值从 1 374 N 增大为 1 675 N，增幅为 21.9%。因此，行星轮偏心会导致行星轴承内部载荷重新分布，且引起其内部载荷幅值增大。

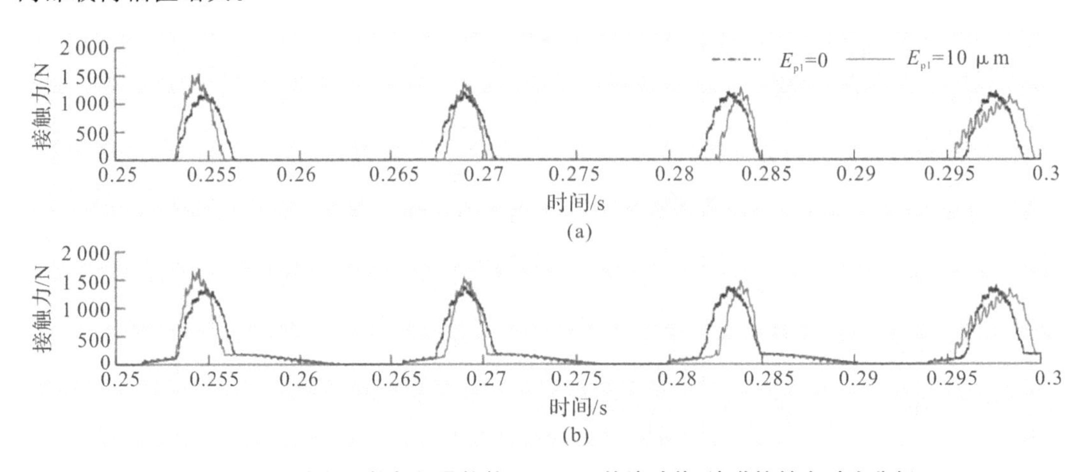

图 7.17 健康行星轮与行星轮偏心工况下的滚动体-滚道接触力对比分析

(a)滚动体-内圈滚道；(b)滚动体-外圈滚道

图 7.18 所示为健康行星轮与行星轮偏心工况下的滚动体-保持架冲击碰撞力对比分析，行星轮偏心误差 $E_{p1}=10\ \mu m$。在 0.2～0.3 s 的计算时间段内，健康行星轮工况下的保持架冲击力幅值为 325.6 N，行星轮偏心工况下的保持架冲击力幅值为 728.1 N，幅值增大约 2 倍。因此，行星轴承受行星轮偏心误差的影响较大，行星轮偏心误差会导致滚动体-保持架冲击载荷显著增大，容易诱发保持架裂纹和断裂失效。

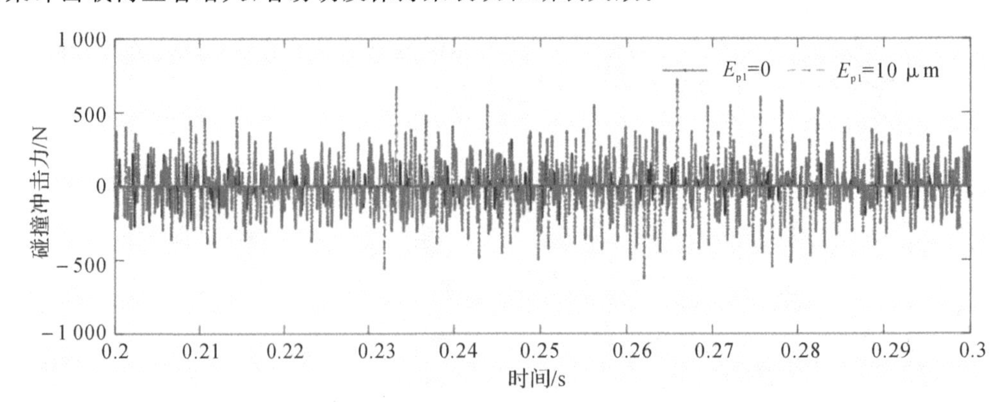

图 7.18 柔性齿圈与刚性齿圈工况下的保持架冲击碰撞力对比分析

图 7.19 所示为偏心误差影响下的第 1 个行星轮在 x 和 y 方向的振动加速度，其中，行星轮偏心误差 $E_{p1}=10\ \mu m$。结果显示，偏心误差导致行星轮振动加速度信号出现了明显的幅值调制现象，其幅值也明显增大。在 x 方向，其幅值从 300 m/s^2 增大为 615.1 m/s^2，在 y 方向，其振动加速度信号幅值从 1 339 m/s^2 增大为 2 630 m/s^2。偏心误差导致行星轮在平动自由度的位移增大，且引起行星轮在啮合线方向的接触变形变大，从而导致其振动加剧，行星轮振动通过啮合传递至行星架和齿圈，影响齿轮箱的振动水平。

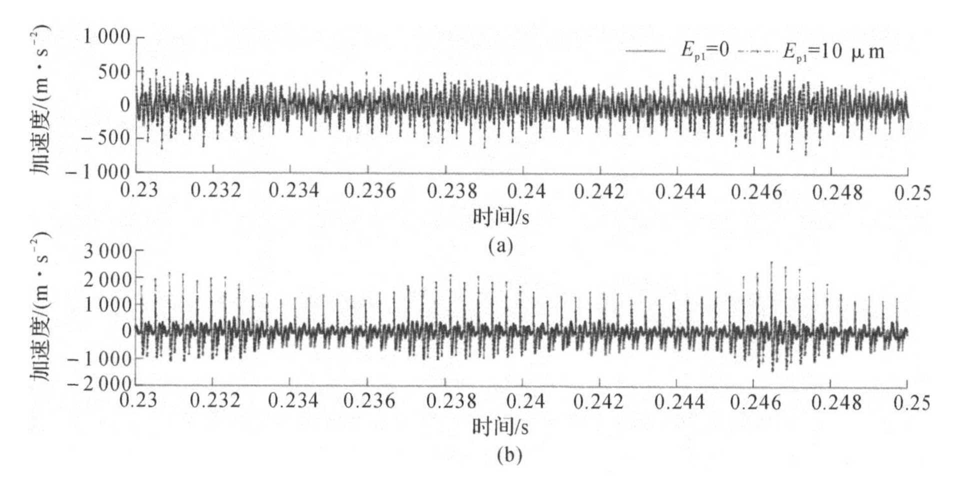

图 7.19　偏心误差影响下的行星轮振动加速度

(a)x 方向；(b)y 方向

图 7.20 所示为偏心误差影响下的行星轮、行星架和齿圈在 x 方向的振动加速度频谱对比，其中，行星轮偏心误差 $E_{p1}=10\ \mu m$。结果显示，在 x 方向，相对于健康工况，偏心误差工况下的行星轮、行星架和齿圈的振动加速度信号在特征频率及倍频成分位置的幅值出现了变化。对于行星轮，其振动信号频谱中出现了明显的外圈滚道相对于行星架的转动频率(f_o^c)，以及齿轮啮合频率(f_m)及二倍频，即 $f_m \pm f_o^c$ 和 $2f_m \pm f_o^c$。另外，当偏心误差出现在行星轮上时，行星轴承滚动体通过内圈滚道的特征频率 f_{bpfi}^c 对应的振动信号幅值降低，且不易观测。对于行星架，其振动信号特征频率成分与行星轮相似。然而，对于齿圈振动加速度信号，其特征频率中包含了齿圈柔性变形引起的频率 $6f_c$，表现为 $2f_m \pm 6f_c$，以及行星轮相对转动频率 f_o^c，表现为 $f_m - f_o^c$ 和 $2f_m \pm f_o^c$。

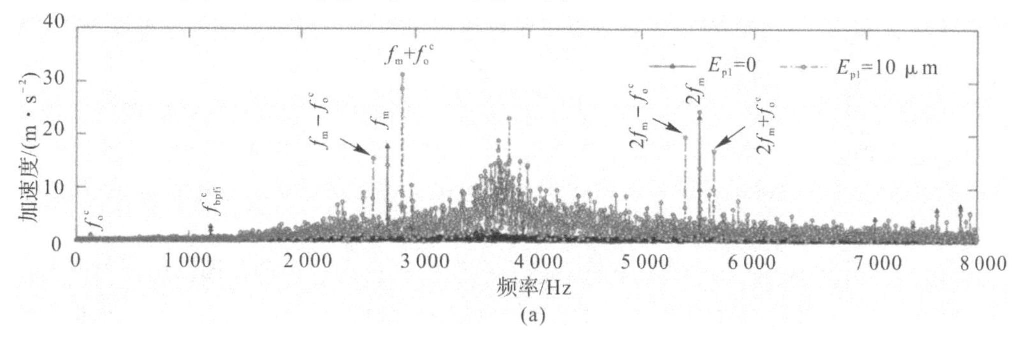

图 7.20　偏心误差影响下的行星轮系 X 方向振动加速度

(a)行星轮

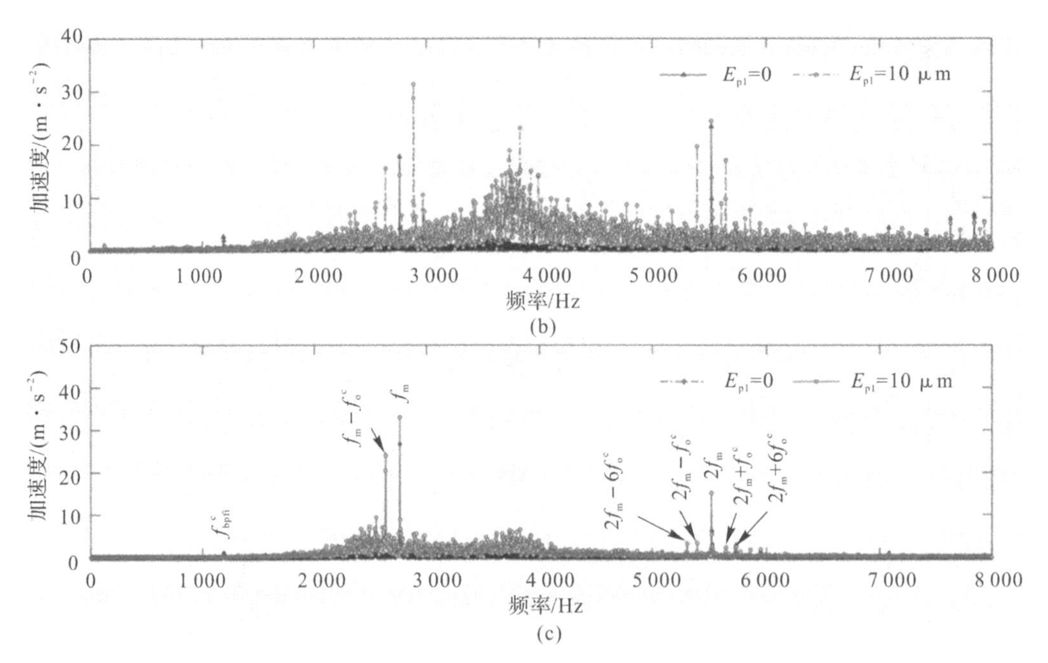

续图 7.20　偏心误差影响下的行星轮系 x 方向振动加速度

(b)行星架；(c)齿圈

7.5　本章小结

本章建立了柔性齿圈激励影响下的齿圈-行星轮时变综合啮合刚度计算方法，并将其集成到行星轴承系统动力学模型中，分析了柔性齿圈厚度影响下的行星系统动力学响应演变特征，并结合行星轴承波纹度与局部故障等耦合激励因素的影响，研究了行星系统振动响应的频谱特征。主要结论如下：

(1)齿圈柔性对于接触力的幅值具有较轻微的影响，因此在计算行星轴承内部接触载荷时不考虑齿圈柔性变形是合理的，但齿圈柔性变形会引起滚动体-保持架冲击力增大。

(2)齿圈在柔性变形过程中综合刚度减小，降低了齿轮传动过程中的刚度激励，减小了齿轮啮合振动冲击，使行星轮及齿圈等振动加速度幅值减小。对于行星轴承保持架，其振动信号并不具有明显的周期性。

(3)齿圈柔性变形对行星轮系振动有一定程度的抑制作用，然而，当行星轴承外圈滚道出现局部故障时，其振动信号频谱中出现了明显的外圈滚道相对于行星架的转动频率(f_o^c)、保持架相对转动频率(f_{cg}^c)、滚动体外圈故障特征频率(f_{bpfo}^c)及二倍频、齿轮啮合频率(f_m)及二倍频。

(4)当行星轮出现偏心误差时，其振动信号频谱中出现了明显的外圈滚道相对于行星架的转动频率(f_o^c)、齿轮啮合频率(f_m)及二倍频，即 $f_m \pm f_o^c$ 和 $2f_m \pm f_o^c$。对于齿圈振动加速度信号，其特征频率中包含了齿圈柔性变形引起的频率 $6f_c$，表现为 $2f_m \pm 6f_c$，以及行星轮相对转动频率 f_o^c，表现为 $f_m - f_o^c$ 和 $2f_m \pm f_o^c$。

第8章　双星行星轴承滚子尺寸偏差和行星轮安装轴线误差动力学建模方法

8.1　引　　言

在加工过程中，由于加工工艺等某些原因的影响，可能会导致轴承滚子存在尺寸偏差。此外，由于双星行星轮系的内外行星轮安装是先将行星轮放入行星架中，然后通过销轴来对行星轮进行定位，因此加工过程中内外行星轮安装孔需要较高的位置度要求，在加工过程中经常会出现两销轴孔轴线距离偏大或者偏小。以上两种现象均会造成行星轴承异常振动，使轴承内部动态载荷异常变化，影响行星轴承的使用寿命。针对行星轴承存在的滚子尺寸偏差以及轴线误差问题，本章考虑行星轴承滚子尺寸偏差、内外行星轮轴线误差及其耦合作用影响，基于双星行星轮系统动力学方程，建立行星轴承滚子尺寸偏差和内外行星轮轴线误差激励的双星行星轮系统动力学方程；研究行星轴承滚子尺寸偏差、内外行星轮轴线误差及其耦合作用对行星轴承接触和振动特性的影响规律。

8.2　行星轴承滚子尺寸偏差激励的双星行星轴承动力学建模方法

假设行星轴承滚子尺寸偏差为 Δr，规定滚子实际尺寸小于理论尺寸的尺寸偏差为正(＋)，滚子尺寸偏差如图8.1所示。图中 D_{b} 为滚子的理论轮廓，D_{b}'为滚子的实际轮廓，可以看出滚子的尺寸偏差会影响行星轴承的径向游隙和滚子-兜孔间隙，这会导致行星轴承的接触特性和振动特性发生变化。

考虑滚子尺寸偏差的滚子和内外圈滚道间的接触变形[156-159]为

$$\left.\begin{aligned}\delta_{\mathrm{i}j}&=(x_{\mathrm{c}}-x_j)\cos\theta_j+(y_{\mathrm{c}}-y_j)\sin\theta_j-C_{\mathrm{r}}-2\Delta r\\\delta_{\mathrm{o}j}&=(x_j-x_{\mathrm{p}})\cos\theta_j+(y_j-y_{\mathrm{p}})\sin\theta_j\end{aligned}\right\}\tag{8.1}$$

滚子和保持架之间的碰撞力[160]为

$$\left.\begin{aligned}F_{\mathrm{c}j}&=K_{\mathrm{cage}}\left[(\theta_j-\theta_{\mathrm{cage}})\frac{d_{\mathrm{m}}}{2}-C_{\mathrm{p}}-\Delta r\right],\quad \theta_j-\theta_{\mathrm{cage}}>0\\F_{\mathrm{c}j}&=K_{\mathrm{cage}}\left[(\theta_j-\theta_{\mathrm{cage}})\frac{d_{\mathrm{m}}}{2}+C_{\mathrm{p}}+\Delta r\right],\quad \theta_j-\theta_{\mathrm{cage}}<0\end{aligned}\right\}\tag{8.2}$$

将 δ_{ij}、δ_{oj} 和 F_{cj} 代入双星行星轴承动力学模型中，即可得到滚子尺寸偏差激励的双星行星轴承动力学模型。

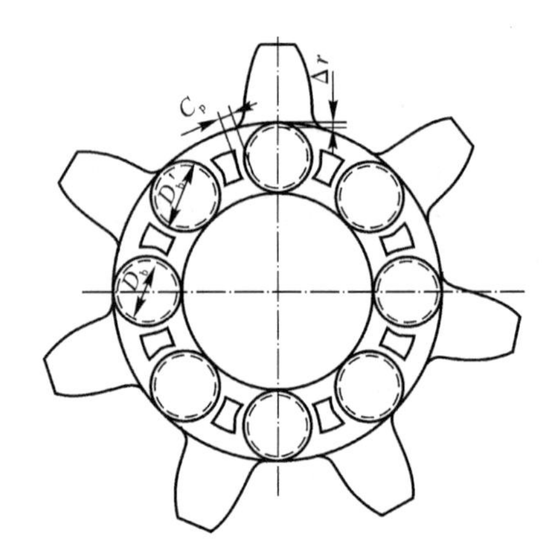

图 8.1　滚子尺寸偏差示意图

8.3　行星轮安装轴线误差激励的双星行星轴承动力学建模方法

内外行星轴承安装轴线偏心误差如图 8.2 所示，假设内外行星轮的相对位置角保持不变，内外行星轮旋转轴线偏差分别为 A_{an} 和 A_{bn}。忽略旋转轴线误差带来的啮合角的变化，仅考虑其带来的啮合变形的变化，则太阳轮相对于第 n 个内行星轮啮合时沿作用线上的弹性变形[161]可表示为

$$\delta_{san}=(x_s-x_{an}-A_{an}\cos\Psi_{an})\cos\Psi_{sn}+(y_s-y_{an}-A_{an}\sin\Psi_{an})\sin\Psi_{sn}+r_s\theta_s+r_{an}\theta_{an}-r_{ac}\theta_c\cos\alpha \tag{8.3}$$

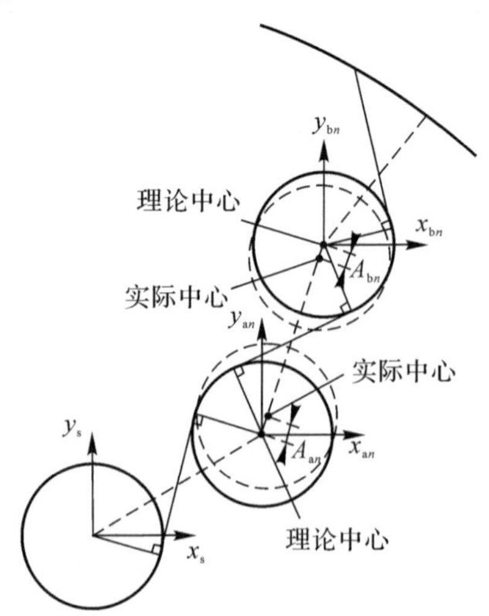

图 8.2　行星轴承安装轴线偏心误差示意图

第 n 个内行星轮相对于第 n 个外行星轮啮合时沿作用线上的弹性变形[162]可表示为

$$\delta_{abn}=(x_{an}-x_{bn})\cos\Psi_{abn}+(A_{an}+A_{bn})\cos\Psi_{an}\cos\Psi_{abn}+(y_{an}-y_{bn})\sin\Psi_{abn}+(A_{an}+A_{bn})\sin\Psi_{an}\sin\Psi_{abn}-r_a\theta_{an}-r_b\theta_{bn} \tag{8.4}$$

第 n 个外行星轮相对于齿圈啮合时沿作用线上的弹性变形可表示为

$$\delta_{rbn}=(x_r-x_{bn}+A_{bn}\cos\Psi_{an})\cos\Psi_{rn}+(y_{bn}-y_r-A_{bn}\sin\Psi_{an})\sin\Psi_{rn}+r_b\theta_{bn}-r_r\theta_{rn}-r_b\theta_c+r_r\theta_c \tag{8.5}$$

此外，旋转轴线误差还会造成行星轴承游隙发生变化，游隙会变成一个关于轴承位置角的函数，有

$$C_{ra}(\theta)=C_r\left\{1-\cos\left[\theta-\Psi_{an}-\left(1-\frac{A_{an}}{|A_{an}|}\right)\frac{\pi}{2}\right]\right\} \tag{8.6}$$

$$C_{rb}(\theta)=C_r\left\{1-\cos\left(\theta-\Psi_{an}-\left(\frac{A_{bn}}{|A_{bn}|}+1\right)\frac{\pi}{2}\right)\right\} \tag{8.7}$$

因此，滚子和内外圈滚道间的接触变形变为

$$\left.\begin{aligned}\delta_{ij}&=(x_c-x_j)\cos\theta_j+(y_c-y_j)\sin\theta_j-0.5C_{ra/b}(\theta_j)\\ \delta_{oj}&=(x_j-x_p)\cos\theta_j+(y_j-y_p)\sin\theta_j\end{aligned}\right\} \tag{8.8}$$

8.4　行星轴承滚子尺寸偏差对其接触和振动特性的影响规律

8.4.1　行星轴承滚子尺寸偏差对行星轴承接触状态的影响分析

行星轴承滚子尺寸偏差对行星轴承接触力的影响如图 8.3～图 8.5 所示，图 8.3 和图 8.5 为其时域图。图 8.3 和图 8.4 显示，随着行星轴承滚子尺寸偏差的增加，内、外行星轴承接触力峰值均有所增加，且峰值相位会发生变化，这可能是由于尺寸偏差造成行星轴承游隙发生变化，从而影响到了峰值相位。峰值增大可能是因为随着尺寸偏差的增加，行星轴承各位置游隙增加，从而导致接触力峰值增加。图 8.5 显示，整体来看，随着行星轴承滚子尺寸偏差的增加，内、外行星轴承的接触力 RMS 值均增加，其中外行星轴承的接触力增加量较大。当滚子尺寸偏差由 −5 μm 增加到 5 μm 时，内行星轴承内圈接触力 RMS 值由 40.129 8 N 增大到 46.076 6 N，内行星轴承外圈接触力 RMS 值由 45.148 1 N 增大到 50.596 6 N；外行星轴承内圈接触力 RMS 值由 75.094 8 N 增大到 81.483 1 N，外行星轴承外圈接触力 RMS 值由 79.956 5 N 增大到 86.092 8 N。

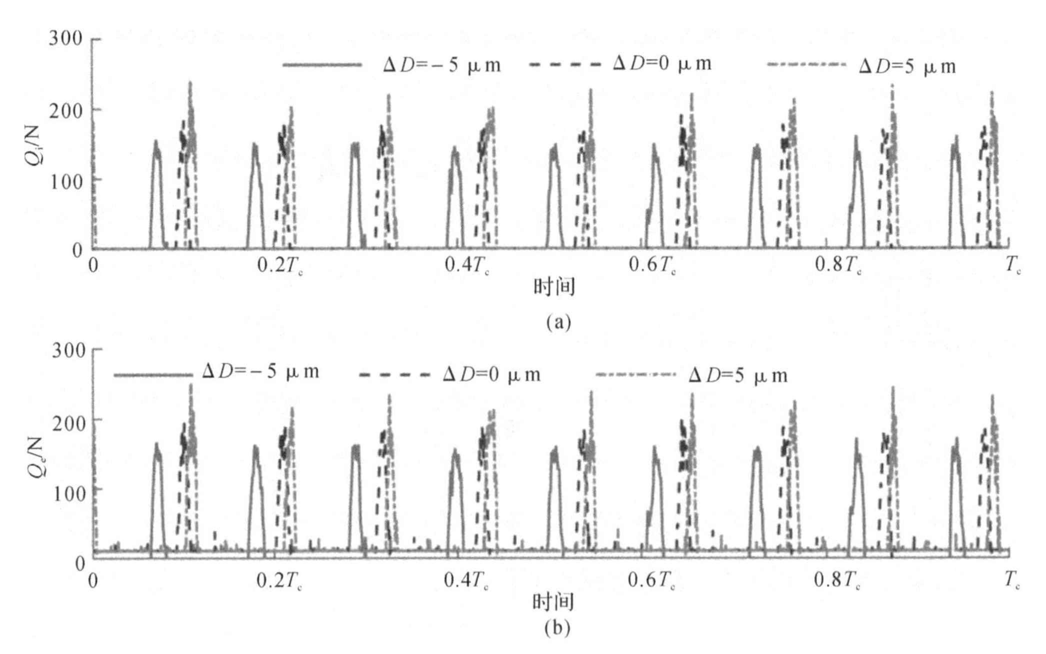

图 8.3 行星轴承滚子尺寸偏差对内行星轴承接触力的影响

(a)滚子-内滚道接触载荷;(b)滚子-外滚道接触载荷

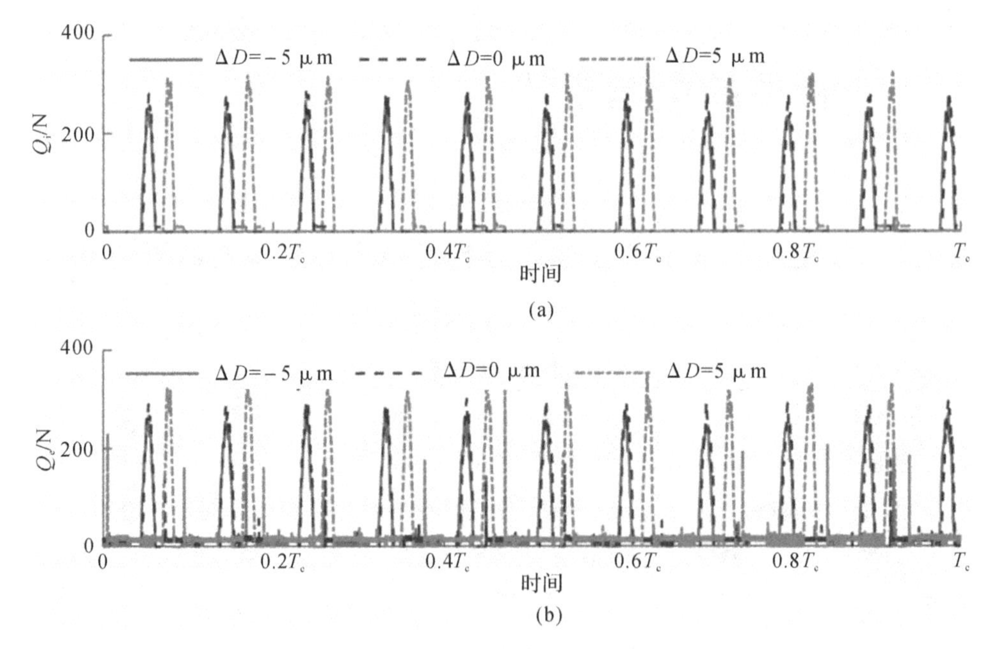

图 8.4 行星轴承滚子尺寸偏差对外行星轴承接触力的影响

(a)滚子-内滚道接触载荷;(b)滚子-外滚道接触载荷

行星轴承滚子尺寸偏差对行星轴承滚子-保持架碰撞力的影响如图 8.6～图 8.8 所示，图 8.6 和图 8.7 为其时域图。图 8.6 和图 8.7 显示，随着行星轴承滚子尺寸偏差的增加，内、外行星轴承的滚子-保持架碰撞力的峰值均增加，且峰值相位会发生变化，这可能是由于尺寸偏差造成行星轴承游隙发生变化，从而影响到了峰值相位。图 8.8 显示，整体上看，随着行星轴承滚子尺寸偏差的增加，内、外行星轴承滚子-保持架碰撞力的 RMS 值均增加。当滚子尺寸偏差由 −5 μm 增加到 5 μm 时，内行星轴承滚子-保持架碰撞力 RMS 值由 1.705 8 N 增大到 1.851 7 N，外行星轴承滚子-保持架碰撞力 RMS 值由 1.474 1 N 增大到 1.640 1 N。

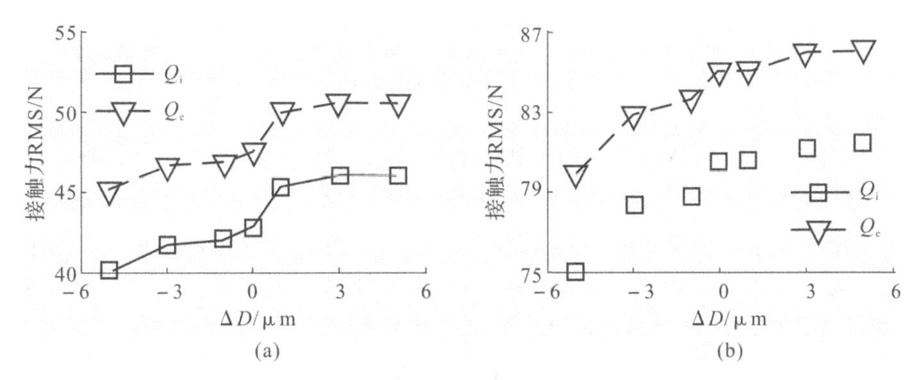

图 8.5　行星轴承滚子尺寸偏差对接触力 RMS 值的影响

(a)内行星轮；(b)外行星轮

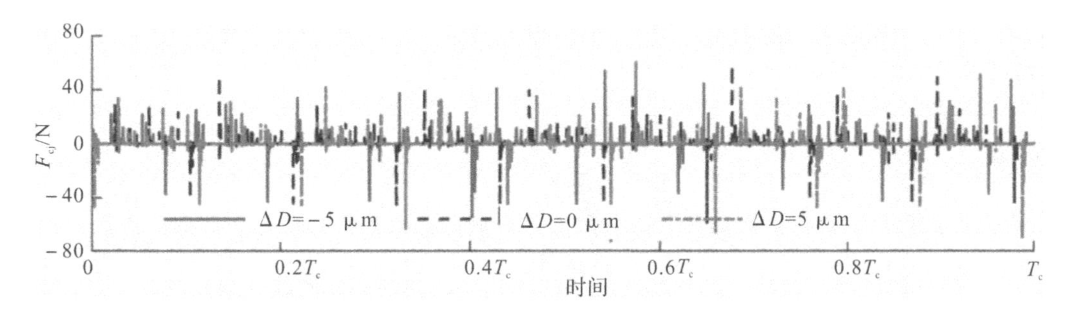

图 8.6　行星轴承滚子尺寸偏差对内行星轴承滚子-保持架碰撞力的影响

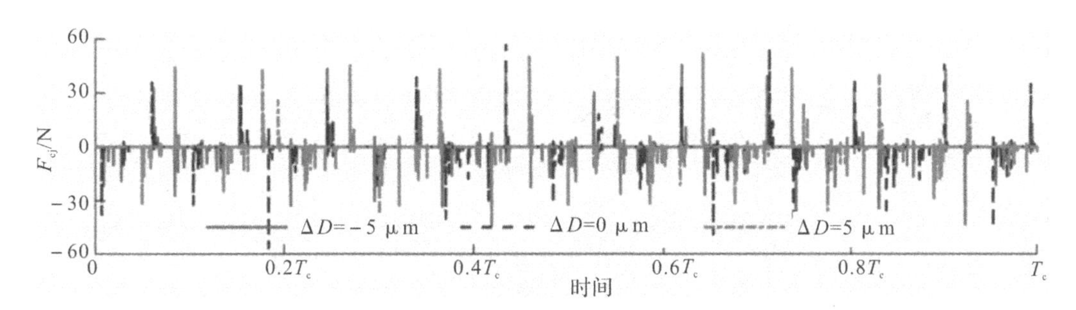

图 8.7　行星轴承滚子尺寸偏差对外行星轴承滚子-保持架碰撞力的影响

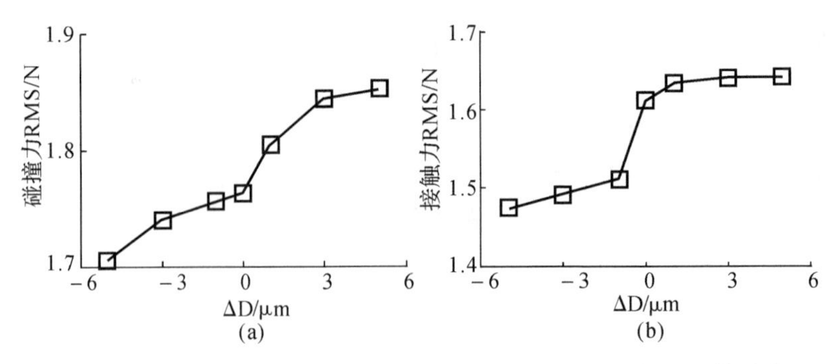

图 8.8　行星轴承滚子尺寸偏差对滚子-保持架碰撞力 RMS 值的影响

(a)内行星轮；(b)外行星轮

行星轴承滚子尺寸偏差对行星轴承滑动速度的影响如图 8.9～图 8.11 所示，图 8.9 和图 8.10 为其时域图。图 8.9 和图 8.10 显示，内、外行星轴承滚子-内滚道滑动速度随着行星轴承滚子尺寸偏差的增加而增加，且峰值相位会发生变化。这可能是由于尺寸偏差造成行星轴承游隙发生变化，从而影响到了峰值相位；峰值增大可能是因为随着尺寸偏差的增加，行星轴承各位置游隙增加，打滑加剧，从而导致相对滑动速度峰值增加。图 8.11 显示，整体来看，内、外行星轴承滚子-滚道滑动速度的 RMS 值随着行星轴承滚子尺寸偏差的增加而增加，其中，滚子-外圈滑动速度 RMS 值增加量较大。当滚子尺寸偏差由－5 μm 增加到 5 μm 时，内行星轴承滚子-内圈滑动速度 RMS 值由 0.214 9 m/s 增大到 0.271 3 m/s，内行星轴承滚子-外圈滑动速度 RMS 值由 0.018 7 m/s 增大到 0.025 13 m/s；外行星轴承滚子-内圈滑动速度 RMS 值由 0.153 6 m/s 增大到 0.195 5 m/s，外行星轴承滚子-外圈滑动速度 RMS 值由 0.067 8 m/s 增大到 0.076 8 m/s。

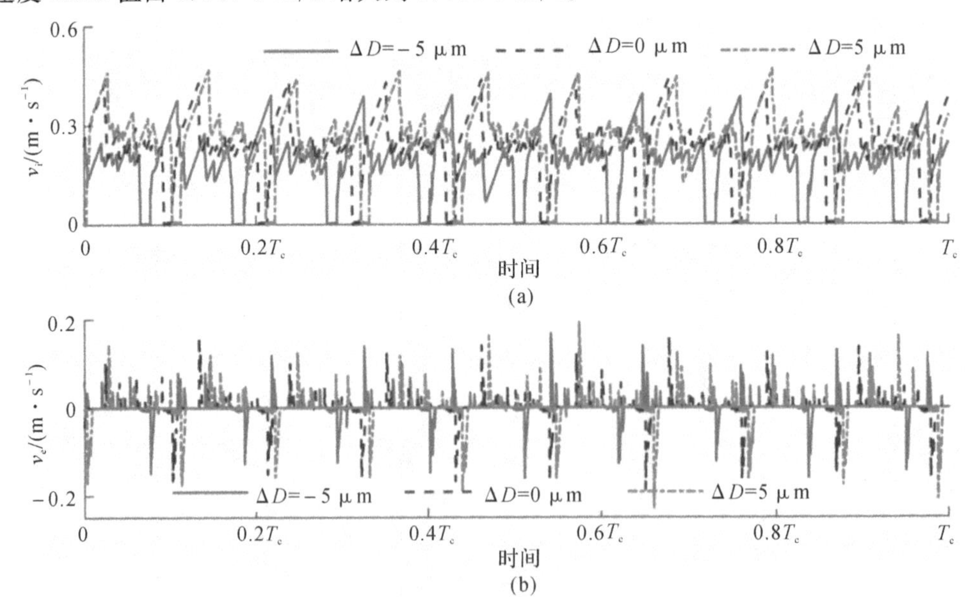

图 8.9　行星轴承滚子尺寸偏差对内行星轴承滚子-滚道滑动速度的影响

(a)滚子-内滚道滑动速度；(b)滚子-外滚道滑动速度

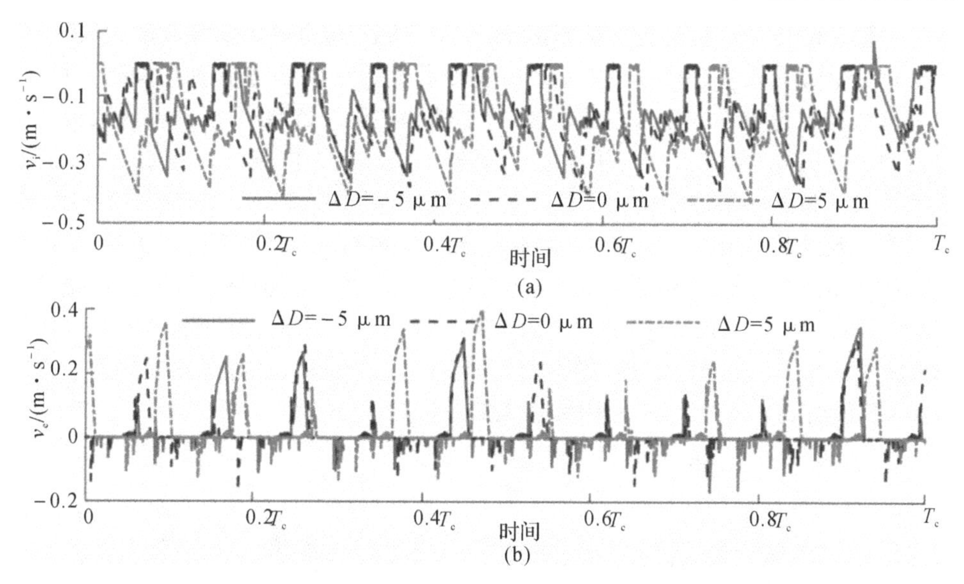

图 8.10　行星轴承滚子尺寸偏差对外行星轴承滚子-滚道滑动速度的影响

(a)滚子-内滚道滑动速度；(b)滚子-外滚道滑动速度

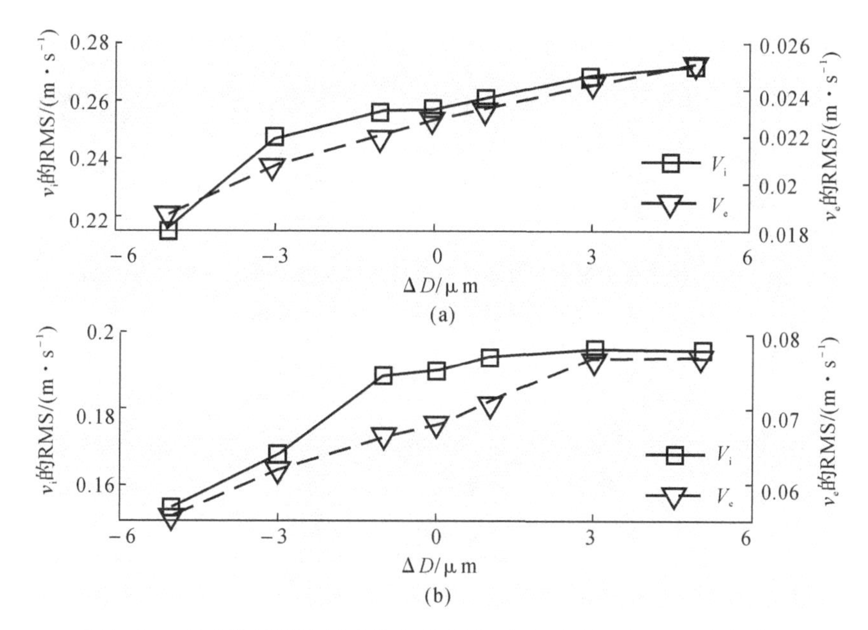

图 8.11　行星轴承滚子尺寸偏差对滚子-滚道滑动速度 RMS 值的影响

(a)内行星轮；(b)外行星轮

8.4.2　行星轴承滚子尺寸偏差对行星轴承振动特性的影响分析

行星轴承滚子尺寸偏差对行星轴承滚子 x 和 y 方向振动加速度的影响如图 8.12～图 8.14 所示，图 8.12 和图 8.13 为其时域图。图 8.12 和图 8.13 显示，整体来看，随着行星轴承滚子尺寸偏差的增加，内、外行星轴承滚子 x 和 y 方向振动加速度峰值增大，且峰值相位会发生变化。这可能是由于尺寸偏差造成行星轴承游隙发生变化，从而影响到了峰值相位，峰值增大可能是因为随着尺寸偏差的增加，行星轴承各位置游隙增加，从而导致滚子振动加速度峰值增加。图 8.14 显示，内、外行星轴承滚子 x 和 y 方向振动加速度 RMS 值随着行星轴承滚子尺寸偏差的增加而增大，其中，外行星轴承滚子 x 和 y 方向振动加速度 RMS 值较大。当滚子尺寸偏差由 $-5\ \mu$m 增加到 $5\ \mu$m 时，内行星轴承滚子 x 方向振动加速度 RMS 值由 $1.814\times10^3\ \mathrm{m/s^2}$ 增大到 $2.154\ 6\times10^3\ \mathrm{m/s^2}$，内行星轴承滚子 y 方向振动加速度度 RMS 值由 $1.939\ 3\times10^3\ \mathrm{m/s^2}$ 增大到 $2.147\ 8\times10^3\ \mathrm{m/s^2}$；外行星轴承滚子 x 方向振动加速度 RMS 值由 $3.785\ 7\times10^3\ \mathrm{m/s^2}$ 增大到 $4.151\ 9\times10^3\ \mathrm{m/s^2}$，外行星轴承滚子 y 方向振动加速度 RMS 值由 $3.95\times10^3\ \mathrm{m/s^2}$ 增大到 $4.205\ 3\times10^3\ \mathrm{m/s^2}$。

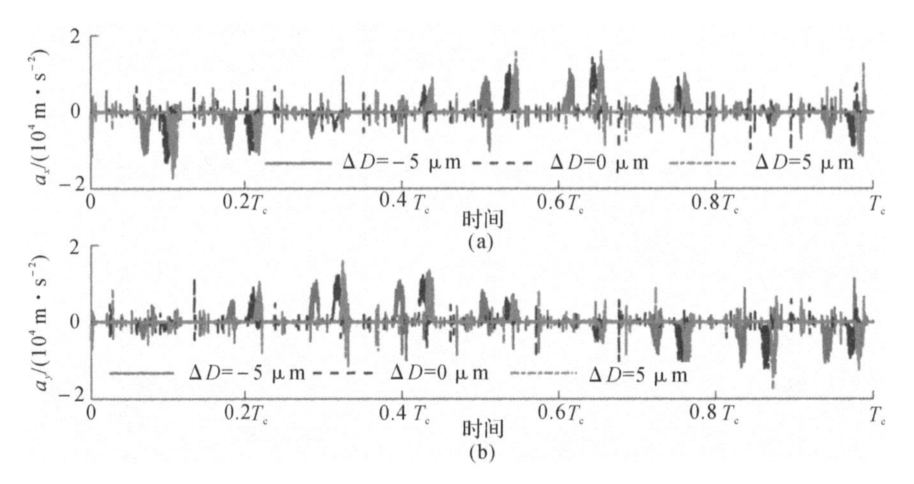

图 8.12　行星轴承滚子尺寸偏差对内行星轴承滚子振动加速度的影响

(a)x 方向振动加速度；(b)y 方向振动加速度

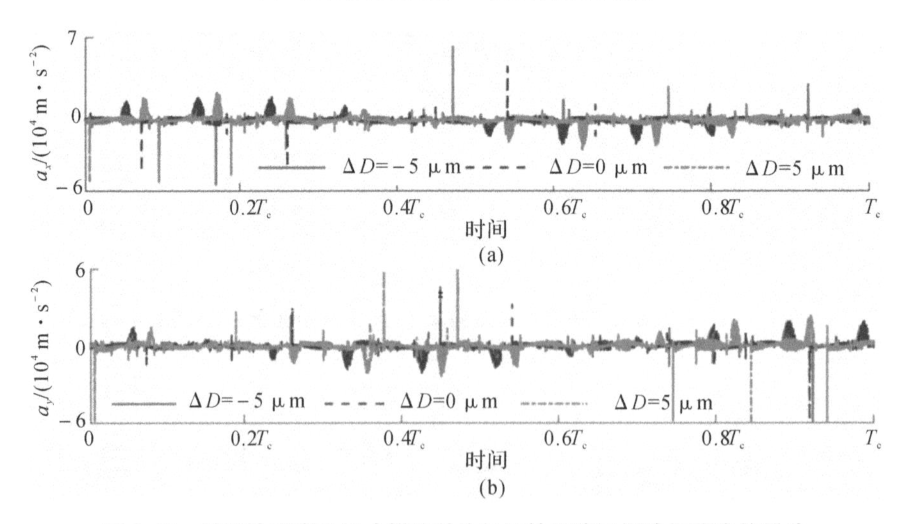

图 8.13　行星轴承滚子尺寸偏差对外行星轴承滚子振动加速度的影响

(a)x 方向振动加速度；(b)y 方向振动加速度

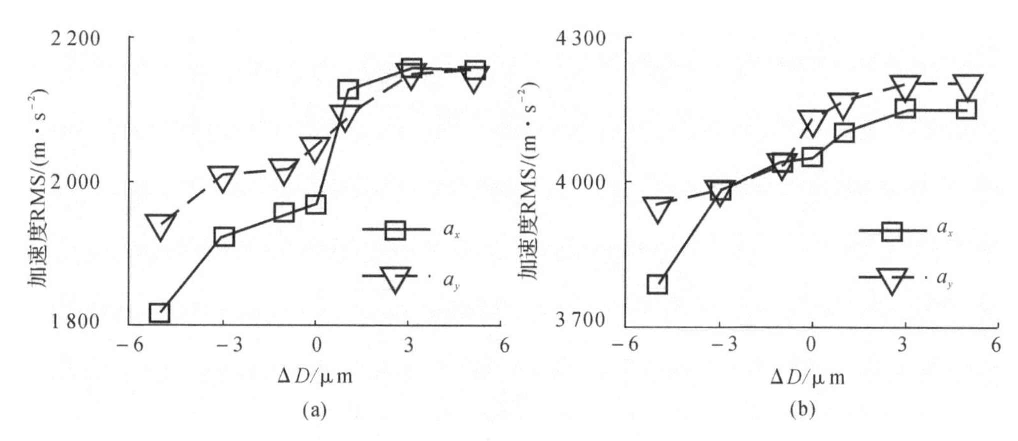

图 8.14　行星轴承滚子尺寸偏差对滚子振动加速度 RMS 值的影响

(a)内行星轮；(b)外行星轮

行星轴承滚子尺寸偏差对行星架 x 和 y 方向振动加速度的影响如图 8.15 和图 8.16 所示，图 8.15 为其时域图。图 8.15 显示，随着行星轴承滚子尺寸偏差的增加，行星架的振动加速度有所增加。图 8.16 显示，整体上看，随着行星轴承滚子尺寸偏差的增加，行星架 x 和 y 方向的振动加速度 RMS 值也在增加，其中，当滚子尺寸偏差大于 0 μm 时，行星架 x 和 y 方向的振动加速度 RMS 值增加较大。当滚子尺寸偏差由−5 μm 增加到 5 μm 时，行星架 x 方向振动加速度 RMS 值由 3.772 2 m/s^2 增大到 6.179 1 m/s^2，行星架 y 方向振动加速度度 RMS 值由 3.693 3 m/s^2 增大到 6.356 1 m/s^2。

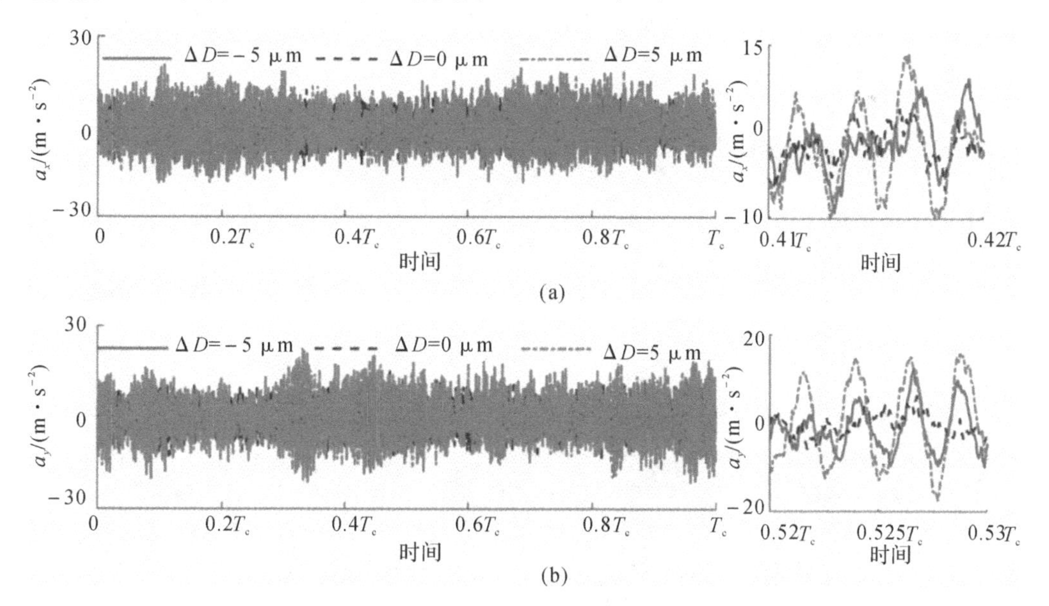

图 8.15　行星轴承滚子尺寸偏差对行星架振动加速度的影响

(a)x 方向振动加速度；(b)y 方向振动加速度

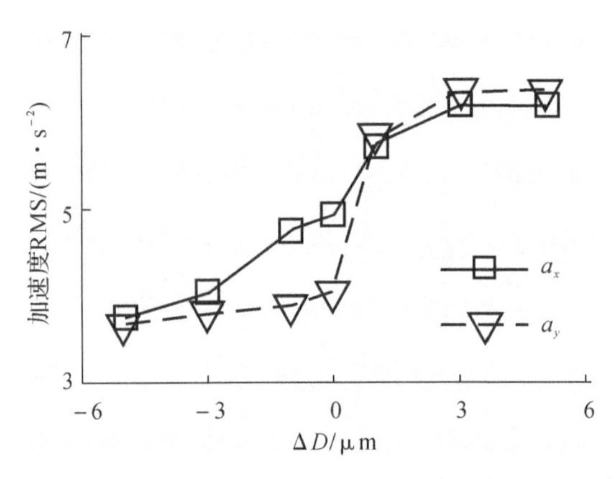

图 8.16　行星轴承滚子尺寸偏差对行星架振动加速度 RMS 值的影响

行星轴承滚子尺寸偏差对行星轮 x 和 y 方向振动加速度的影响如图 8.17～图 8.19 所示，其中图 8.17 和图 8.18 为其时域图。图 8.17 和图 8.18 显示，行星轮振动加速度峰值和行星轴承滚子尺寸偏差并不是简单的线性关系，但整体来看，滚子尺寸偏差较大时，行星轮振动加速度的峰值也较大。图 8.19 显示，整体来看，随着行星轴承滚子尺寸偏差的增加，行星轮 x 和 y 方向振动加速度 RMS 值也在增加，其中内行星轮 x 和 y 方向振动加速度 RMS 值相比于外行星轮较大。当滚子尺寸偏差由 $-5\ \mu$m 增加到 $5\ \mu$m 时，内行星轮 x 方向振动加速度 RMS 值由 24.603 6 m/s^2 增大到 29.156 6 m/s^2，内行星轮 y 方向振动加速度度 RMS 值由 24.328 8 m/s^2 增大到 29.196 3 m/s^2；外行星轮 x 方向振动加速度 RMS 值由 24.114 6 m/s^2 增大到 26.338 m/s^2，外行星轮 y 方向振动加速度 RMS 值由 25.644 2m/s^2 增大到 26.650 7 m/s^2。

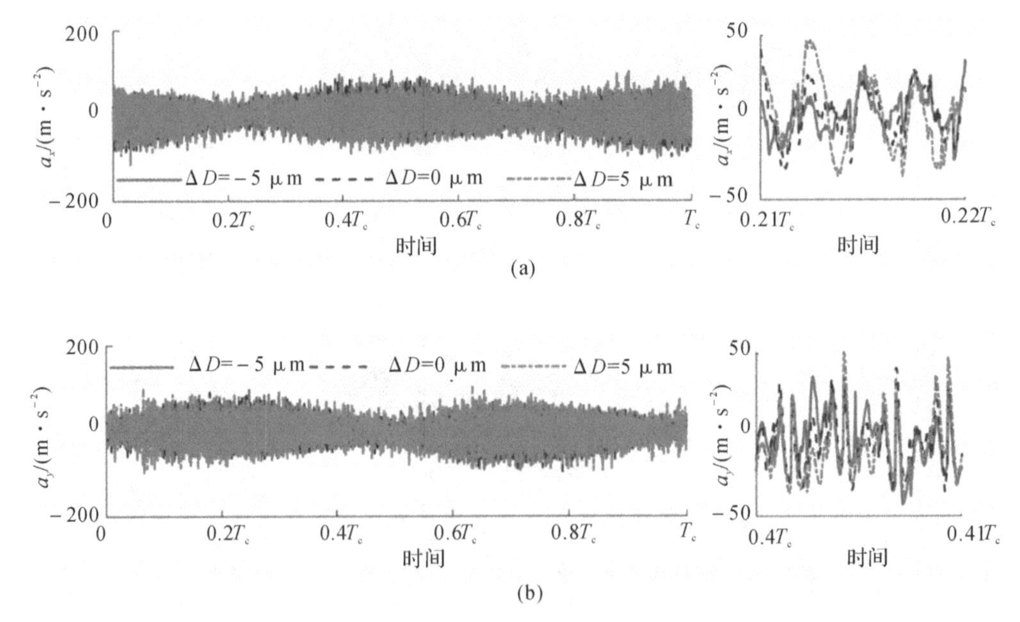

图 8.17　行星轴承滚子尺寸偏差对内行星轮振动加速度的影响

(a)x 方向振动加速度；(b)y 方向振动加速度

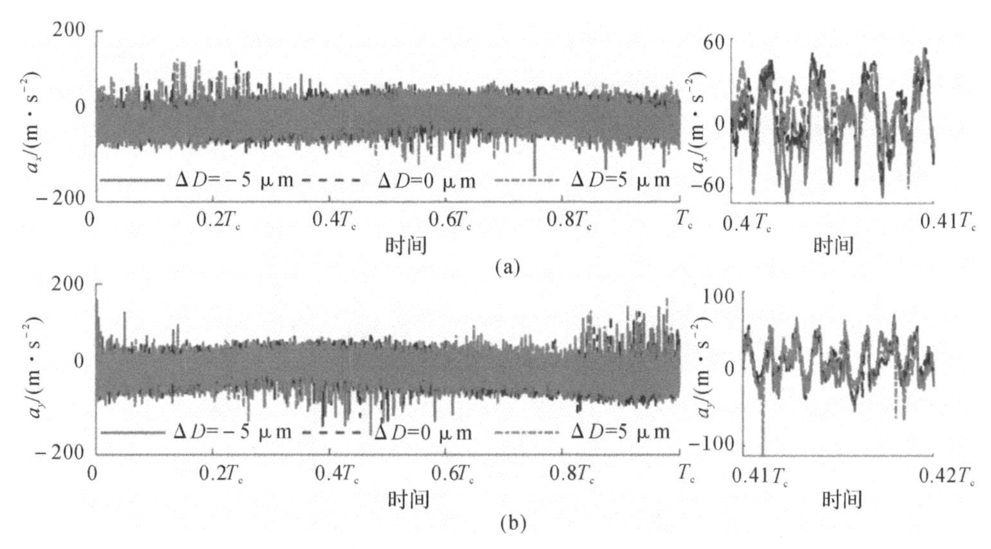

图 8.18　行星轴承滚子尺寸偏差对外行星轮振动加速度的影响

(a)x 方向振动加速度;(b)y 方向振动加速度

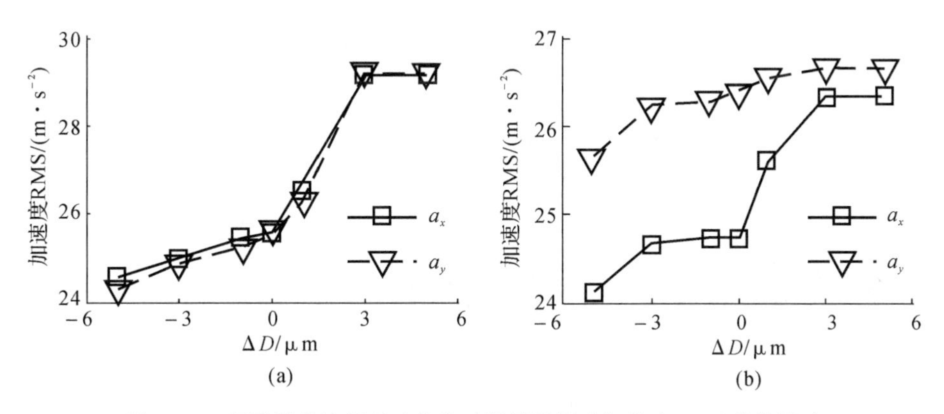

图 8.19　行星轴承滚子尺寸偏差对行星轮振动加速度 RMS 值的影响

(a)内行星轮;(b)外行星轮

行星轴承滚子尺寸偏差对行星轴承保持架 x 和 y 方向振动加速度的影响如图 8.20～图 8.22 所示,图 8.20 和图 8.21 为其时域图。图 8.20 和图 8.21 显示,整体来看,行星轴承保持架 x 和 y 方向振动加速度峰值和行星轴承滚子尺寸偏差并不是简单的线性关系,滚子尺寸偏差较大时,行星轴承保持架 x 和 y 方向振动加速度的峰值也较大。由图 8.22 整体来看,随着行星轴承滚子尺寸偏差的增加,行星轴承保持架 x 和 y 方向振动加速度的 RMS 值增大,其中内行星轴承保持架 x 和 y 方向振动加速度的 RMS 值相比于外行星轴承保持架较大。当滚子尺寸偏差由−5 μm 增加到 5 μm 时,内行星轴承保持架 x 方向振动加速度 RMS 值由 196.713 m/s^2 增大到 213.413 m/s^2,内行星轴承保持架 y 方向振动加速度度 RMS 值由 198.202 m/s^2 增大到 215.664 m/s^2;外行星轴承保持架 x 方向振动加速度 RMS 值由 186.271 m/s^2 增大到 198.642 m/s^2,外行星轴承保持架 y 方向振动加速度 RMS

值由 188.772 m/s^2 增大到 212.243 m/s^2。

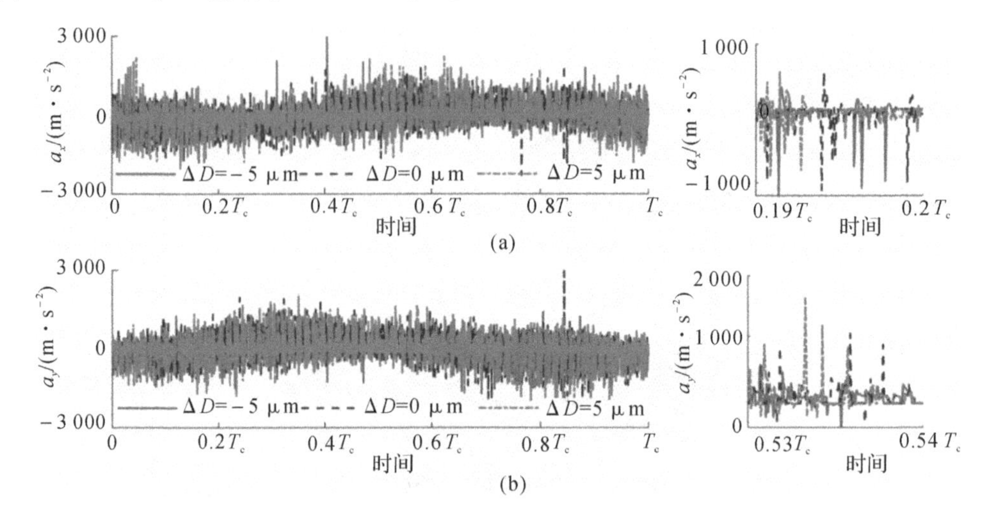

图 8.20　行星轴承滚子尺寸偏差对内行星轴承保持架振动加速度的影响

(a)x 方向振动加速度；(b)y 方向振动加速度

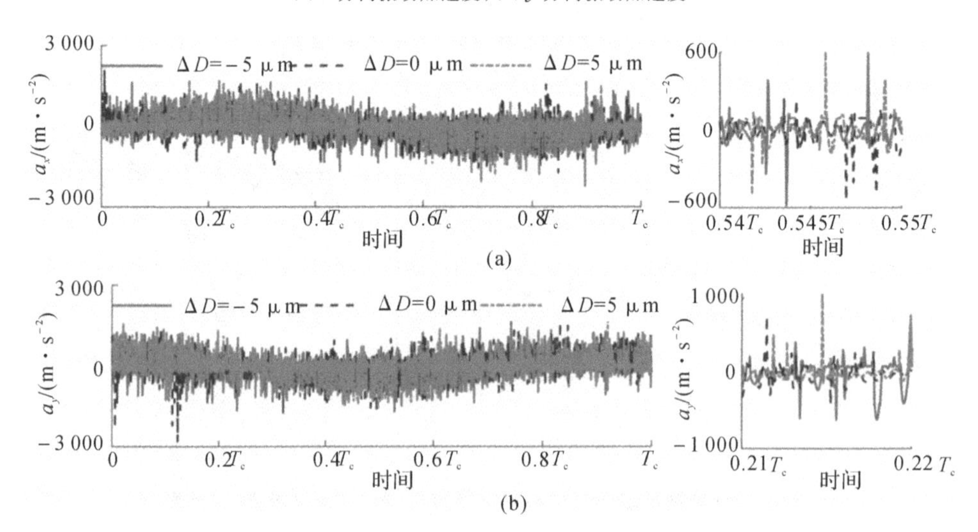

图 8.21　行星轴承滚子尺寸偏差对外行星轴承保持架振动加速度的影响

(a)x 方向振动加速度；(b)y 方向振动加速度

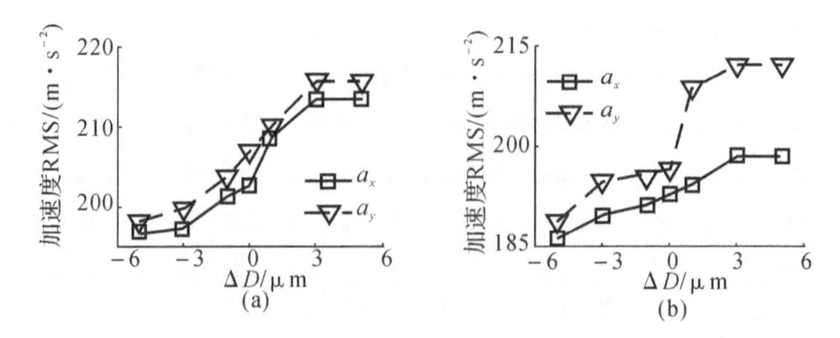

图 8.22　行星轴承滚子尺寸偏差对行星轴承保持架振动加速度 RMS 值的影响

(a)内行星轮；(b)外行星轮

8.5　行星轴承安装轴线偏心误差对行星轮系振动特性的影响规律

8.5.1　行星轴承安装轴线偏心误差对行星轴承接触状态的影响分析

内行星轴承安装轴线偏心误差对行星轴承接触力的影响如图 8.23～图 8.25 所示，图 8.23 为内行星轴承接触力的时域图，图 8.24 为外行星轴承接触力的时域图。图 8.23 和图 8.24 显示，内行星轴承安装轴线偏心误差对行星轴承接触力峰值的影响并不是简单的线性关系，内行星轴承安装轴线误差的存在会使行星轴承某些位置的接触力峰值增大，但某些位置的接触力峰值会减小。图 8.25 显示，内行星轴承安装轴线偏心误差对行星轴承接触力的 RMS 值影响较小，整体来看，内行星轴承安装轴线偏心误差小于 0 μm 时，内行星轴承接触力的 RMS 值随着旋转轴线误差的增大而先增大后减小，外行星轴承接触力的 RMS 值随着旋转轴线误差的增大而先减小后增大，内行星轴承安装轴线偏心误差大于 0 μm 时，内行星轴承接触力的 RMS 值随着旋转轴线误差增大而先增大后减小，外行星轴承接触力的 RMS 值随着旋转轴线误差的增大而先减小后增大。

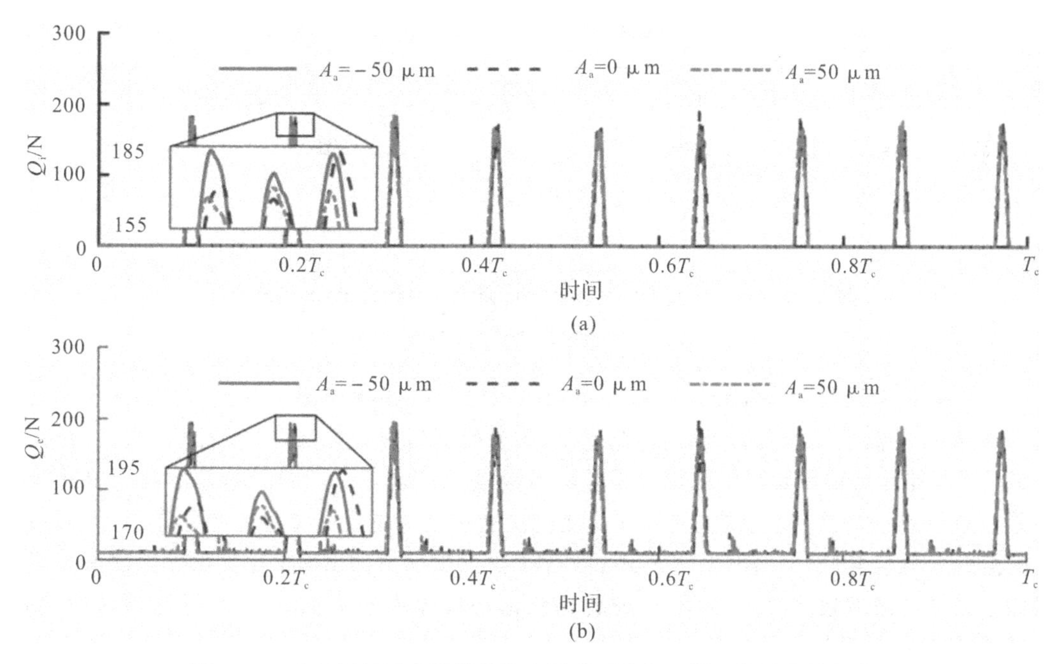

图 8.23　内行星轴承安装轴线偏心误差对内行星轴承接触力的影响

(a)滚子-内滚道接触力；(b)滚子-外滚道接触力

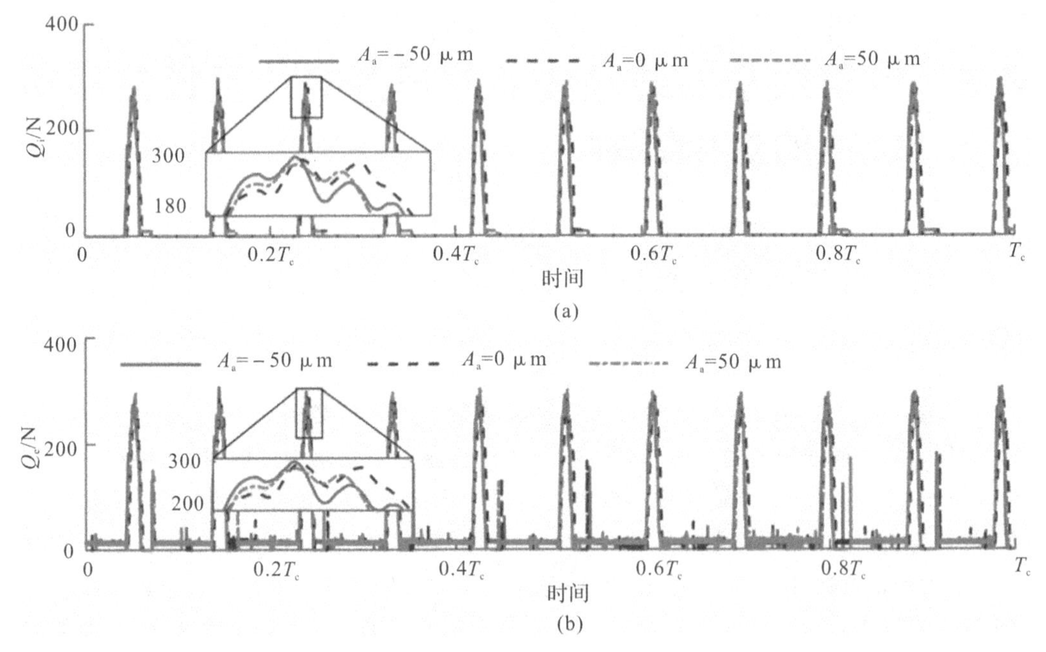

图 8.24　内行星轴承安装轴线偏心误差对外行星轴承接触力的影响

(a)滚子-内滚道接触力；(b)滚子-外滚道接触力

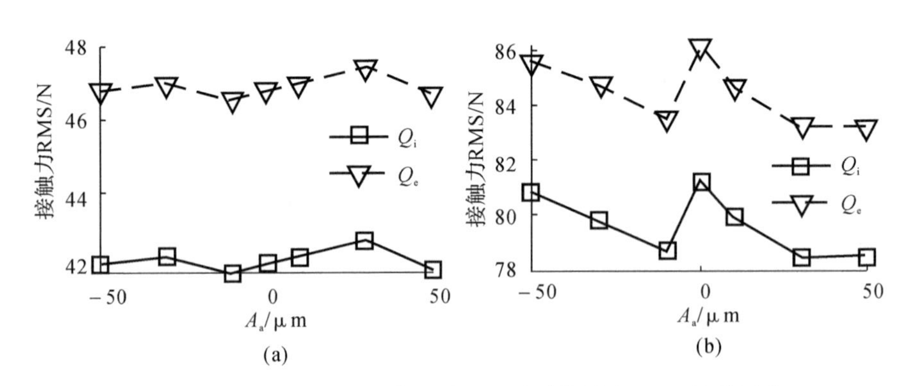

图 8.25　内行星轴承安装轴线偏心误差对接触力 RMS 值的影响

(a)内行星轮；(b)外行星轮

外行星轴承安装轴线偏心误差对行星轴承接触力的影响如图 8.26～图 8.28 所示，图 8.26 为内行星轴承接触力的时域图，图 8.27 为外行星轴承接触力的时域图。图 8.26 和图 8.27 显示，外行星轴承安装轴线偏心误差对行星轴承接触力峰值的影响并不是简单的线性关系，外行星轴承安装轴线误差的存在会使行星轴承某些位置的接触力峰值增大，但某些位置的接触力峰值会减小。图 8.28 显示：内行星轴承接触力的 RMS 值受外行星轴承安装轴线偏心误差的影响较小；外行星轴承安装轴线偏心误差小于 0 μm 时，外行星轴承的 RMS 值随着外行星轴承安装轴线偏心误差的增加先减小后增大，外行星轴承安装轴线偏心误差小于 0 μm 时，外行星轴承的 RMS 值随着外行星轴承安装轴线偏心误差的增大而先减小后增大。

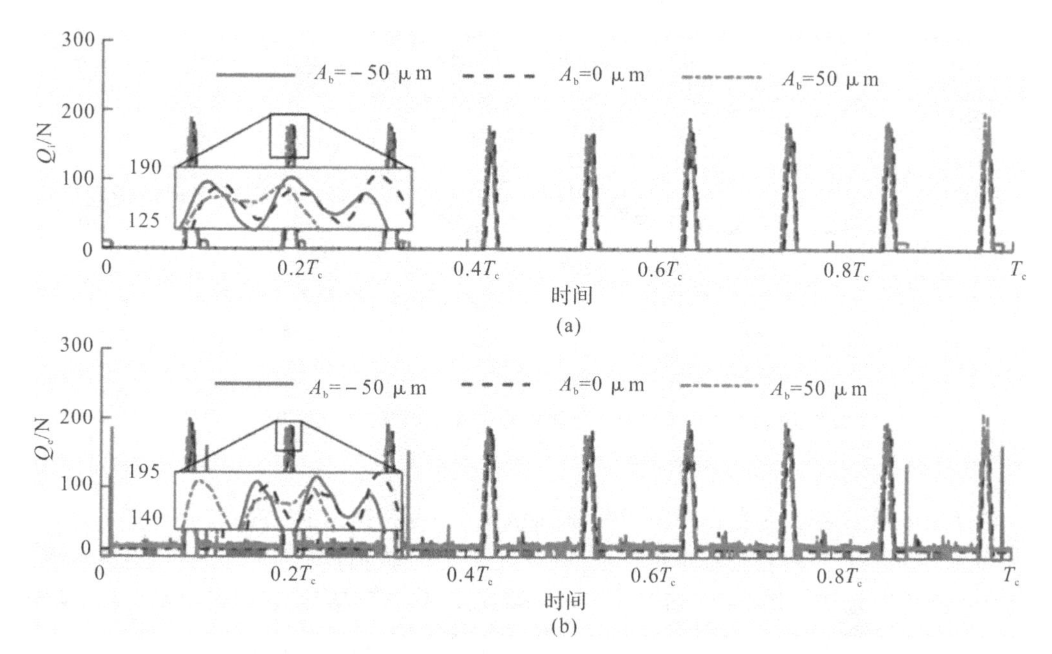

图 8.26　外行星轴承安装轴线偏心误差对内行星轴承接触力的影响

(a)滚子-内滚道接触力;(b)滚子-外滚道接触力

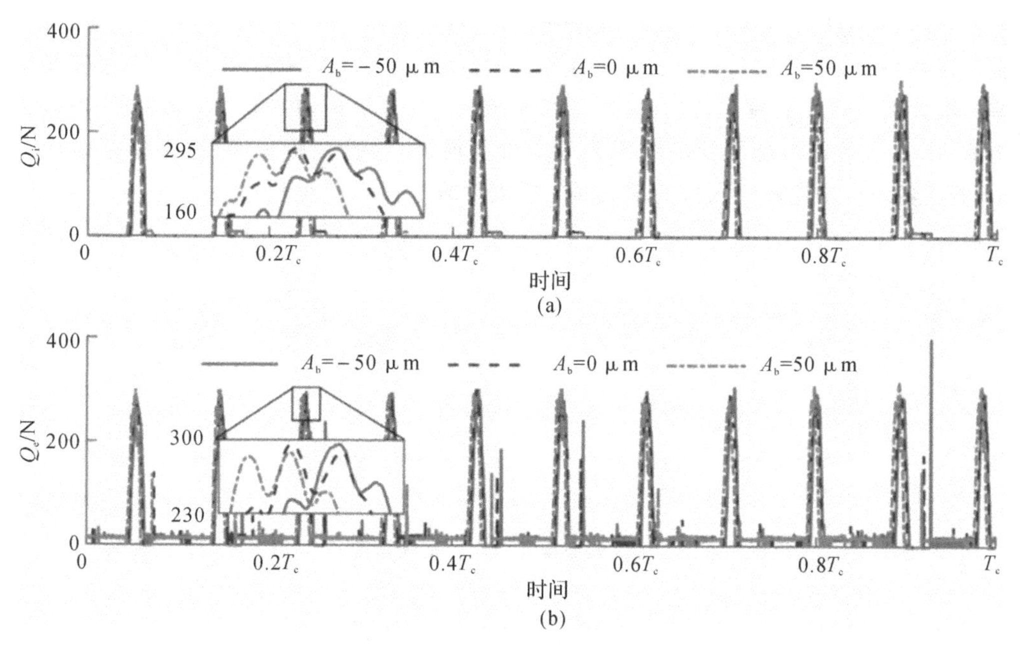

图 8.27　外行星轴承安装轴线偏心误差对外行星轴承接触力的影响

(a)滚子-内滚道接触力;(b)滚子-外滚道接触力

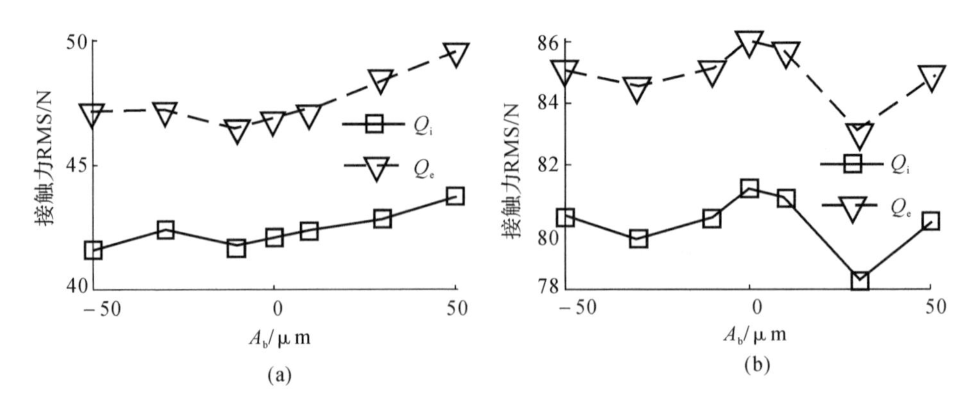

图 8.28　外行星轴承安装轴线偏心误差对接触力 RMS 值的影响

(a)内行星轮;(b)外行星轮

内行星轴承安装轴线偏心误差对行星轴承滚子-保持架碰撞力的影响如图 8.29～图 8.31 所示,图 8.29 为内行星轴承滚子-保持架碰撞力时域图,图 8.30 为外行星轴承滚子-保持架碰撞力时域图。图 8.29 和图 8.30 显示,滚子-保持架碰撞力峰值和内行星轴承安装轴线偏心误差并不是简单的线性关系,且峰值差异较小,但是可以看出内行星轴承安装轴线偏心误差的存在会导致滚子-保持架碰撞力的峰值产生相位变化,这可能是因为内行星轴承安装轴线误差的存在导致行星轴承各位置的游隙发生变化,从而使滚子-保持架碰撞力产生相位变化,由于游隙较小,所以并不会对峰值产生太大的影响。图 8.31 显示:内行星轮轴线误差在 0 μm 附近时,内、外行星轴承滚子-保持架碰撞力的 RMS 值较小;整体来看,内行星轮轴线误差小于 0 μm 时,内、外行星轴承滚子-保持架碰撞力的 RMS 值随着内行星轮轴线误差的增大而先增大后减小;内行星轮轴线误差大于 0 μm 时,内行星轴承滚子-保持架碰撞力的 RMS 值随着内行星轮轴线误差的增大而增大,外行星轴承滚子-保持架碰撞力的 RMS 值随着内行星轮轴线误差的增大而先增大后减小。

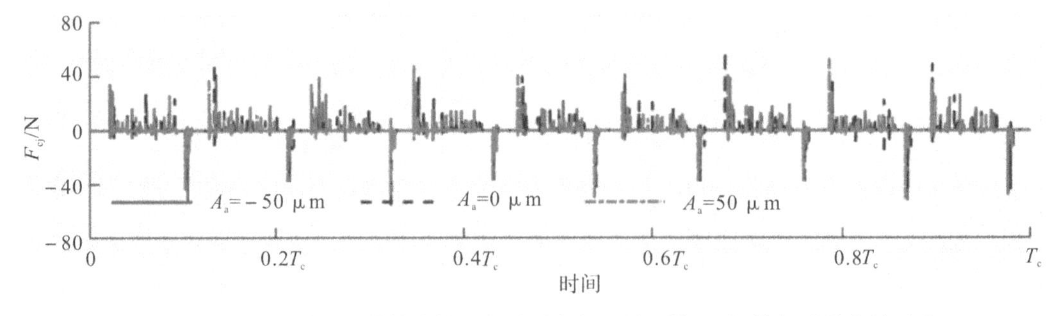

图 8.29　内行星轴承安装轴线偏心误差对内行星轴承滚子-保持架碰撞力的影响

外行星轴承安装轴线偏心误差对行星轴承滚子-保持架碰撞力的影响如图 8.32～图 8.34 所示，图 8.32 为内行星轴承滚子-保持架碰撞力时域图，图 8.33 为外行星轴承滚子-保持架碰撞力时域图。图 8.32 和图 8.33 显示,滚子-保持架碰撞力峰值和外行星轴承安装轴线偏心误差并不是简单的线性关系,且峰值差异较小,但是可以看出外行星轴承安装轴线偏心误差的存在会导致滚子-保持架碰撞力的峰值产生相位变化，这可能是因为外行星轴承安装轴线误差的存在导致行星轴承各位置的游隙发生变化，从而使滚子-保持架碰撞力产生相位变化，但是由于游隙较小，所以并不会对峰值产生太大的影响。图 8.34 显示，当外行星轮安装轴线误差小于 0 μm 时，内、外行星轴承滚子-保持架碰撞力的 RMS 值随着外行星轮安装轴线误差的增大而先增大后减小；当外行星轮安装轴线误差大于 0 μm 时，内行星轴承滚子-保持架碰撞力的 RMS 值随着外行星轮安装轴线误差的增大而先减小后增大，外行星轴承滚子-保持架碰撞力的 RMS 值随着外行星轮安装轴线误差的增大而先增大后减小；外行星轮轴线误差在 0 μm 附近时，内、外行星轴承滚子-保持架碰撞力的 RMS 值较小。

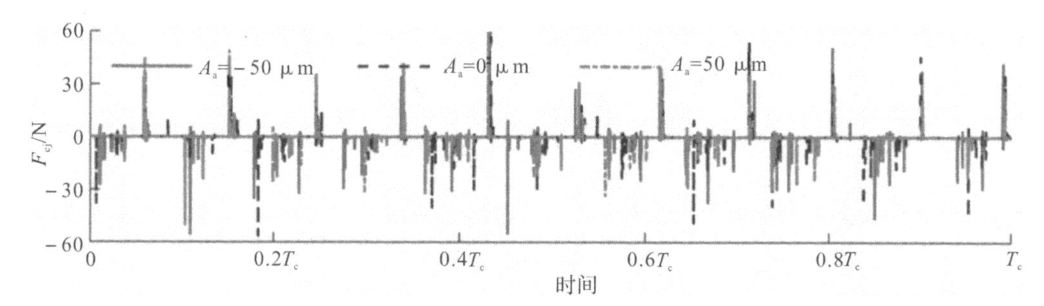

图 8.30　内行星轴承安装轴线偏心误差对外行星轴承滚子-保持架碰撞力的影响

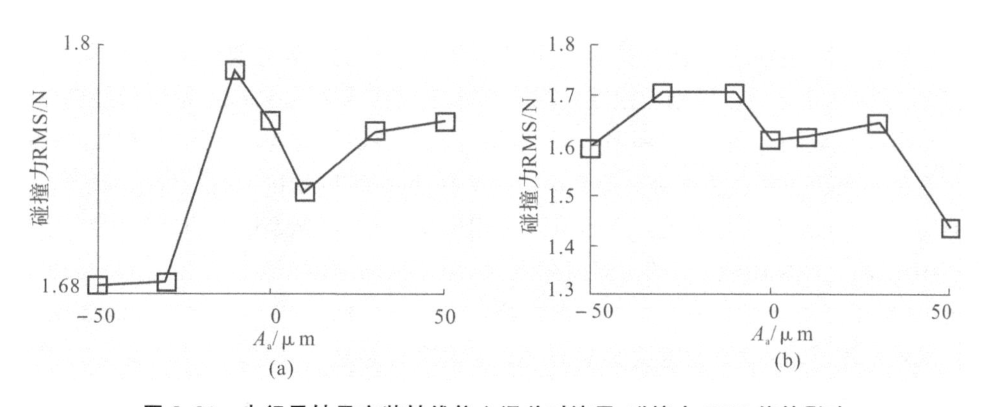

图 8.31　内行星轴承安装轴线偏心误差对滚子-碰撞力 RMS 值的影响

(a)内行星轮；(b)外行星轮

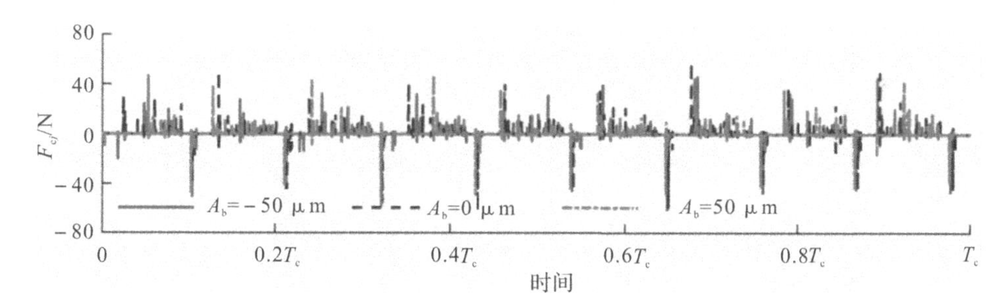

图 8.32　外行星轴承安装轴线偏心误差对内行星轴承滚子-碰撞力的影响

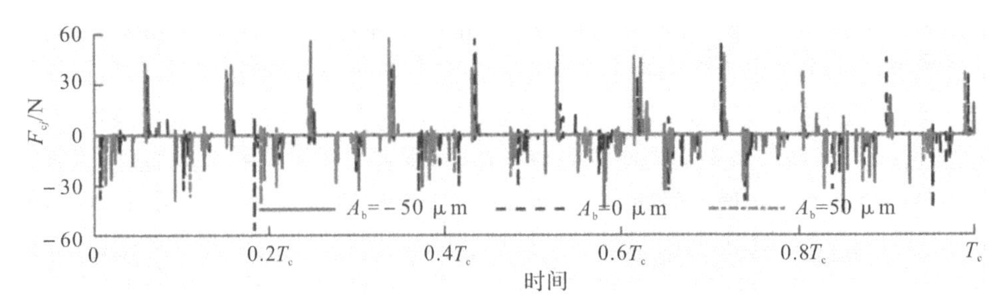

图 8.33　外行星轴承安装轴线偏心误差对外行星轴承滚子-碰撞力的影响

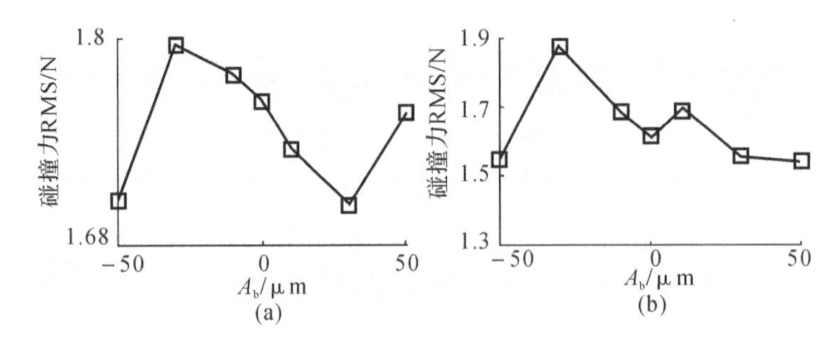

图 8.34　外行星轴承安装轴线偏心误差对滚子-碰撞力 RMS 值的影响

(a)内行星轮；(b)外行星轮

内行星轴承安装轴线偏心误差对行星轴承滚子-滚道滑动速度的影响如图 8.35～图 8.37 所示，图 8.35 为内行星轴承滚子-滚道滑动速度时域图，图 8.36 为外行星轴承滚子-滚道滑动速度时域图。图 8.35 和图 8.36 显示，滚子-滚道滑动速度和内行星轴承安装轴线偏心误差并不是简单的线性关系，且峰值差异较小，但是可以看出内行星轴承安装轴线偏心误差会导致滚子-滚道相对滑动速度峰值产生相位变化，这可能是因为内行星轴承安装轴线误差的存在使行星轴承各位置的游隙发生变化，导致滑动速度产生相位变化，但是由于游隙变化较小，所以并不会对峰值产生太大的影响。图 8.37 显示，内行星轴承安装轴线偏心误差对行星轴承滚子-滚道滑动速度影响较小；内行星轴承滚子-内滚道滑动速度的 RMS 值在内行星轴承安装轴线偏心误差为 0 μm 附近较大；外行星轴承滚子-内滚道滑动速度的 RMS 值在内行星轴承安装轴线偏心误差为 0 μm 附近较大；滚子外滚道相对滑动速度的 RMS 值在内行星轴承安装轴线偏心误差为 0 μm 附近较小。

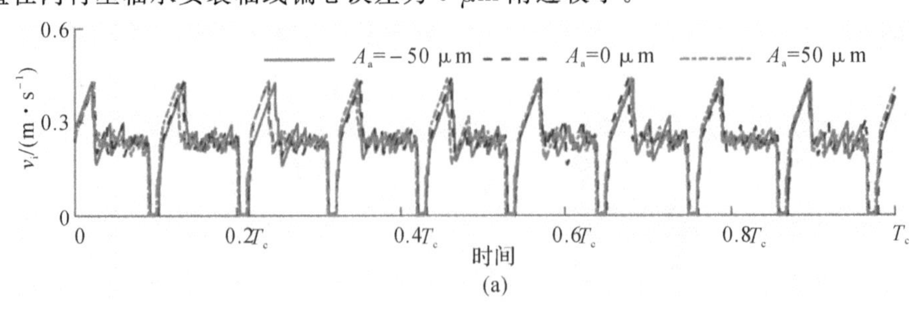

图 8.35　内行星轴承安装轴线偏心误差对内行星轴承滚子-滚道滑动速度的影响

(a)滚子-内滚道滑动速度；

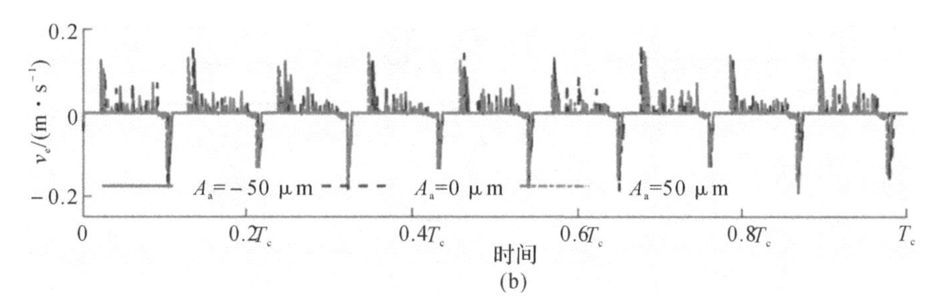

(b)

续图 8.35　内行星轴承安装轴线偏心误差对内行星轴承滚子-滚道滑动速度的影响

(b)滚子-外滚道滑动速度

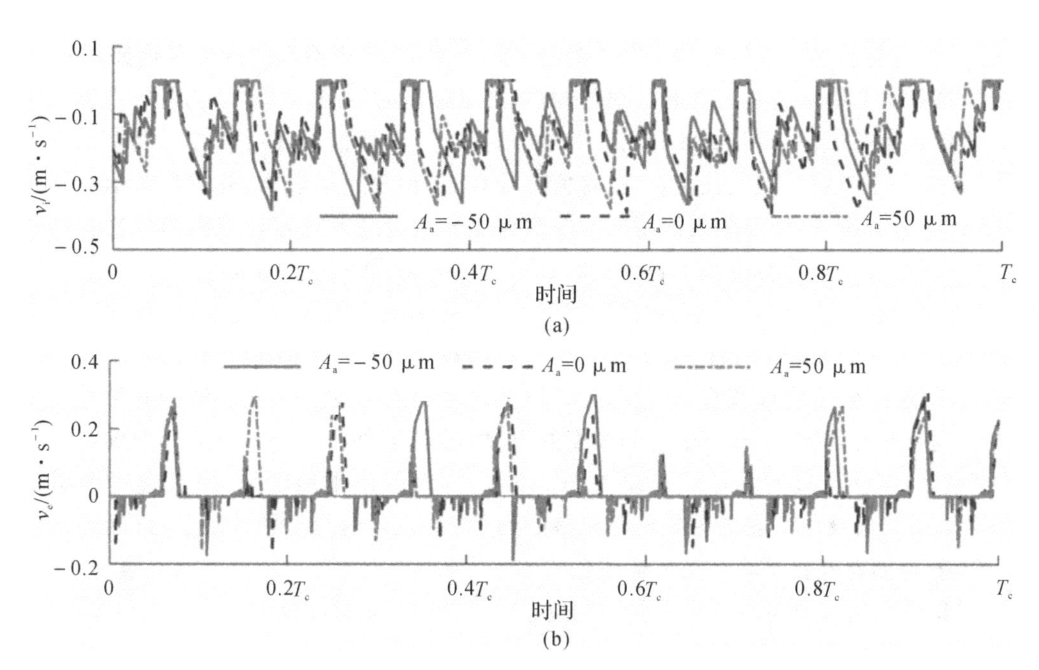

(b)

图 8.36　内行星轴承安装轴线偏心误差对外行星轴承滚子-滚道滑动速度的影响

(a)滚子-内滚道滑动速度；(b)滚子-外滚道滑动速度

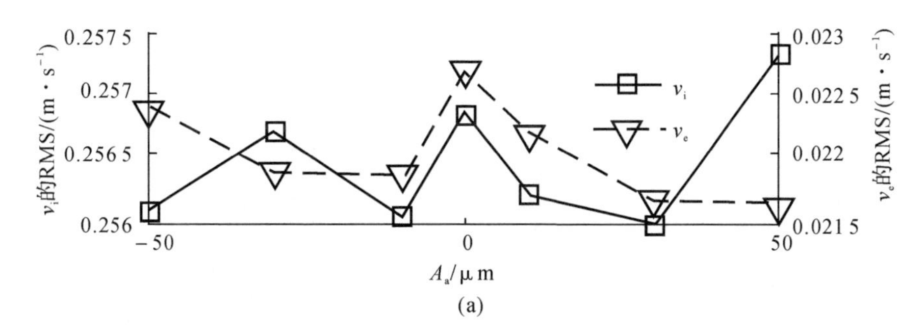

(a)

图 8.37　内行星轴承安装轴线偏心误差对滚子-滚道滑动速度 RMS 值的影响

(a)内行星轮

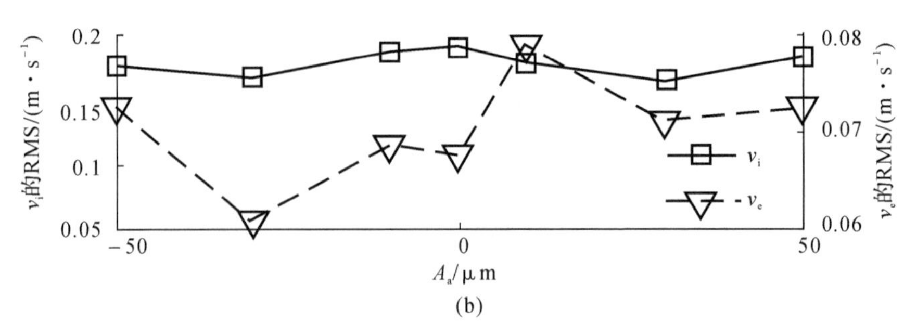

续图 8.37 内行星轴承安装轴线偏心误差对滚子-滚道滑动速度 RMS 值的影响

(b) 外行星轮

外行星轴承安装轴线偏心误差对行星轴承滚子-滚道滑动速度的影响如图 8.38～图 8.40 所示，图 8.38 为内行星轴承滚子-滚道滑动速度时域图，图 8.39 为外行星轴承滚子-滚道滑动速度时域图。图 8.38 和图 8.39 显示，滚子-滚道滑动速度和外行星轴承安装轴线偏心误差并不是简单的线性关系，且峰值差异较小，但是可以看出，外行星轴承安装轴线偏心误差会导致滚子-滚道相对滑动速度峰值产生相位变化。这可能是因为外行星轴承安装轴线误差的存在导致行星轴承各位置的游隙发生变化，从而使滑动速度产生相位变化，但是由于游隙变化较小，所以并不会对峰值产生太大的影响。图 8.40 显示：外行星轴承安装轴线偏心误差对行星轴承滚子-滚道滑动速度影响较小；当外行星安装轴线误差小于 0 μm 时，内行星轴承滚子-内滚道滑动速度的 RMS 值随着外行星轴承安装轴线偏心误差的增大而增大，内行星轴承滚子-外滚道滑动速度的 RMS 值随着外行星轴承安装轴线偏心误差的增大而减小；当外行星安装轴线误差大于 0 μm 时，内行星轴承滚子-内滚道滑动速度的 RMS 值随着外行星轴承安装轴线偏心误差的增加而减小，内行星轴承滚子-外滚道滑动速度的 RMS 值随着外行星轴承安装轴线偏心误差的增加而增大。外行星轴承滚子-滚道滑动速度的 RMS 值在外行星轴承安装轴线偏心误差为 0 μm 附近较小。

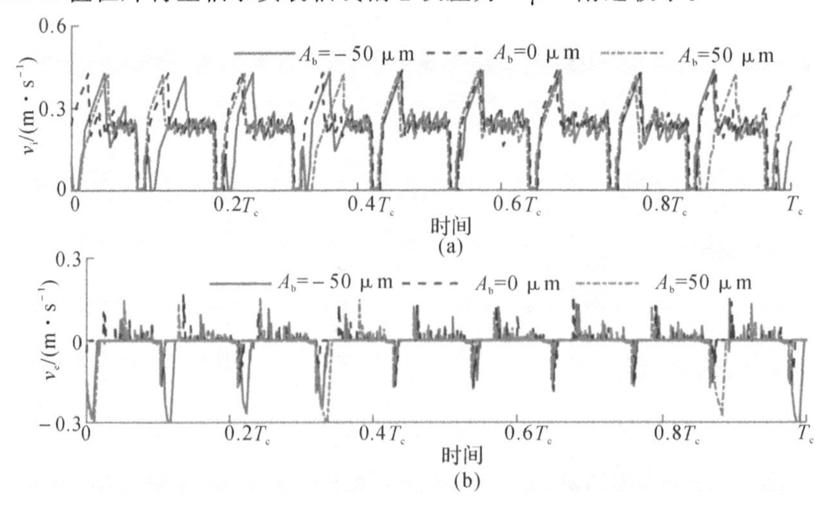

图 8.38 外行星轴承安装轴线偏心误差对内行星轴承滚子-滚道滑动速度的影响

(a)滚子-内滚道滑动速度；(b)滚子-外滚道滑动速度

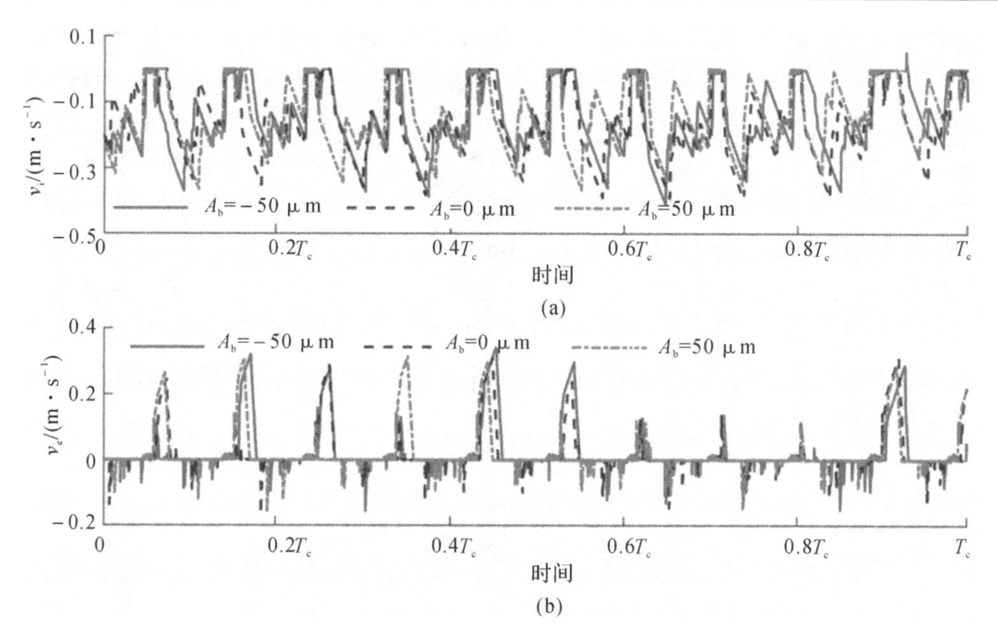

图 8.39　外行星轴承安装轴线偏心误差对外行星轴承滚子-滚道滑动速度的影响

(a)滚子-内滚道滑动速度；(b)滚子-外滚道滑动速度

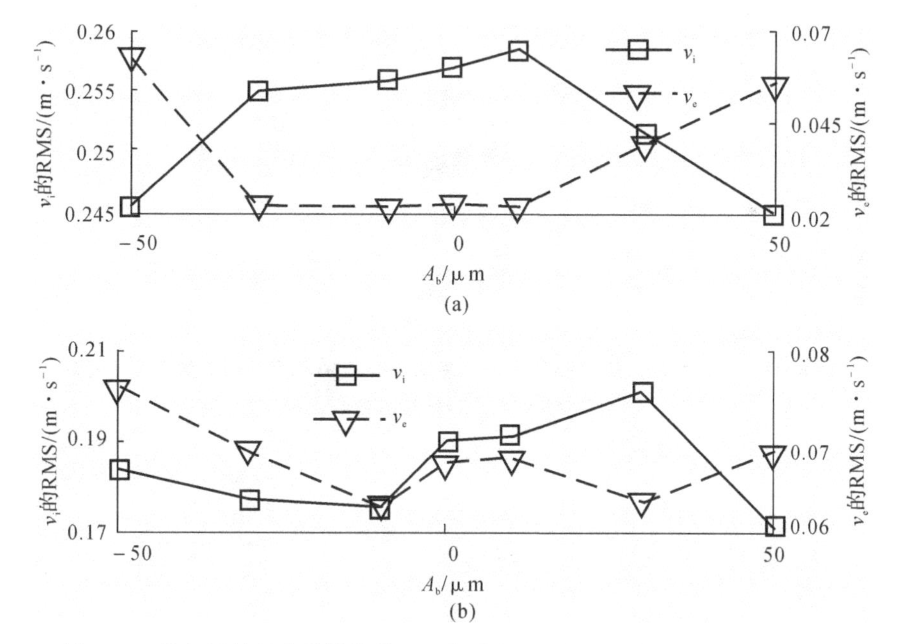

图 8.40　外行星轴承安装轴线偏心误差对滚子-滚道滑动速度 RMS 值的影响

(a)内行星轮；(b)外行星轮

8.5.2　行星轴承安装轴线偏心误差对行星轴承振动特性的影响分析

内行星轴承安装轴线偏心误差对行星轴承滚子 x 和 y 方向振动加速度的影响如图 8.41～图 8.43 所示，图 8.41 为内行星轴承滚子振动加速度时域图，图 8.42 为外行星轴承滚子振动加速度时域图。图 8.41 和图 8.42 显示，滚子 x 和 y 方向振动加速度峰值和内行星轮安装轴线误差并不是简单的线性关系，且峰值差异较小，但是可以看出内行星轴承安装轴线误差会使滚子 x 和 y 方向振动加速度峰值产生相位变化。这可能是因为内行星轴承安装轴线误差的存在导致行星轴承各位置的游隙发生变化，滚子滑动速度不同，从而使滚子振动加速度产生相位变化，由于游隙较小，所以并不会对峰值产生太大的影响。图 8.43 显示：当内行星轴承安装轴线偏心误差小于 0 μm 时，内行星轴承滚子 x 和 y 方向振动加速度 RMS 值随着内行星轴承安装轴线偏心误差的增大而减小；当内行星轴承安装轴线偏心误差大于 0 μm 时，内行星轴承滚子 x 和 y 方向振动加速度 RMS 值随着内行星轴承安装轴线偏心误差的增大而增大。内、外行星轴承滚子 x 和 y 方向振动加速度 RMS 值在内行星轴承安装轴线偏心误差 0 μm 附近较小。

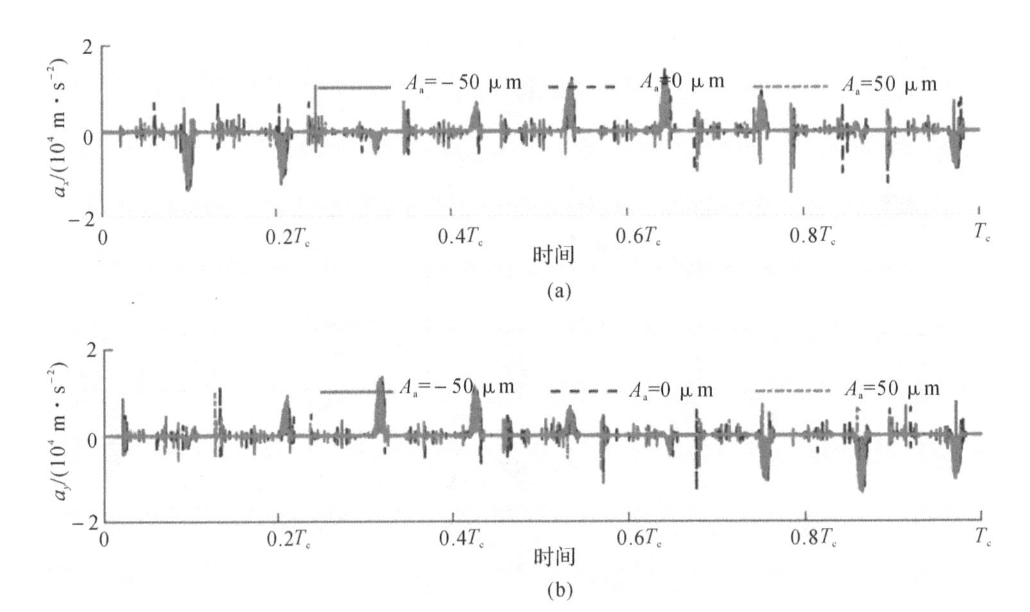

图 8.41　内行星轴承安装轴线偏心误差对内行星轴承滚子振动加速度的影响

(a)x 方向振动加速度；(b)y 方向振动加速度

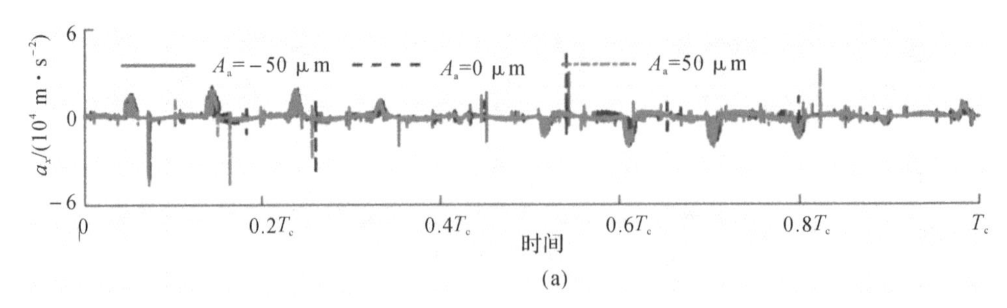

图 8.42　内行星轴承安装轴线偏心误差对外行星轴承滚子振动加速度的影响

(a)x 方向振动加速度

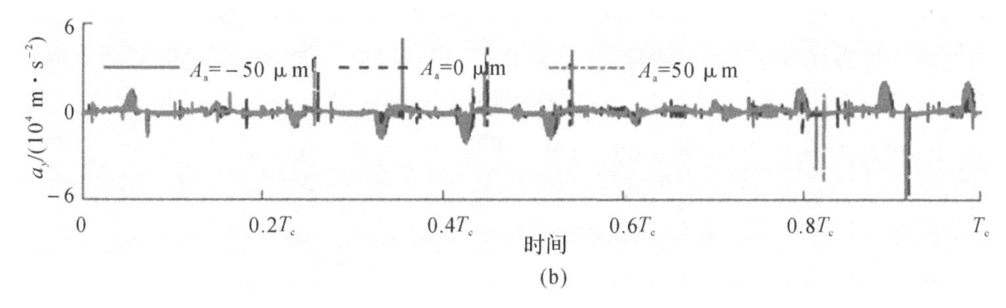

续图 8.42　内行星轴承安装轴线偏心误差对外行星轴承滚子振动加速度的影响

(b)y 方向振动加速度

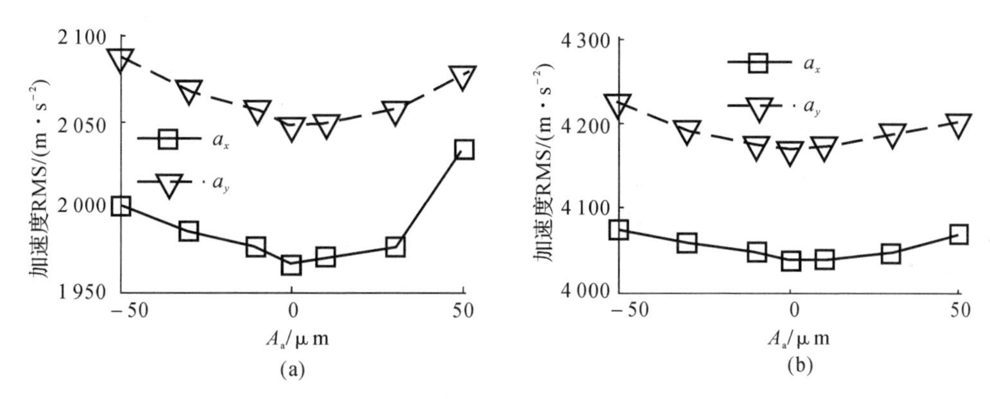

图 8.43　内行星轴承安装轴线偏心误差对滚子振动加速度 RMS 值的影响

(a)内行星轴承；(b) 外行星轴承

外行星轴承安装轴线偏心误差对行星轴承滚子 x 和 y 方向振动加速度的影响如图 8.44～图 8.46 所示，图 8.44 为内行星轴承滚子振动加速度时域图，图 8.45 为外行星轴承滚子振动加速度时域图。图 8.44 和图 8.45 显示，滚子 x 和 y 方向振动加速度峰值和外行星轮安装轴线误差并不是简单的线性关系，且峰值差异较小，但是可以看出外行星轴承安装轴线误差会使滚子 x 和 y 方向振动加速度峰值产生相位变化。这可能是因为外行星轴承安装轴线误差的存在导致行星轴承各位置的游隙发生变化，滚子滑动速度不同，从而使滚子振动加速度产生相位变化，但是由于游隙较小，所以并不会对峰值产生太大的影响。图 8.46 显示：当外行星轴承安装轴线偏心误差小于 0 μm 时，内、外行星轮 x 和 y 方向振动加速度 RMS 值随着外行星轴承安装轴线偏心误差的增大而减小；当外行星轴承安装轴线偏心误差大于 0 μm 时，内、外行星轮 x 和 y 方向振动加速度 RMS 值随着外行星轴承安装轴线偏心误差的增大而增大。内、外行星轴承滚子 x 和 y 方向振动加速度 RMS 值在外行星轴承安装轴线偏心误差 0 μm 附近较小。

内行星轴承安装轴线偏心误差对行星架 x 和 y 方向振动加速度的影响如图 8.47 和图 8.48 所示，图 8.47 为行星架振动加速度时域图。图 8.47 显示，行星架 x 和 y 方向振动加速度和内行星轴承安装轴线偏心误差并不是简单的线性关系，这是由于内行星轴承安装轴线偏心误差的存在使得行星轴承游隙具有时变特征，从而导致这种现象。图 8.48 显示：当内行星轴承安装轴线偏心误差小于 0 μm 时，行星架 x 和 y 方向的振动加速度 RMS 值随着内行星轴承安装轴线偏心误差的增大而减小；当内行星轴承安装轴线偏心误差大于 0 μm 时，行星架 x 和 y 方向的振动加速度 RMS 值随着内行星轴承安装轴线偏心误差的增加而增大。行星架 x 和 y 方向的振动加速度 RMS 值在内行星轴承安装轴线偏心误差为 0 μm 附近时较小。

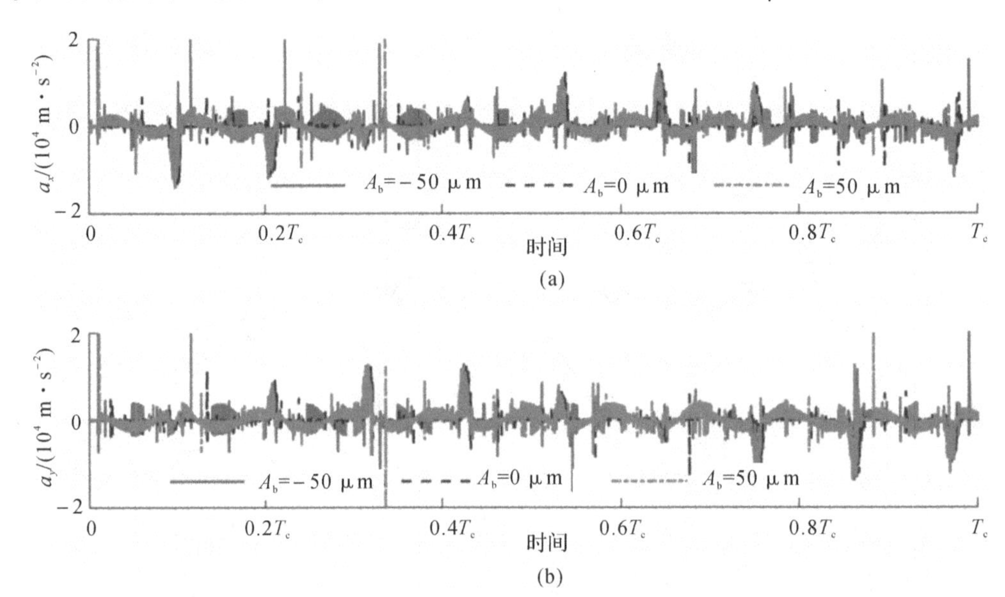

图 8.44　外行星轴承安装轴线偏心误差对内行星轴承滚子振动加速度的影响

(a)x -方向振动加速度；(b)y -方向振动加速度

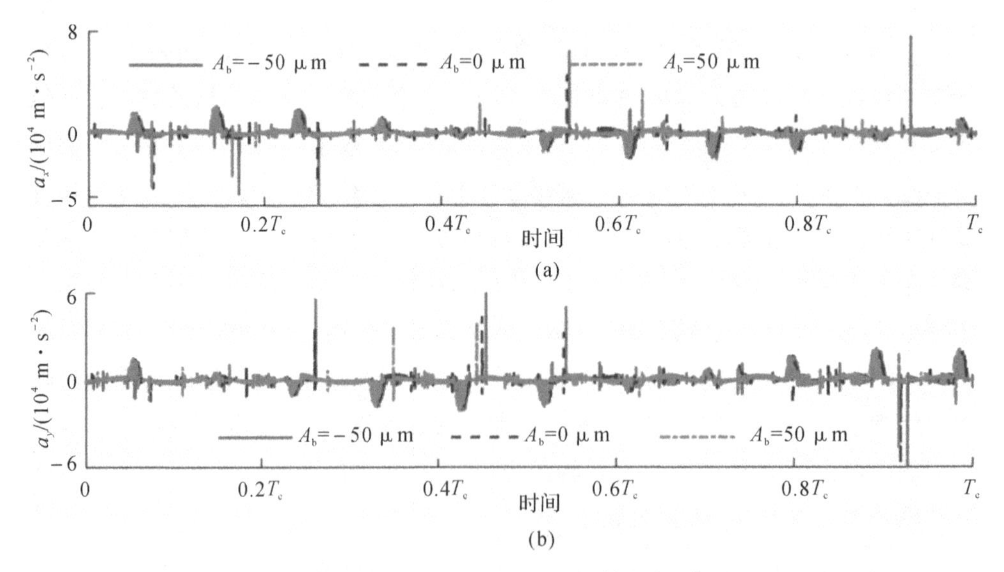

图 8.45　行星轴承安装轴线偏心误差对外行星轴承滚子振动加速度的影响

(a)x 方向振动加速度；(b)y 方向振动加速度

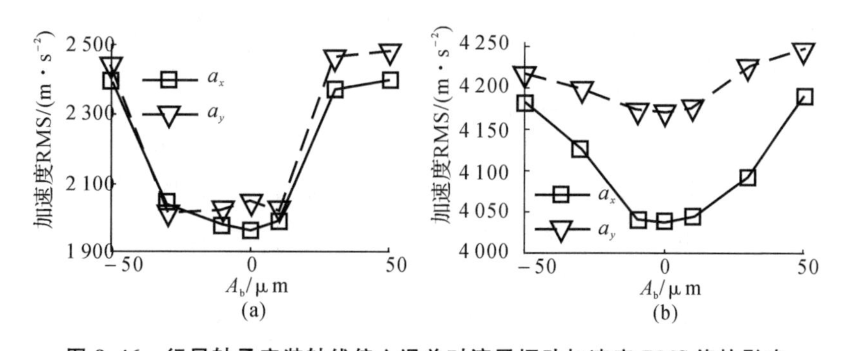

图 8.46　行星轴承安装轴线偏心误差对滚子振动加速度 RMS 值的影响

(a)内行星轮；(b) 外行星轮

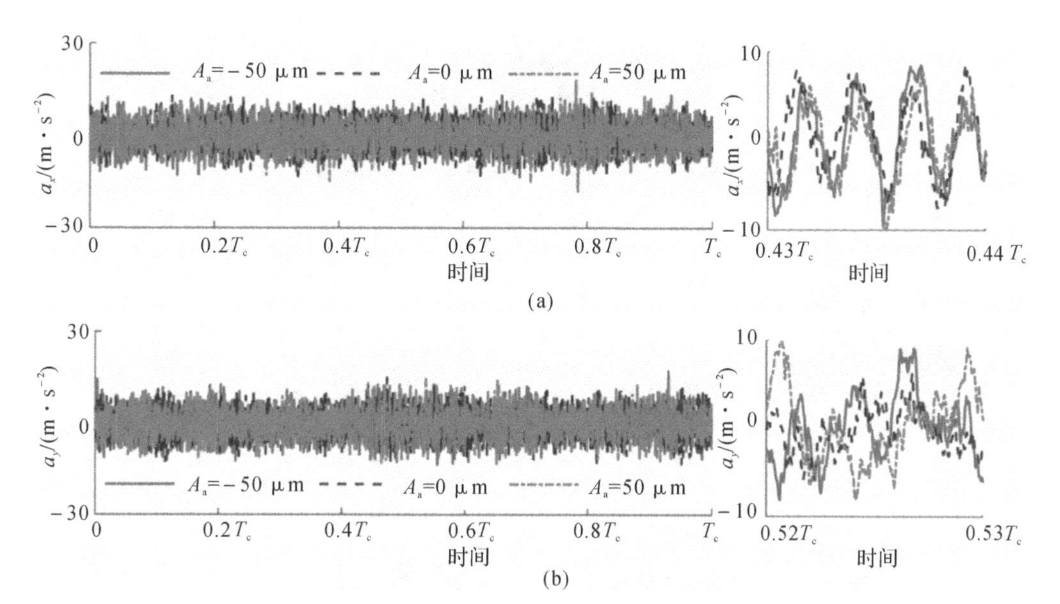

图 8.47　内行星轴承安装轴线偏心误差对行星架振动加速度的影响

(a)x 方向振动加速度；(b)y 方向振动加速度

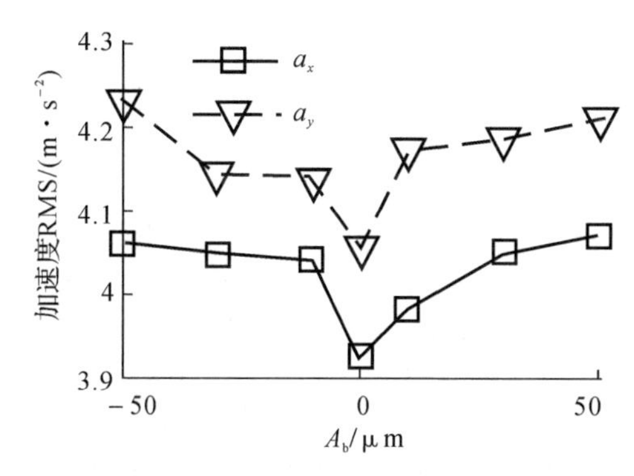

图 8.48　内行星轴承安装轴线偏心误差对行星架振动加速度 RMS 值的影响

外行星轴承安装轴线偏心误差对行星架 x 和 y 方向振动加速度的影响如图 8.49 和图 8.50 所示，图 8.49 为行星架振动加速度时域图。图 8.49 显示，行星架 x 和 y 方向振动加速度和外行星轴承安装轴线偏心误差并不是简单的线性关系，这是由于外行星轴承安装轴线偏心误差的存在使得行星轴承游隙具有时变特征，从而导致这种现象。图 8.50 显示：当外行星轴承安装轴线偏心误差小于 0 μm 时，行星架 x 和 y 方向的振动加速度 RMS 值随着外行星轴承安装轴线偏心误差的增大而减小；当外行星轴承安装轴线偏心误差大于 0 μm 时，行星架 x 和 y 方向的振动加速度 RMS 值随着外行星轴承安装轴线偏心误差的增大而增大。行星架 x 和 y 方向的振动加速度 RMS 值在外行星轴承安装轴线偏心误差为 0 μm 附近时较小。

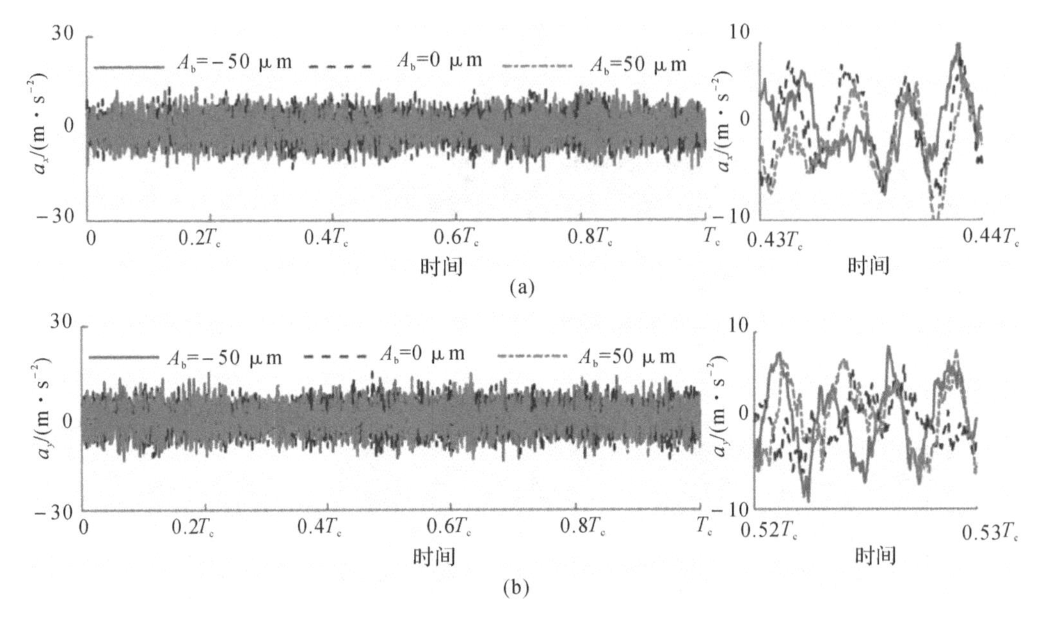

图 8.49 外行星轴承安装轴线偏心误差对行星架振动加速度的影响

(a)x 方向振动加速度；(b)y 方向振动加速度

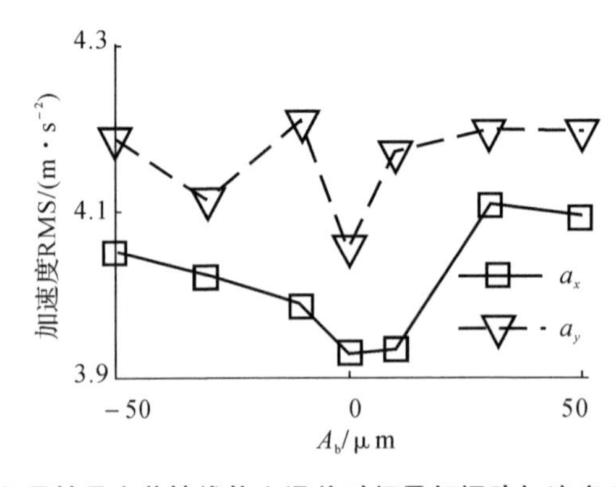

图 8.50 外行星轴承安装轴线偏心误差对行星架振动加速度 RMS 值的影响

内行星轴承安装轴线偏心误差对行星轮 x 和 y 方向振动加速度的影响如图 8.51～图 8.53 所示，图 8.51 为内行星轮 x 和 y 方向振动加速度时域图，图 8.52 为外行星轮 x 和 y 方向振动加速度时域图。图 8.51 和图 8.52 显示，行星轮 x 和 y 方向振动加速度和内行星轴承安装轴线偏心误差并不是简单的线性关系，这是由于内行星轴承安装轴线偏心误差的存在使得行星轴承游隙具有时变特征，从而导致这种现象。图 8.53 显示：当内行星轴承安装轴线误差小于 0 μm 时，内、外行星轮 x 和 y 方向振动加速度 RMS 值随着内行星轴承安装轴线误差的增大而减小；当内行星轴承安装轴线误差大于 0 μm 时，内、外行星轮 x 和 y 方向振动加速度 RMS 值随着内行星轴承安装轴线误差的增大而增大。

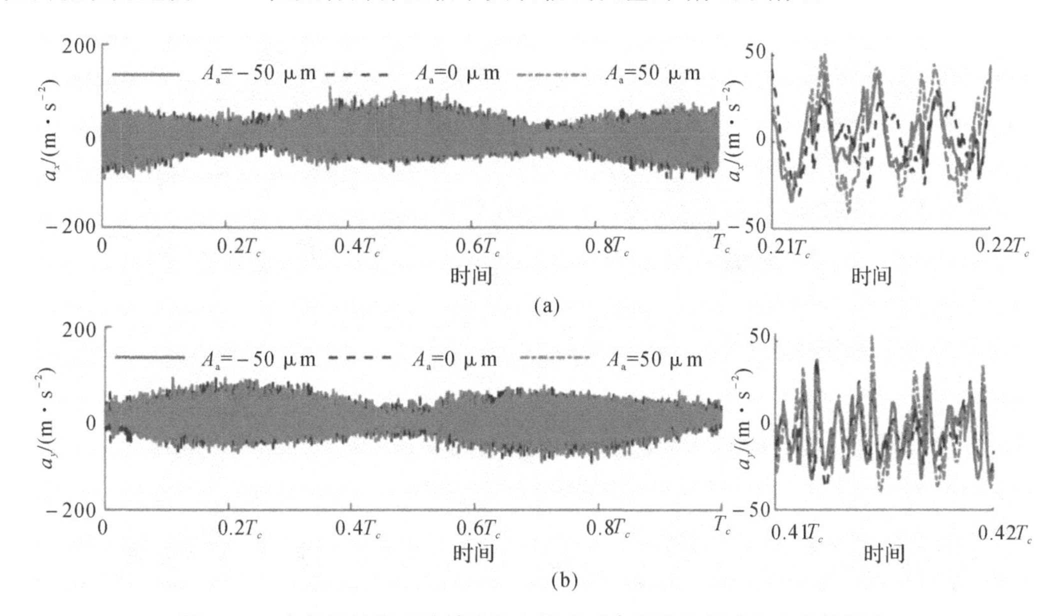

图 8.51　内行星轴承安装轴线偏心误差对内行星轮振动加速度的影响

(a)x 方向振动加速度；(b)y 方向振动加速度

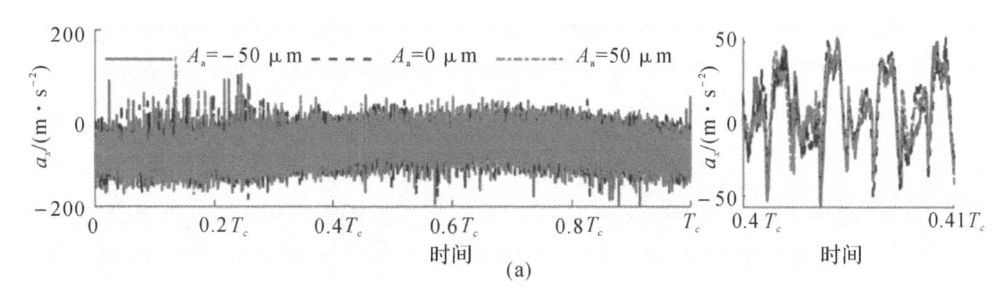

图 8.52　内行星轴承安装轴线偏心误差对外行星轮振动加速度的影响

(a)x 方向振动加速度；

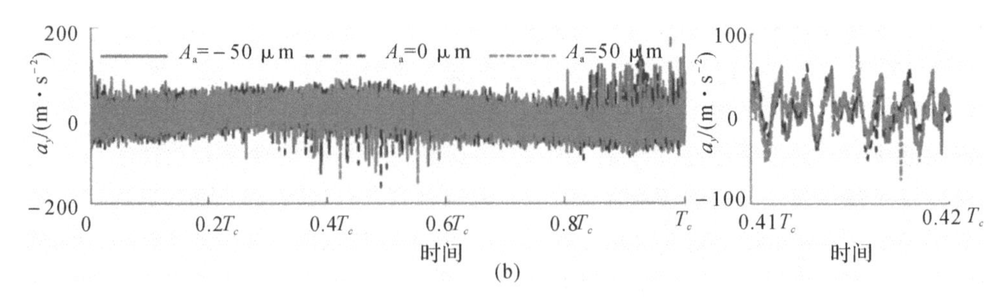

续图 8.52 内行星轴承安装轴线偏心误差对外行星轮振动加速度的影响

(b)y 方向振动加速度

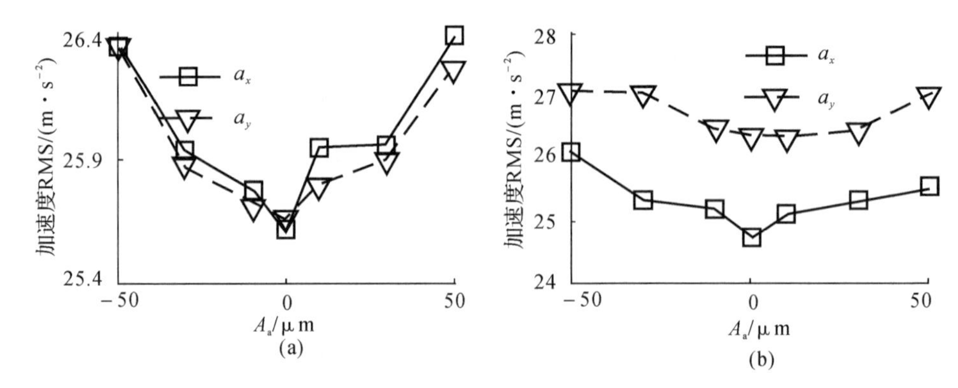

图 8.53 内行星轴承安装轴线偏心误差对行星轮振动加速度 RMS 值的影响

(a)内行星轮;(b) 外行星轮

外行星轴承安装轴线偏心误差对行星轮 x 和 y 方向振动加速度的影响如图 8.54～图 8.56 所示,图 8.54 为内行星轮 x 和 y 方向振动加速度时域图,图 8.55 为外行星轮 x 和 y 方向振动加速度时域图。图 8.54 和图 8.55 显示,行星轮 x 和 y 方向振动加速度与外行星轴承安装轴线偏心误差并不是简单的线性关系,这是由于外行星轴承安装轴线偏心误差的存在使得行星轴承游隙具有时变特征,从而导致这种现象。图 8.56 显示:整体来看,当外行星轴承安装轴线误差小于 0 μm 时,内、外行星轮 x 和 y 方向振动加速度 RMS 值随着外行星轴承安装轴线误差的增大而减小;当外行星轴承安装轴线误差大于 0 μm 时,内、外行星轮 x 和 y 方向振动加速度 RMS 值随着外行星轴承安装轴线误差的增大而增大。

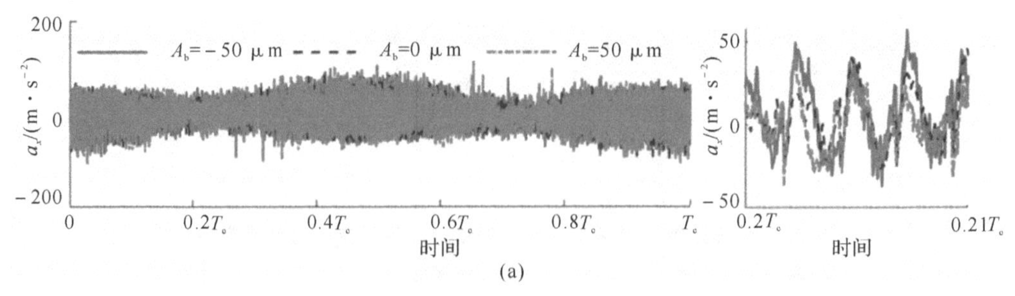

图 8.54 外行星轴承安装轴线偏心误差对内行星轮振动加速度的影响

(a)x 方向振动加速度

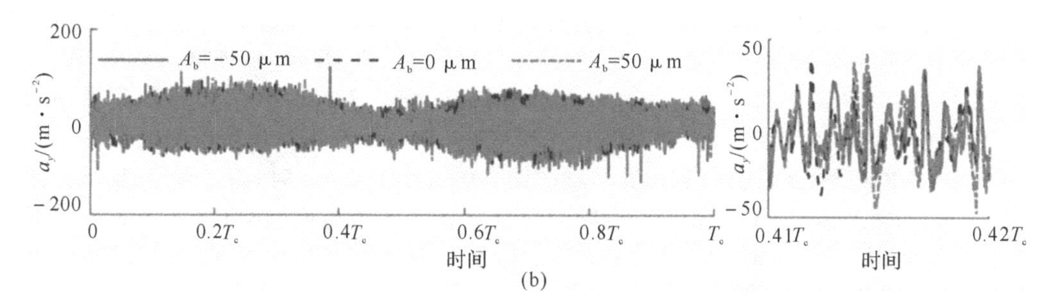

续图 8.54　外行星轴承安装轴线偏心误差对内行星轮振动加速度的影响

(b)y 方向振动加速度

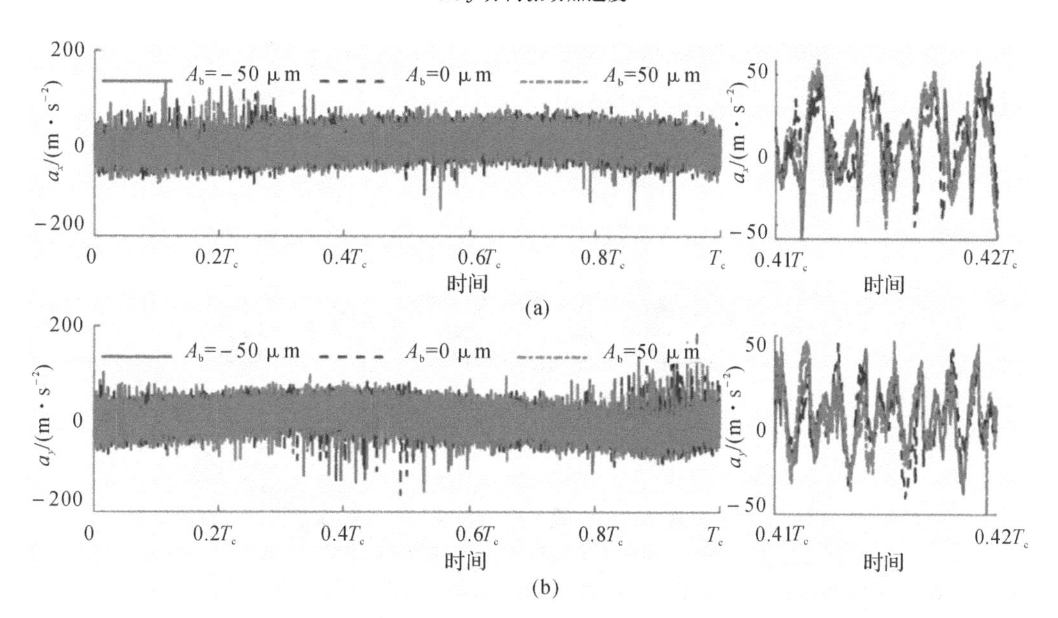

图 8.55　外行星轴承安装轴线偏心误差对外行星轮振动加速度的影响

(a)x 方向振动加速度；(b)y 方向振动加速度

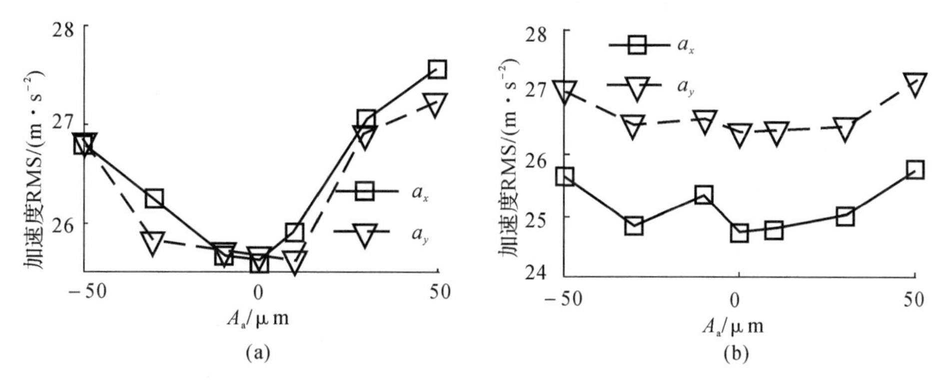

图 8.56　外行星轴承安装轴线偏心误差对行星轮振动加速度 RMS 值的影响

(a)内行星轮；(b) 外行星轮

内行星轴承安装轴线偏心误差对行星轴承保持架 x 和 y 方向振动加速度的影响如图 8.57～图 8.59 所示，图 8.57 为内行星轴承保持架 x 和 y 方向振动加速度时域图，图 8.58 为外行星轴承保持架 x 和 y 方向振动加速度时域图。图 8.57 和图 8.58 显示，行星轴承保持架 x 和 y 方向振动加速度与内行星轴承安装轴线偏心误差并不是简单的线性关系。图 8.59 显示，整体来看：当内行星轴承安装轴线偏心误差小于 0 μm 时，内、外行星轴承保持架 x 和 y 振动加速度 RMS 值随着内行星轮安装轴线误差的增大而减小；当内行星轴承安装轴线偏心误差大于 0 μm 时，内、外行星轴承保持架 x 和 y 振动加速度 RMS 值随着内行星轮安装轴线误差的增大而增大。

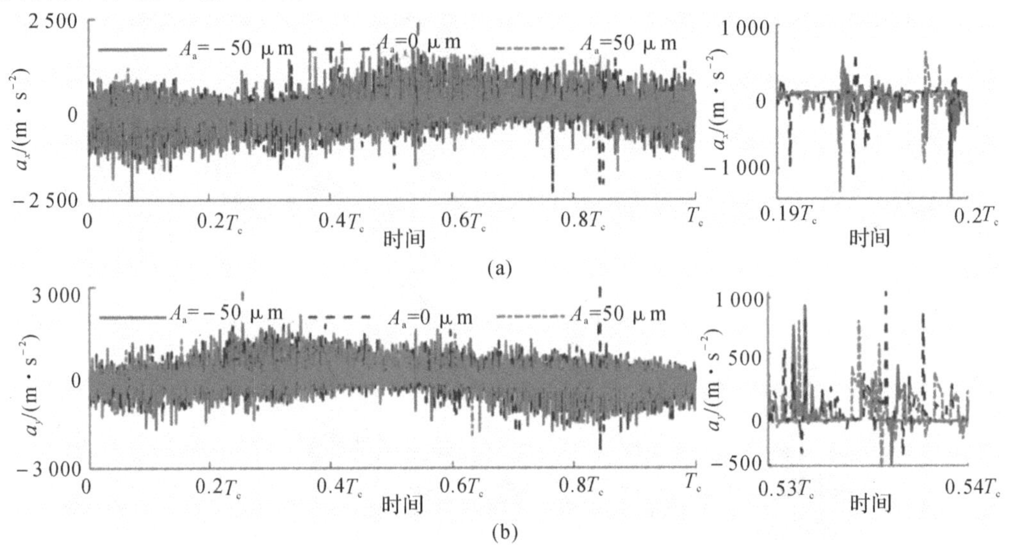

图 8.57　内行星轴承安装轴线偏心误差对内行星轴承保持架振动加速度的影响

(a) x 方向振动加速度；(b) y 方向振动加速度

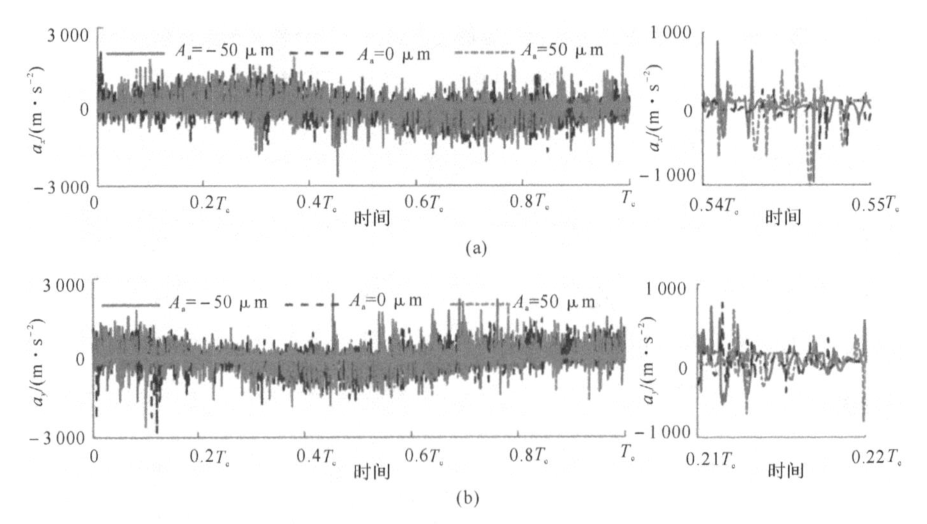

图 8.58　内行星轴承安装轴线偏心误差对外行星轴承保持架振动加速度的影响

(a) x -方向振动加速度；(b) y -方向振动加速度

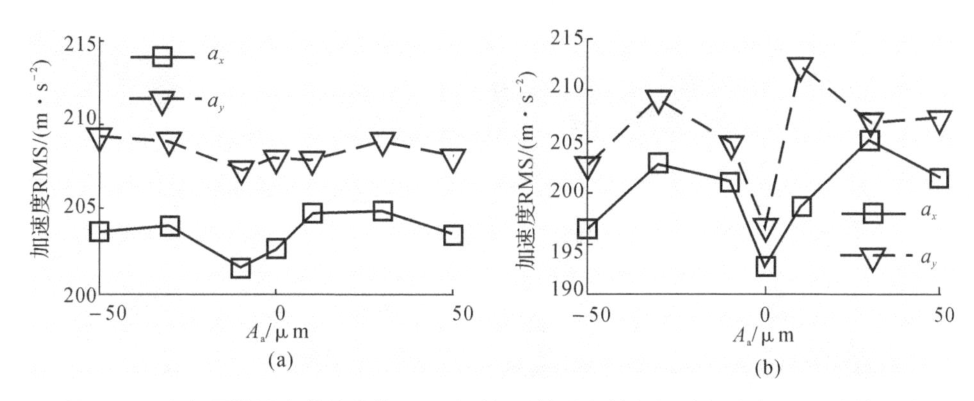

图 8.59　内行星轴承安装轴线偏心误差对行星轴承保持架振动加速度 RMS 值的影响

(a)内行星轮；(b)外行星轮

外行星轴承安装轴线偏心误差对行星轴承保持架 x 和 y 方向振动加速度的影响如图 8.60～图 8.62 所示，图 8.62 为内行星轴承保持架 x 和 y 方向振动加速度时域图，图 8.61 为外行星轴承保持架 x 和 y 方向振动加速度时域图。图 8.60 和图 8.61 显示，行星轴承保持架 x 和 y 方向振动加速度和外行星轴承安装轴线偏心误差并不是简单的线性关系。图 8.62 显示，整体来看：当外行星轴承安装轴线偏心误差小于 0 μm 时，内、外行星轴承保持架 x 和 y 振动加速度 RMS 值随着内行星轮安装轴线误差的增大而减小；当外行星轴承安装轴线偏心误差大于 0 μm 时，内、外行星轴承保持架 x 和 y 振动加速度 RMS 值随着内行星轮安装轴线误差的增大而增大。

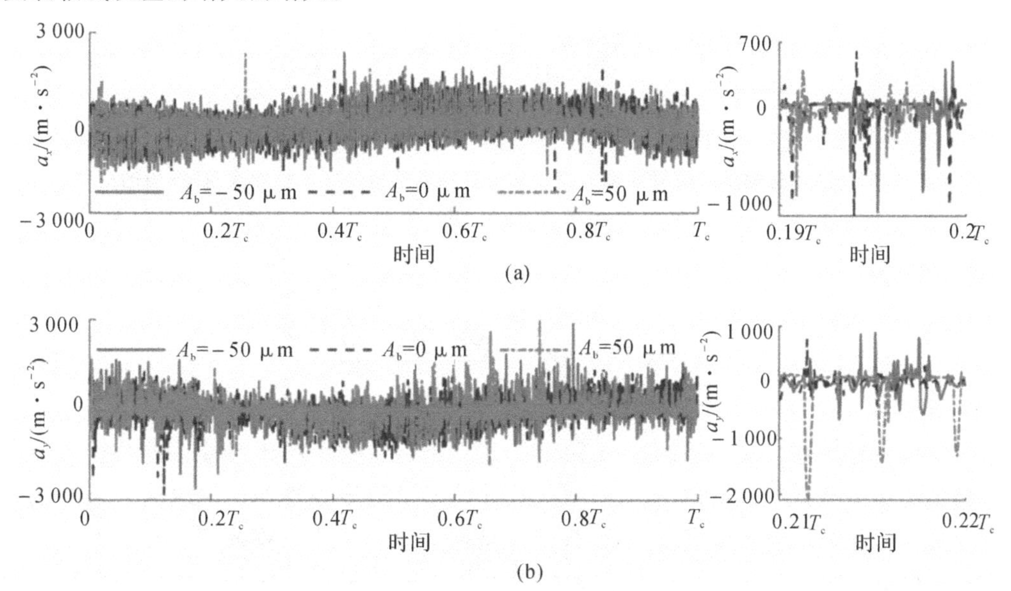

图 8.60　外行星轴承安装轴线偏心误差对内行星轴承保持架振动加速度的影响

(a)x 方向振动加速度；(b)y 方向振动加速度

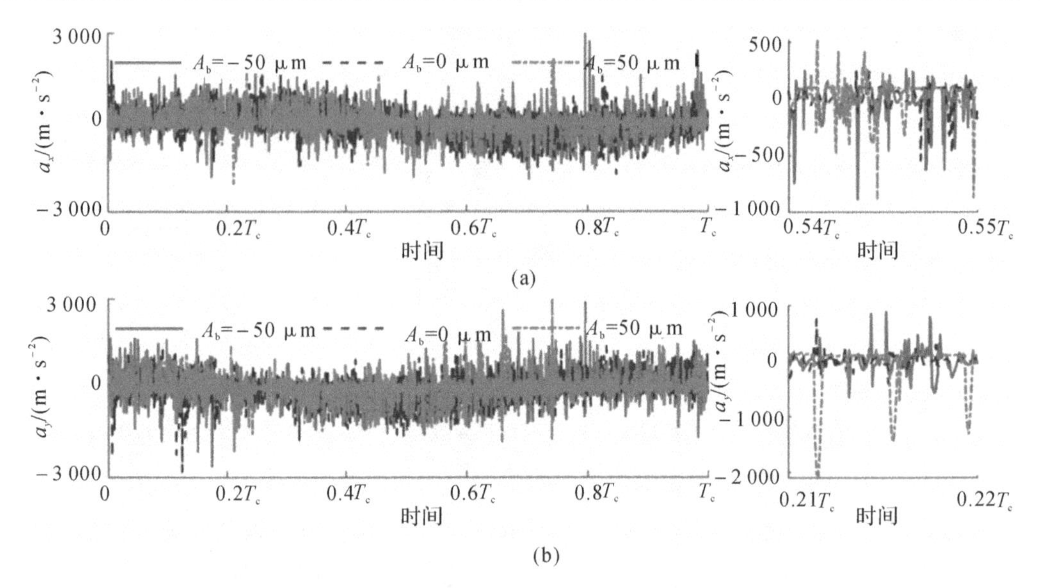

图 8.61 外行星轴承安装轴线偏心误差对外行星轴承保持架振动加速度影响

(a)x 方向振动加速度；(b)y 方向振动加速度

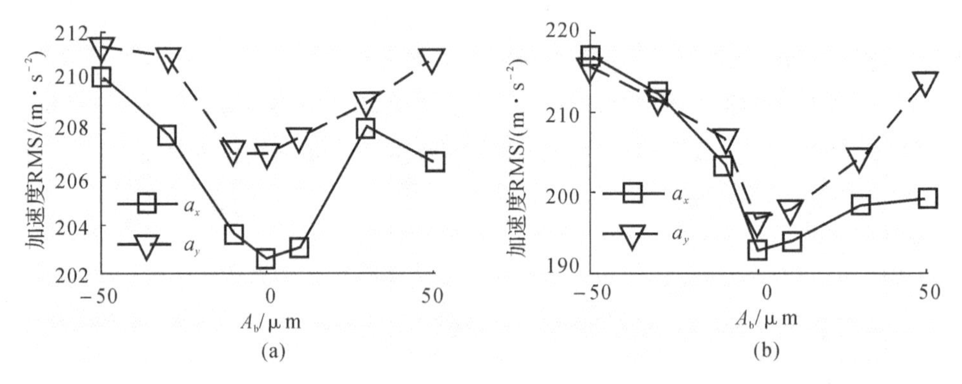

图 8.62 外行星轴承安装轴线偏心误差对行星轴承保持架振动加速度 RMS 值的影响

(a)内行星轮；(b) 外行星轮

8.6 本章小结

本章针对行星轴承存在的制造误差问题，建立了行星轴承滚子尺寸偏差及行星轴承安装轴线偏心误差表征模型，将行星轴承滚子尺寸偏差及行星轴承安装轴线偏心误差表征模型与双星行星轮系统动力学模型耦合，提出行星轴承滚子尺寸偏差及行星轴承安装轴线偏心误差激励的双星行星轮系统动力学模型；研究了不同行星轴承滚子尺寸偏差对行星轴承接触特性及振动特性的影响规律，以及不同行星轮系旋转轴线误差对行星轴承接触特性及振动特性的影响规律。主要结论如下：

(1)行星轴承滚子尺寸偏差会导致行星轴承接触力、滚子-保持架碰撞力以及滚子-滚道滑动速度峰值相位发生变化，这可能是由于尺寸偏差导致行星轴承游隙发生变化，影响滚子的打滑特性，从而造成峰值相位发生变化，且峰值大小会随着滚子尺寸偏差的增大而增大。

(2)整体来看，随着行星轴承滚子尺寸偏差的增大，内外行星轴承滚子、行星架、行星轮以及行星轴承保持架 x 和 y 方向振动加速度峰值增大，且峰值相位会发生变化，这可能是由于尺寸偏差造成行星轴承游隙发生变化，从而影响到了峰值相位，峰值增大可能是因为随着尺寸偏差的增大，行星轴承各位置游隙增加，从而导致滚子振动加速度峰值增大。内外行星轴承滚子、行星架、行星轮以及行星轴承保持架 x 和 y 方向振动加速度 RMS 值随着滚子尺寸偏差的增大而增大。

(3)行星轴承安装轴线偏心误差与行星轴承接触力、滚子一保持架碰撞力、滚子一滚道滑动速度、滚子振动加速度、行星架振动加速度、行星轮振动加速度以及行星轴承保持架振动加速度峰值间并不是简单的线性关系，行星轴承安装轴线偏心误差会使某些时刻的峰值增大而某些时刻的峰值减小。当行星轴承安装轴线偏差小于 0 μm 时，行星轴承滚子、行星轮、行星架以及保持架的振动加速度 RMS 值随着行星轴承安装轴线偏心误差的增大而减小；当行星轴承安装轴线偏心误差大于 0 μm 时，行星轴承滚子、行星轮、行星架以及保持架的振动加速度 RMS 值随着行星轴承安装轴线偏差的增大而增大。

参 考 文 献

[1] 李闯.浅析国内外轴承行业发展[J].中国战略新兴产业,2019(26):66.

[2] 雷源忠. 我国机械工程研究进展与展望[J]. 机械工程学报，2009，45(5)：1－11.

[3] TANDON N，CHOUDHURY A. A review of vibration and acoustic measurement methods for the detection of defects in rolling element bearings [J]. Tribology International，1999，32(8)：469－480.

[4] RAFSANJANI A，ABBASION S，FARSHIDIANFAR A. Nolinear dynamic modeling of surface defects in rolling element bearing systems [J]. Journal of Sound and Vibration，2009，319：1150－1174.

[5] 史校川,金镭,王春生,等.美国军民用无人机系统事故案例分析[J].航空标准化与质量,2017(3):46－49.

[6] RIBRANT J. Reliability performance and maintenance:a survey of failures in wind power systems [D].Stockholm：KTH Royal Institute of Technology，2006.

[7] SALAMEH J P，CAUET S，ETIEN E，et al，Gearbox condition monitoring in wind turbines：a review [J]. Mechanical Systems and Signal Processing，2018，111：251－264.

[8] LIU J，SHAO Y. Overview of dynamic modelling and analysis of rolling element bearings with localized and distributed faults [J]. Nonlinear Dynamics，2018，93(4)：1765－1798.

[9] 中华人民共和国国务院.中国制造 2025:国发〔2015〕28 号[A/OL].(2015－05－19). https:www.gov.cn/Zhengce/content/2015－05/19/content/content. 9784. htm.

[10] 国家自然科学基金委员会工程与材料科学部. 机械工程学科发展战略报告:2011—2020[M]. 北京:科学出版社,2010.

[11] 王国彪，何正嘉，陈雪峰，等. 机械故障诊断基础研究“何去何从”？[J]. 机械工程学报，2013，49(1)：63－72.

[12] 王建平，肖刚. 齿轮传动故障诊断方法综述及应用研究[J]. 江苏船舶，2008，25(1):4.

[13] 邵忍平，曹精明，李永龙. 基于 EMD 小波阈值去噪和时频分析的齿轮故障模式识别与诊断[J]. 振动与冲击，2012，31(8):96－10.

[14] LIN J，ZUO M J. Gearbox fault diagnosis using adaptive wavelet filter[J]. Mechanical Systems and Signal Processing，2003，17(6)：1259－1269.

[15] HAJNAYEB A，GHASEMLOONIA A，KHADEM S E，et al. Application and comparison of an ANN-based feature selection method and the genetic algorithm in gearbox fault diagnosis [J]. Expert Systems with Applications，2011，38(8)：10205－10209.

[16] AZAMFAR M, SINGH J, BRAVO-IMAZ I, et al. Multisensor data fusion for gearbox fault diagnosis using 2-D convolutional neural network and motor current signature analysis[J]. Mechanical Systems and Signal Processing, 2020, 144: 106861.

[17] YU J, LIU G. Knowledge extraction and insertion to deep belief network for gearbox fault diagnosis[J]. Knowledge-Based Systems, 2020, 197: 105883.

[18] 肖会芳，邵毅敏，徐金梧. 粗糙界面法向接触振动响应与能量耗散特性研究[J]. 振动与冲击，2014，33(4):49－55.

[19] 张建宇，陈林，胥永刚. 单级齿轮箱内部冲击振动的传播衰减特性研究[J]. 机械设计与制造，2018(1):69－72.

[20] CHENG Z, GAO M, LIANG X, et al. Incipient fault detection for the planetary gearbox in rotorcraft based on a statistical metric of the analog tachometer signal [J]. Measurement, 2020, 151: 107069.

[21] CHAARI F, FAKHFAKH T, HBAIEB R, et al. Influence of manufacturing errors on the dynamic behavior of planetary gears[J]. The International Journal of Advanced Manufacturing Technology, 2006, 27(7): 738－746.

[22] AMBARISHA V K, PARKER R G. Nonlinear dynamics of planetary gears using analytical and finite element models[J]. Journal of Sound and Vibration, 2007, 302: 577－595.

[23] CONCLI F, CORTESE L, VIDONI R, et al. A mixed FEM and lumped-parameter dynamic model for evaluating the modal properties of planetary gearboxes[J]. Journal of Mechanical Science and Technology, 2018, 32(7): 3047－3056.

[24] YANG J, YANG L, ZHU R, et al. Effects of vibration isolator on compound planetary gear train with marine twin-layer gearbox case: a dynamic load analysis [J]. Journal of Vibration Engineering & Technologies, 2021, 9(5): 767－780.

[25] CAO Z, SHAO Y, RAO M, et al. Effects of the gear eccentricities on the dynamic performance of a planetary gear set[J]. Nonlinear Dynamics, 2018, 91(1): 1－15.

[26] ROGERS R J, ANDREWS G C. Dynamic simulation of planar mechanical systems with lubricated bearing clearances using vector-network methods[J]. Journal of Engineering for Industry,1977,99(4):131－137.

[27] KAHRAMAN A, SINGH R. Interactions between time-varying mesh stiffness and clearance non-linearities in a geared system[J]. Journal of Sound and Vibration, 1991, 146: 135－156.

[28] GUO Y, PARKER R G. Dynamic modeling and analysis of a spur planetary gear involving tooth wedging and bearing clearance nonlinearity[J]. European Journal of Mechanics-A/Solids, 2010, 29(6): 1022－1033.

[29] JAIN S, WHITELEY P E, HUNT H. Detection of planet bearing faults in wind turbine gearboxes[C]//Proceedings of the International Conference on Noise and Vibration Engineering/International Conference on Uncertainty in Structural

Dynamics, Leuven, 2012: 17 - 19.

[30] JAIN S, HUNT H. Vibration response of a wind-turbine planetary gear set in the presence of a localized planet bearing defect[C]//ASME International Mechanical Engineering Congress and Exposition. Denvev:ASME, 2011: 943 - 952.

[31] LIU J, DING S, PANG R, et al. Influence of the roller profile modification of planet bearing on the vibrations of a planetary gear system[J]. Measurement, 2021,180: 109612.

[32] CHEN X, YANG X, ZUO M J, et al. Planetary gearbox dynamic modeling considering bearing clearance and sun gear tooth crack[J]. Sensors, 2021, 21(8): 2638.

[33] CHEN X, CHEN Y, ZUO M J. Dynamic modeling of a planetary gear system with sun gear crack under gravity and carrier-ring clearance[J]. Procedia Manufacturing, 2020, 49: 55 - 60.

[34] SHAHABI A, KAZEMIAN A H. Dynamic and vibration analysis for geometrical structures of planetary gears[J]. Journal of Solid Mechanics, 2021, 13(4): 384 - 398.

[35] LIANG X, ZUO M J, HOSEINI M R. Vibration signal modeling of a planetary gear set for tooth crack detection[J]. Engineering Failure Analysis, 2015, 48: 185 - 200.

[36] ZHOU Y, XIONG X, ZHANG J, et al. Vibration characteristics of defected sun gear Bearing in planetary gearbox[C]//2021 7th International Conference on Condition Monitoring of Machinery in Non-Stationary Operations (CMMNO). Guangzhou:IEEE, 2021.

[37] LIU J, DING S, WANG L, et al. Effect of the bearing clearance on vibrations of a double-row planetary gear system[J]. Proceedings of the Institution of Mechanical Engineers, Part K: Journal of Multi-body Dynamics, 2020, 234(2): 347 - 357.

[38] CHOE B, LEE J, JEON D, et al. Experimental study on dynamic behavior of ball bearing cage in cryogenic environments, part Ⅰ: effects of cage guidance and pocket clearances[J]. Mechanical Systems and Signal Processing, 2019, 115: 545 - 569.

[39] CHOE B, KWAK W, JEON D, et al. Experimental study on dynamic behavior of ball bearing cage in cryogenic environments, part Ⅱ: effects of cage mass imbalance[J]. Mechanical Systems and Signal Processing, 2019, 116: 25 - 39.

[40] KOHAR R, HRCEK S. Dynamic analysis of a rolling bearing cage with respect to the elastic properties of the cage for the axial and radial load cases[J]. Communications-Scientific Letters of the University of Zilina, 2014, 16(3A): 74 - 81.

[41] SELVARAJ A, MARAPPAN R. Experimental analysis of factors influencing the cage slip in cylindrical roller bearing[J]. The International Journal of Advanced Manufacturing Technology, 2011, 53(5/6/7/8): 635 - 644.

[42] CUI Y, DENG S, ZHANG W, et al. The impact of roller dynamic unbalance of high-speed cylindrical roller bearing on the cage nonlinear dynamic characteristics [J]. Mechanism and Machine Theory, 2017, 118: 65 - 83.

[43] CUI Y, DENG S, NIU R, et al. Vibration effect analysis of roller dynamic unbalance on the cage of high-speed cylindrical roller bearing[J]. Journal of Sound and Vibration, 2018, 434: 314 - 335.

[44] DENNI M, BIBOULET N, ABOUSLEIMAN V, et al. Dynamic study of a roller bearing in a planetary application considering the hydrodynamic lubrication of the roller/cage contact[J]. Tribology International, 2020, 149: 105696.

[45] SHI Z, LIU J, LI H, et, al. Dynamic Simulation of a planet roller bearing considering the cage bridge crack[J]. Engineering Failure Analysis, 2022,131:105849.

[46] SCHWARZ S, GRILLENBERGER H, TREMMEL S, et al. Prediction of rolling bearing cage dynamics using dynamics simulations and machine learning algorithms [J]. Tribology Transactions, 2022,65(2):225 - 241.

[47] GAO S, HAN Q, ZHOU N, et al. Dynamic and wear characteristics of self-lubricating bearing cage: effects of cage pocket shape[J]. Nonlinear Dynamics, 2022, 110: 177 - 200.

[48] MA S, ZHANG X, YAN K, et al. A study on bearing dynamic features under the condition of multiball - cage collision[J]. Lubricants, 2022, 10(1): 9 - 17.

[49] WANG P, YANG Y, MA H, et al. Vibration characteristics of rotor-bearing system with angular misalignment and cage fracture: simulation and experiment [J]. Mechanical Systems and Signal Processing, 2023, 182: 109545.

[50] 张丽民,刘邦武,马风莉.轴承保持架断裂失效分析[J].金属热处理,2019(增刊 1):44 - 47.

[51] 袁倩倩,朱永生,张进华,等.考虑润滑碰撞的精密轴承保持架动态特性[J].西安交通大学学报,2021,55(1):110 - 117.

[52] 温保岗,韩清凯,乔留春,等.保持架间隙对角接触球轴承保持架磨损的影响研究[J].振动与冲击,2018,37(23):9 - 14.

[53] LI Y J, TAO C H, ZHANG W F, et al. Fracture analysis on cage rivets of a cylindrical roller bearing[J]. Engineering Failure Analysis, 2008, 15(6): 796 - 801.

[54] BISWAS S, KUMAR J, SATISHKUMAR V N, et al. Failure analysis of a squirrel cage bearing of a gas turbine engine[M]//Advances in Structural Integrity. Singapore:Springer, 2018.

[55] RAHMAN M Z, OHNO N, TSUTSUMI H. Effect of lubricating oils on cage failure of ball bearings[J]. Tribology Transactions, 2003, 46(4): 499 - 505.

[56] 刘鲁,霍帅,郑凯,等.高 DN 值滚子轴承保持架断裂分析[J].航空动力学报,2020,35(10):2115 - 2122.

[57] XUE S, HOWARD I, WANG C, et al. The diagnostic analysis of the planet bearing faults using the torsional vibration signal[J]. Mechanical Systems and Signal Processing, 2019, 134: 106304.

[58] XUE S, WANG C, HOWARD I, et al. The diagnostic analysis of the fault coupling effects in planet bearing[J]. Engineering Failure Analysis, 2020, 108: 104266.

[59] LIU J, XU Y, SHAO Y, et al. The effect of a localized fault in the planet bearing on vibrations of a planetary gear set[J]. The Journal of Strain Analysis for Engineering Design, 2018, 53(5): 313 - 323.

[60] GUI Y, HAN Q, CHU A. Vibration model for fault diagnosis of planetary gearboxes with localized planet bearing defects [J]. Journal of Mechanical Science and Technology, 2016, 30(9): 4109 - 4119.

[61] GU X Y, VELEX P. A lumped parameter model to analyse the dynamic load sharing in planetary gears with planet errors[J]. Applied Mechanics and Materials. 2011, 86: 374 - 379.

[62] MA H, ZENG J, FENG R, et al. Review on dynamics of cracked gear systems[J]. Engineering Failure Analysis, 2015, 55: 224 - 245.

[63] LIANG X, ZUO M J, PANDEY M. Analytically evaluating the influence of crack on the mesh stiffness of a planetary gear set[J]. Mechanism and Machine Theory, 2014, 76: 20 - 38.

[64] CHEN Z, SHAO Y. Dynamic simulation of planetary gear with tooth root crack in ring gear[J]. Engineering Failure Analysis, 2013, 31: 8 - 18.

[65] CHAARI F, FAKHFAKH T, HADDAR M. Dynamic analysis of a planetary gear failure caused by tooth pitting and cracking[J]. Journal of Failure Analysis and Prevention, 2006, 6(2): 73 - 78.

[66] SANG M, HUANG K, XIONG Y, et al. Dynamic modeling and vibration analysis of a cracked 3K-Ⅱ planetary gear set for fault detection[J]. Mechanical Sciences, 2021, 12(2): 847 - 861.

[67] HAN H, ZHAO Z, TIAN H, et al. Fault feature analysis of planetary gear set influenced by cracked gear tooth and pass effect of the planet gears[J]. Engineering Failure Analysis, 2021, 121: 105162.

[68] LUO Y, CUI L, ZHANG J, et al. Vibration mechanism and improved phenomenological model of planetary gearbox with broken sun gear fault[J]. Measurement, 2021, 178: 109356.

[69] LUO Y, CUI L, ZHANG J, et al. Vibration mechanism and improved phenomenological model of the planetary gearbox with broken ring gear fault[J]. Journal of Mechanical Science and Technology, 2021, 35(5): 1867 - 1879.

[70] LUO Y, CUI L, MA J. Effect of bolt constraint of ring gear on the vibration response of the planetary gearbox[J]. Mechanism and Machine Theory, 2021, 159: 104260.

[71] ZHANG M, LI D, ZUO M J, et al. An improved phenomenological model of vibrations for planetary gearboxes[J]. Journal of Sound and Vibration, 2021, 496: 115919.

[72] LI S, WU Q, ZHANG Z. Bifurcation and chaos analysis of multistage planetary gear train[J]. Nonlinear Dynamics, 2014, 75(1): 217 - 233.

[73] XIANG L, ZHANG Y, GAO N, et al. Nonlinear dynamics of a multistage gear transmission system with multi-clearance[J]. International Journal of Bifurcation and Chaos, 2018, 28(3): 1850034.

[74] DENNI M, BIBOULET N, ABOUSLEIMAN V, et al. Dynamic study of a roller bearing in a planetary application considering the hydrodynamic lubrication of the roller/cage contact[J]. Tribology International, 2020, 149: 105696.

[75] LI W, SUN J, YU J. Analysis of dynamic characteristics of a multi-stage gear transmission system [J]. Journal of Vibration and Control, 2019, 25 (10): 1653 - 1662.

[76] INALPOLAT M, KAHRAMAN A. Dynamic modelling of planetary gears of automatic transmissions[J]. Proceedings of the Institution of Mechanical Engineers, Part K:Journal of Multi-body Dynamics, 2008, 222: 229 - 242.

[77] XIANG L, GAO N, HU A. Dynamic analysis of a planetary gear system with multiple nonlinear parameters [J]. Journal of Computational and Applied Mathematics, 2018, 327: 325 - 340.

[78] LU W, ZHANG Y, CHENG H, et al. Research on dynamic behavior of multistage gears-bearings and box coupling system[J]. Measurement, 2020, 150: 107096.

[79] XIAO Z, CHEN F, ZHANG K. Analysis of dynamic characteristics of the multistage planetary gear transmission system with friction force[J]. Shock and Vibration, 2021(1):8812640.

[80] TAN W, WU J, NI D, et al. Dynamic modeling and simulation of double-planetary gearbox based on bond graph[J]. Mathematical Problems in Engineering, 2021, 2021:1 - 14.

[81] HU J, HU N, YANG Y, et al. Nonlinear dynamic modeling and analysis of a helicopter planetary gear set for tooth crack diagnosis[J]. Measurement, 2022, 198:11347.

[82] CHEN Z, SHAO Y, SU D. Dynamic simulation of planetary gear set with flexible spurring gear[J]. Journal of Sound and Vibration, 2013, 332: 7191 - 7204.

[83] CHEN Z, SHAO Y. Mesh stiffness of an internal spur gear pair with ring gear rim deformation[J]. Mechanism and Machine Theory, 2013, 69: 1 - 12.

[84] WEI J, ZHANG A, QIN D, et al. A coupling dynamics analysis method for a multistage planetary gear system[J]. Mechanism and Machine Theory, 2017, 110: 27 - 49.

[85] CAO Z, RAO M. Coupling effects of manufacturing error and flexible ring gear rim on dynamic features of planetary gear[J]. Proceedings of the Institution of Mechanical Engineers, Part C: Journal of Mechanical Engineering Science, 2021, 235:5234 - 5246.

[86] LIU J, PANG R, DING S, et al. Vibration analysis of a planetary gear with the flexible ring and planet bearing fault[J]. Measurement, 2020, 165: 108100.

[87] GE N, ZHANG J. Finite element analysis of internal gear in high-speed planetary gear units[J]. Transactions of Tianjin University, 2008, 14(1): 11 - 15.

[88] ABOUSLEIMAN V, VELEX P, BECQUERELLE S. Modeling of spur and helical gear planetary drives with flexible ring gears and planet carriers[J]. Journal of Mechanical Design, 2007,129(1):95 - 106.

[89] WANG C, ZHANG X, ZHOU J, et al. Calculation method of dynamic stress of flexible ring gear and dynamic characteristics analysis of thin-walled ring gear of planetary gear train[J]. Journal of Vibration Engineering & Technologies, 2021, 9(5): 751 - 766.

[90] FENG S, CHANG L, HE Z. A hybrid finite element and analytical model for determining the mesh stiffness of internal gear pairs[J]. Journal of Mechanical Science and Technology, 2020, 34: 2477 - 2485.

[91] KAHRAMAN A, VIJAYAKAR S. Effect of internal gear flexibility on the quasistatic behavior of a planetary gear set[J]. Journal of Mechanical Design, 2001, 123(3): 408 - 415.

[92] ZHANG J, SONG Y M, XU J Y. A discrete lumped-parameter dynamic model for a planetary gear set with flexible ring gear[J]. Applied Mechanics and Materials, 2011, 86: 756 - 761.

[93] HU S, FANG Z, XU Y, et al. Characteristics analysis of the new flexible ring gear for helicopter reducer[J]. Proceedings of the Institution of Mechanical Engineers, Part K: Journal of Multi-body Dynamics, 2021, 235: 353 - 374.

[94] YAN S, DAI P, SHU D, et al. Deformation and response analysis of spur gear pairs with flexible ring gears and localized spalling faults[J]. Machines, 2022, 10(7): 560 - 574.

[95] XUE S, HOWARD I. Vibration response from the planetary gear with flexible ring gear[J]. International Journal of Powertrains, 2019, 8(1): 3 - 22.

[96] FENG Z, MA H, ZUO M J. Vibration signal models for fault diagnosis of planet bearings[J]. Journal of Sound and Vibration, 2016, 370: 372 - 393.

[97] MA H, FENG Z. Planet bearing fault diagnosis using multipoint optimal minimum entropy deconvolution adjusted[J]. Journal of Sound and Vibration, 2019, 449: 235 - 273.

[98] WANG T, CHU F, FENG Z. Meshing frequency modulation (MFM) index-based

kurtogram for planet bearing fault detection[J]. Journal of Sound and Vibration, 2018, 432: 437 - 453.

[99] LEWICKI D G, LABERGE K E, EHINGER R T, et al. Planetary gearbox fault detection using vibration separation techniques: Technical Report to Nation Aeronautics and Space Administvation [R]. Virginia Beach: 67th Annual Forum and Technology Display, 2011.

[100] KONG Y, QIN Z, WANG T, et al. An enhanced sparse representation-based intelligent recognition method for planet bearing fault diagnosis in wind turbines [J]. Renewable Energy, 2021, 173: 987 - 1004.

[101] GUO Y, ZHAO Z, SUN R, et al. Data - driven multiscale sparse representation for bearing fault diagnosis in wind turbine[J]. Wind Energy, 2019, 22(4): 587 - 604.

[102] RANDALL R B, ANTONI J. Rolling element bearing diagnostics: a tutorial[J]. Mechanical Systems and Signal Processing, 2011, 25(2): 485 - 520.

[103] HAN Y, TANG B, DENG L. An enhanced convolutional neural network with enlarged receptive fields for fault diagnosis of planetary gearboxes[J]. Computers in Industry, 2019, 107: 50 - 58.

[104] ZHANG K, TANG B, QIN Y, et al. Fault diagnosis of planetary gearbox using a novel semi-supervised method of multiple association layers networks [J]. Mechanical Systems and Signal Processing, 2019, 131: 243 - 260.

[105] PAN H, ZHENG J, YANG Y, et al. Nonlinear sparse mode decomposition and its application in planetary gearbox fault diagnosis[J]. Mechanism and Machine Theory, 2021, 155: 104082.

[106] JANG G, JEONG S W. Vibration analysis of a rotating system due to the effect of ball bearing waviness [J]. Journal of Sound and Vibration, 2004, 269: 709 - 726.

[107] LIU J, SHAO Y. Vibration modelling of nonuniform surface waviness in a lubricated roller bearing [J]. Journal of Vibration and Control, 2017, 23(7): 1115 - 1132.

[108] 邓四二,贾群义,薛进学. 滚动轴承设计原理[M]. 北京:中国标准出版社, 2014.

[109] DORMAND J R, PRINCE P J. A family of embedded Runge-Kutta formulae [J]. Journal of Computational and Applied Mathematics, 1980, 6(1): 19 - 26.

[110] LI H, LIU H, LIU Y, et al. On the dynamic characteristics of ball bearing with cage broken[J]. Industrial Lubrication and Tribology, 2020, 72(7): 881 - 886.

[111] TIAN X. Dynamic Simulation for System Response of Gearbox Including localized gear faults[D]. Edmonton: University of Alberta, 2004.

[112] CHEN Z, ZHAI W, SHAO Y, et al. Mesh stiffness evaluation of an internal spur gear pair with tooth profile shift[J]. Science China-technological Sciences, 2016,

59(9): 1328-1339.

[113] PARKER R G ,LIN J. Mesh phasing relationships in planetary and epicyclic Gears[J]. Journal of Mechanical Design, 2004, 126: 365-370.

[114] HARRIS T A, KOTZALAS M N. Essential concepts of bearing technology[M]. Boca Raton:CRC Press, 2006.

[115] SHI Z, LIU J. An improved planar dynamic model for vibration analysis of a cylindrical roller bearing[J]. Mechanism and Machine Theory, 2020, 153: 103994.

[116] LIU J, WANG L, SHI Z, et al. A comparison investigation of the contact models for contact and vibration features of cylindrical roller bearings[J]. Engineering Computations, 2019,36(5):1656-1675.

[117] PALMGREN A. Ball and Roller Bearing Engineering[M]. Philadelphia: SKF Industries Inc, 1959.

[118] HOUPERT L. An engineering approach to Hertzian contact elasticity:part Ⅰ[J]. Journal of Tribology, 2001, 123: 582-588.

[119] LIU J, SHAO Y. Vibration modelling of nonuniform surface waviness in a lubricated roller bearing[J]. Journal of Vibration and Control, 2017, 23(7): 1115-1132.

[120] 刘静.滚动轴承缺陷非线性激励机理与建模研究[D].重庆:重庆大学,2014.

[121] SOPANEN J, MIKKOLA A. Dynamic model of a deep groove ball bearing including localized and distributed defects, part 1: theory[J]. Proceedings of the Institution of Mechanical Engineers, Part K: Journal of Multi-body Dynamics, 2003, 217: 201-211.

[122] YONGCUN C, SIER D, RONGJUN N, et al. Vibration effect analysis of roller dynamic unbalance on the cage of high-speed cylindrical roller bearing[J]. Journal of Sound and Vibration, 2018, 434:314-335.

[123] HADDEN G B, KLECHNER R J, RAGEN M A, et al. Research report: user's manual for computer program AT81Y003 SHABEARTH:NASACR-165365[R]. [S. L. :s. n.],1981.

[124] GUPTA P K. Transient ball motion and skid in ball bearings[J]. Journal of Tribology, 1975, 97(2): 261-269.

[125] HOUPERT L. CAGEDYN: a contribution to roller bearing dynamic calculations, part Ⅰ: basic tribology concepts[J]. Tribology Transactions, 2009, 53(1): 1-9.

[126] GHAISAS N, WASSGREN C R, SADEGHI F. Cage instabilities in cylindrical roller bearings[J]. Journal of Tribology, 2004, 126: 681-689.

[127] KAY S M, MARPLE S L. Spectrum analysis: a modern perspective[J]. Proceedings of the IEEE, 1981, 69(11): 1380-1419.

[128] PARKER R G, LIN J. Mesh phasing relationships in planetary and epicyclic gears [J]. Journal of Mechanical Design,2004, 126 (2), 365-370.

［129］ 张珂铭. 齿面剥落行星轮系故障激励与动态响应特性研究[D]. 重庆:重庆大学，2018.

［130］ LIANG X，ZUO M J，PATEL T H. Evaluating the time-varying mesh stiffness of a planetary gear set using the potential energy method[J]. Journal of Mechanical Engineering Science，2014，228(3)：535－547.

［131］ SHI Z F，LIU J. An improved planar dynamic model for vibration analysis of a cylindrical roller bearing[J]. Mechanism and Machine Theory，2020，153：103994.

［132］ BALAN M R D，STAMATE V C，HOUPERT L，et al. The influence of the lubricant viscosity on the rolling friction torque[J]. Tribology International，2014，72：1－12.

［133］ LIU J，LI X B，DING S Z，et al. A time-varying friction moment calculation method of an angular contact ball bearing with the waviness error[J]. Mechanism and Machine Theory，2020，148：10379.

［134］ LIU J，LI X，XIA M. A dynamic model for the planetary bearings in a double planetary gear set [J]. Mechanical Systems and Signal Processing，2023，194：10257.

［135］ ARCHARD J F. Contact and rubbing of flat surfaces[J]. Journal of Applied Physics. 1953，24 (8)：981－988.

［136］ 杜祥宁，张艳艳，刁子宇. 循环次数对主轴承磨损仿真结果的影响研究[J]. 机电工程，2021，38 (2)：228－233.

［137］ 宁峰平，姚建涛，安静涛. 装配位置偏差对航天精密轴承磨损的影响[J]. 机械工程学报，2017，53 (11)：68－74.

［138］ SHEN M H H，CHU Y C. Vibrations of beams with a fatigue crack[J]. Computers and Structures，1992，45(1)：79－93.

［139］ HU J，FENG X，ZHOU J. Study on nonlinear dynamic response of a beam with a breathing crack[J]. Journal of Vibration and Shock，2009，28(1)：76－73.

［140］ YANG X，HUANG J，OUYANG Y. Bending of Timoshenko beam with effect of crack gap based on equivalent spring model [J]. Applied Mathematics and Mechanics，2016，37(4)：513－528.

［141］ PALMERI A，CICIRELLO A. Physically-based Dirac's delta functions in the static analysis of multi-cracked Euler - Bernoulli and Timoshenko beams[J]. International Journal of Solids and Structures，2011，48(14/15)：2184－2195.

［142］ CICIRELLO A，PALMERI A. Static analysis of Euler-Bernoulli beams with multiple unilateral cracks under combined axial and transverse loads[J]. International Journal of Solids and Structures，2014，51(5)：1020－1029.

［143］ SHI Z，ZHANG G，LIU J，et al. Influerces of inclined crack defects on vibration characteristics of cylindrical roller bearing[J]. Mechanical Systems and Signal Processing，2024，207：110945.

[144] HAN S M, BENAROYA H, WEI T. Dynamics of transversely vibrating beams using four engineering theories[J]. Journal of Sound & Vibration, 1999, 225: 935 - 988.

[145] CHEN Z, ZHOU Z, ZHAI W, et al. Improved analytical calculation model of spur gear mesh excitations with tooth profile deviations[J]. Mechanism and Machine Theory, 2020, 149: 103838.

[146] CHEN Z, NING J, WANG K, et al. An improved dynamic model of spur gear transmission considering coupling effect between gear neighboring teeth[J]. Nonlinear Dynamics, 2021,106:339 - 357.

[147] LIU Y, CHEN Z, TANG L, et al. Skidding dynamic performance of rolling bearing with cage flexibility under accelerating conditions[J]. Mechanical Systems and Signal Processing, 2021, 150: 107257.

[148] HAN Q, WEN B, WANG M, et al. Investigation of cage motions affected by its unbalance in a ball bearing[J]. Proceedings of the Institution of Mechanical Engineers, Part K: Journal of Multi-body Dynamics, 2018, 232: 169 - 182.

[149] LIU J, PANG R K, LI H W, et al. Influence of support stiffness on vibrations of a planet gear system considering ring with flexible support[J]. Journal of Central South University, 2020, 27: 2280 - 2290.

[150] WANG T, HAN Q, CHU F, et al. A new SKRgram based demodulation technique for planet bearing fault detection[J]. Journal of Sound and Vibration, 2016, 385: 330 - 349.

[151] GASMI A, JOSEPH P F, RHYNE T B, et al. Closed-form solution of a shear deformable, extensional ring in contact between two rigid surfaces[J]. International Journal of Solids and Structures, 2011, 48(5): 843 - 853.

[152] CHEN Z, SHAO Y, SU D. Dynamic simulation of planetary gear set with flexible spur ring gear[J]. Journal of Sound and Vibration, 2013, 332: 7191 - 7204.

[153] SAINSOT P, VELEX P, DUVERGER O. Contribution of gear body to tooth deflections: a new bidimensional analytical formula[J]. Journal of Mechanical Design, 2004, 126: 748 - 752.

[154] 曹正. 旋转轴线误差的齿轮动力学建模与行星轮系动态特性分析研究[D]. 重庆：重庆大学,2017.

[155] LIANG X, ZUO M J, PATEL T H. Evaluating the time-varying mesh stiffness of a planetary gear set using the potential energy method[J]. Proceedings of the Institution of Mechanical Engineers, Part C: Journal of Mechanical Engineering Science, 2014, 228: 535 - 547.

[156] LIU J, LI X, XIA M. A dynamic model for the planetary bearings in a double planetary gear set[J]. Mechanical Systems and Signal Processing, 2023, 194: 10257.

[157] GUPTA P K. Dynamics of rolling-element bearings, part Ⅲ: ball bearing analysis [J]. Journal of Tribology, 1979, 101: 312 - 318.

[158] GUPTA P K. Dynamics of rolling-element bearings, part Ⅳ: ball bearing results [J]. Journal of Tribology, 1979, 101: 319 - 326.

[159] HARRIS T A, MINDEL M H. Rolling element bearing dynamics[J]. Wear, 1973, 23(3): 311 - 337.

[160] SHI Z, LIU J. An improved planar dynamic model for vibration analysis of a cylindrical roller bearing[J]. Mechanism and Machine Theory, 2020, 153: 103994.

[161] 王鑫磊，项昌乐，李春明，等. 行星轮安装孔周向位置误差对行星轮系振动特性的影响研究[J]. 兵工学报，2020，41 (6)：1067 - 1076.

[162] 雷亚国，罗希，刘宗尧，等. 行星轮系动力学新模型及其故障响应特性研究[J]. 机械工程学报，2016，52 (13)：111 - 122.